OBSERVATIONS AND RESEARCHES OF
INSECT
BEHAVIORS

昆虫行为
观察与研究

周光益 顾茂彬 王 旭 编著

SPM
南方传媒

广东科技出版社
全国优秀出版社

· 广 州 ·

图书在版编目（CIP）数据

昆虫行为：观察与研究/周光益，顾茂彬，王旭编著．—广州：广东科技出版社，2022.8

ISBN 978-7-5359-7868-4

Ⅰ．①昆…　Ⅱ．①周…②顾…③王…　Ⅲ．①昆虫—动物行为—研究
Ⅳ．①Q968.1

中国版本图书馆 CIP 数据核字（2022）第085483号

昆虫行为：观察与研究

Kunchong Xingwei: Guancha yu Yanjiu

出　版　人：严奉强
责任编辑：尉义明　于　焦
封面设计：柳国雄
责任校对：李云柯　廖婷婷
责任印制：彭海波
出版发行：广东科技出版社
　　　　　（广州市环市东路水荫路 11 号　邮政编码：510075）
销售热线：020-37607413
http://www.gdstp.com.cn
E-mail: gdkjbw@nfcb.com.cn
经　　　销：广东新华发行集团股份有限公司
印　　　刷：广州市东盛彩印有限公司
　　　　　（广州市增城区新塘镇太平洋工业区十路 2 号　邮政编码：510700）
规　　　格：787 mm×1 092 mm　1/16　印张17　字数400千
版　　　次：2022年8月第1版
　　　　　2022年8月第1次印刷
定　　　价：228.00元

《昆虫行为：观察与研究》
编著委员会

编著单位：中国林业科学研究院热带林业研究所

南岭北江源森林生态系统国家定位观测研究站

香港鳞翅目学会

编　著：周光益　顾茂彬　王　旭

主要委员：田明义　蒋得德　陈刘生　吴　云　杨建业　陈一全　唐志远

陈锡昌　陈富强

其他委员：（按姓氏拼音排序）

蔡卫京　蔡玉生　曹天文　陈　军　陈启泉　陈仁利　陈又清

陈智勇　董　伟　段必荣　方天松　龚粤宁　贺应科　姜恩宇

蒋广宁　蒋立勤　李国雄　李晓青　李新建　李兆佳　林海伦

刘德军　陆丽香　路　岩　罗妙星　罗孝政　罗志文　马海宾

邱治军　饶　戈　王　军　王胜坤　温仕良　吴沧桑　吴仲民

向　军　肖　宁　杨子祥　叶志徐　于　勇　曾庆圣　张巍巍

赵厚本　周成理

中国林业科学研究院
热带林业研究所

中国陆地生态系统
定位观测研究站网

香港鳞翅目学会

序　一

P r e f a c e　O n e

　　昆虫是我们这个星球上最大的动物类群，保守地估计有75万种之多，因此昆虫是动物世界中最丰富多彩的类群。昆虫是陆地生态系统中重要的组成部分，在自然界食物链（网）中起到重要的作用，维持着生态系统的物质循环和能量流动。由于昆虫物种的多样性，昆虫的行为也表现出高度多样化和复杂化，吸引着世界上许多昆虫学家的注意。昆虫行为学是研究昆虫的行为类型、模式及其行为产生机制的一门科学。昆虫行为学又可分为昆虫行为生态学、昆虫行为生理学、昆虫行为遗传学等分支。

　　生物学家选择昆虫作为科学研究材料，揭开了很多自然之谜，最突出的例子是以果蝇为材料发展起来的遗传学和行为学。在基础研究方面，昆虫行为学研究行为发生的遗传、神经、生理、生态等机理。基于不同昆虫的行为特点，昆虫行为学的研究也涉及定向、迁移、通讯、取食、繁殖、占区、社群行为等。许多昆虫具有重要的经济意义，或是重要的农林害虫，或是重要的天敌。行为学的研究就在于掌握自然规律，控制昆虫、管理昆虫、操纵昆虫的行为，为农、林生产中制订安全有效的管理防治和利用策略与方法提供科学依据，指导生产应用。全球气候变化和极端气候事件频发是人类必须面对的挑战，气候变化将引起昆虫的地理分布格局、生长发育和行为、与寄主植物物候的协同性等变化，影响天敌种群结构和功能的变化，进而改变害虫与天敌的种间关系，直接或间接影响整个生物群落的组成和结构，以及生态系统的服务功能。对昆虫行为进行观察和研究，有助于解析昆虫在各类生态系统中的作用机理，以及对气候变化的响应和适应。据估计，全世界被子植物约80％都要依靠虫媒传粉，其中人类直接食用的粮食作物中约75％是靠昆虫传粉，可见传粉昆虫创造的价值是巨大的。昆虫传粉是一类重要的行为，是昆虫行为研究的重要方向。因此，研究昆虫的行为学，对基础科学的发展，保护生物多样性，控制害虫、利用益虫、服务社会，造福人类都具有重要意义。

昆虫行为学既是一门历史悠久的学科，也是一门新兴交叉学科。近些年在飞速发展的基因组学、化学生态学等学科，以及信息化和数字化手段的带动下，昆虫行为学也焕发出了新的活力。另外，气候变暖、生物入侵及转基因作物种植等环境因子改变对昆虫适应性和行为机制也产生了很大的影响。研究昆虫对这些生态因子的行为响应也需要有更新的理念和方法。定量行为学也是当今行为学发展的趋势，高水平的研究论文离不开数量化的行为指标，对数据采集、分析工具提出了更高的要求。

周光益等专家最近完成了一部重要的专著——《昆虫行为：观察与研究》。与国内外相关专著比较，该书的特点是突出的，主要内容是参与编著的科学家对自己研究工作的总结，论述的昆虫行为都配有相应的精美图片，具有对昆虫行为理解的直观性、真实性，可读性强。该书系统论述了昆虫的一些常见行为和特殊行为，如昆虫的取食行为，昆虫的访花与传粉行为，昆虫的趋光行为，昆虫的趋泥与吸水行为，昆虫的防卫与攻击行为，昆虫的求偶与交配行为，昆虫的产卵行为，昆虫的聚集与迁飞、高飞行为，昆虫的社会行为，以及特殊的洞穴昆虫及其行为等。书中有些内容是以前未曾报道过的。该书不仅是一部高水平科普读物，也是一部专业性较强的昆虫行为研究专著，对从事该领域的科研工作者、生产管理者等具有重要参考价值。

我相信该书的出版，不仅能够吸引更多同行加入到昆虫行为研究的队伍中，而且能够使广大的大自然爱好者们更清晰地认识到昆虫行为的趣味性和实用性，激发人们探秘神奇大自然的兴趣，丰富想象力，提高观察力和创新思维能力。借此书出版之际，应邀作序，以表祝贺。

中国科学院院士

2022年8月10日于北京

序 二

PREFACE TWO

作为地球上较早出现的生物之一，昆虫遍及全球各种不同的自然生境中。昆虫与人类存在非常紧密的关系，它们对人类产生各种有益或有害的影响，需要我们对昆虫进行长期的科学观察、研究，揭示其各种规律并利用之（如昆虫仿生、有益昆虫的利用、有害昆虫的控制和防治等），从而造福人类。

众所周知，森林是陆地生态系统的主体，而昆虫又是森林生态系统的重要组成部分，昆虫的存在确保了生态系统食物链（网）结构的完整性和连通性，确保了生态系统中能量的流动和物质的良性循环，同时，昆虫在生物多样性与生态系统功能的维持、生态系统稳定性等方面都具有重要的作用。植物与传粉动物之间的关系是动植物相互作用中的重要类型之一，而昆虫占了传粉动物的80％以上，可见昆虫及其传粉行为对植物的繁殖、发展及植物的遗传多样性等的影响是至关重要的，昆虫传粉行为促进了植物与昆虫的协同进化。

昆虫的种类繁多，并产生各式各样的昆虫行为，昆虫行为不仅是昆虫学研究的范畴，也是生态学研究的重要领域。我们不仅要研究昆虫的一些重要行为及其产生机理，而且要了解各类昆虫行为的生物学、生态学意义；不仅要掌握特定环境下的各类昆虫行为，更要研究变化环境中昆虫的行为特征，以及昆虫对气候与环境变化的响应和适应等。尤其是在当今，全球气候变化剧烈和极端气候事件频发，这会对全球各类生态系统产生各种不确定的影响，昆虫行为的观察和研究有助于我们准确掌握昆虫应对变化环境的行为反应及其适应机制、掌握生态系统面临环境变化的功能响应规律和适应策略，为国家或地方政府决策（如虫害管理和控制、生物多样性保护等）提供科技支撑。

　　过去，我曾与中国林业科学研究院热带林业研究所的同仁们合作，在海南尖峰岭等地开展热带森林生态系统长期定位观测研究，现在，中国林业科学研究院热带林业研究所的生态定位研究站已经发展壮大到多个区域和多个生态系统类型，如海南尖峰岭生态站（热带森林）、南岭北江源生态站（亚热带森林）、海南东寨港生态站（红树林）、广州帽峰山生态站（城市森林）等，我倍感欣慰。南岭北江源生态站研究团队在多年对昆虫监测的基础上，联合香港鳞翅目学会及其他学者，完成了《昆虫行为：观察与研究》的撰写，这是他们多年野外观测成果的总结。该书利用多年的监测资料，系统论述了昆虫的一些主要行为，如昆虫的取食、访花与传粉、趋光、趋泥与吸水、防卫与攻击、求偶与交配、产卵、聚集与迁飞行为，以及社会性昆虫的许多行为等，并且该书以图文并茂的形式，诠释了昆虫各种行为的特点，具有直观性，易理解。该书是由老、中、青三代学者共同编著完成的，体现了科学研究的合作和传承精神，也体现了昆虫学与生态学联合研究的力量。该书既是一部昆虫行为研究专著，又是一部高水平科普读物。

　　我乐意为该书作序，并将此书推荐给广大读者们共飨。相信读者们能从中获得众多裨益。

中国科学院院士

2022年8月于北京

前　言

F o r e w o r d

　　昆虫行为既是与生俱来的（由遗传基因决定），又是后天获得的一种适应性反应，它是昆虫感觉器官接受外部环境的刺激后，神经系统进行综合使效应器官产生的反应。昆虫种类非常多，行为极为复杂。昆虫行为学是研究昆虫的活动方式、功能及其机制的学科。昆虫行为是通过传递各种信息实现的，其机理是十分复杂、神秘而有趣的，是一个值得深入研究和探秘的领域；在农、林产业中制订安全有效的管理农林害虫的策略与方法，是当前迫切的任务，而昆虫行为的观察与研究是制定相关政策的基础。昆虫行为如防卫、求偶、交配、产卵、迁飞、聚集等可谓千姿百态、丰富多彩，及时把昆虫行为及其机制介绍给相关领域的学者及大自然爱好者，使他们认识到昆虫行为的奇特性、趣味性，可激发人们探秘神奇大自然的热情，丰富人们的想象力，提高人们的观察力和创新思维能力。昆虫仿生学方面的研究和应用已经取得了可喜的成绩，如模仿蜻蜓飞翔的原理改善了飞机的安全性，仿生龙虱潜艇在水下可提高航速等，仿生学的成功应用可促进当代科学技术跨越式的创新发展，而昆虫仿生学需要对昆虫特征和行为有全面的科学观测和研究，可见昆虫行为的研究前景广阔，值得深入探究。

　　南岭北江源森林生态系统国家定位观测研究站（依托单位为中国林业科学研究院热带林业研究所），长期在南岭山脉中段（南、北坡）开展退化森林恢复、气象、水文、土壤、植物与蝴蝶多样性等内容的连续监测；香港鳞翅目学会相关人员（如会长杨建业、会员吴沧桑等）长期在广东、海南、香港，以及南亚和非洲各国开展鳞翅目昆虫调查研究。昆虫学家顾茂彬从事昆虫生态、昆虫区系和有害森林昆虫管理研究近60年，在南方多个省（区）开展过多次昆虫（尤其是蝴蝶）调查研究；研究员周光益博士为南岭北江源森林生态系统国家定位观测研究站站长、中国林业科学研究院热带林业研究所首席专家，自20世纪80年代硕士研究生毕业后，一直在海南、广东、广西、湖南等区域从事热带和亚热带森林生态系统研究，2006—2019年与研究员顾茂彬等在南岭开展固定样线的、以蝴蝶为主要研究对象的连续监测调查及蝴蝶区系研究；华南农业大学教授田明义博士从事昆虫学教学和研究工作近40年，在昆虫分类（步甲科、方头甲科）和害虫生物防治等方面有专长，研究领域还涉及昆虫生态，果树、园林及林业害虫防治，洞穴昆虫等；中国林业科学研究院热带林业研究所副研究员王旭博士从事全球变化生态学、恢复生态学研究近20年，开展过冰雪灾害对蝴蝶影响的专项调查研究；广东省林业科学研究院副研究员陈刘生博士长期在广东、新疆等区域从事昆虫学研究；医学博士吴云20世纪90年代曾在马来西亚等地进行了多年昆虫观察研究，之后在云南从事昆虫养殖、科普宣教研究近30年；广西壮族自治区国有七坡林场高级工程师蒋得德从事蜜蜂饲养20余年，并对蜜蜂及其他社会性昆虫的各种行为进行了细致观察；广州市少年宫教师陈锡昌从事生物环保教育、蝴蝶的饲养和生活史监测等近40年；广东省龙眼洞林场高级工程师陈富强在林业生产一线从事林业生产（林业调查、害虫防治等）工作近30年，对林业害虫发生规律有深刻的理解和最直接的观察；中国国家地理杂志社《博物》杂志摄影师唐志远，长期从事昆虫生态摄影工作；教师陈一全从事昆虫摄影工作30余年，在广东各地开展过野外昆虫行为的生态照拍摄。以上人员及本书其他编著者为本书的编撰提供了大量极为宝贵的资料数据（尤其图片资料）。

昆虫行为监测和蝴蝶调查研究依托南岭北江源森林生态系统国家定位观测研究站平台，得到了中央级公益性科研院所基本科研业务费专项资金重点项目（CAFYBB2011004-05，CAFYBB2008004，RITFYWZX2011-12）及面上项目（RITFYWZX2008-08、RITFKYYW2010-03）、广东省林业科技创新项目（2019KJCX021、2020-KYXM-09）、中央林业补助资金项目（GDHS15SGHG09093）和广东省自然保护区管理办公室项目、香港鳞翅目学会专项调查项目等资助。多年的昆虫调查中，得到了多个单位和个人的帮助和支持：广东省乳阳林业局的各届领导（尤其前任局长杜书生、前任局长陈振明、局长张朝明）；广东南岭国家级自然保护区管理局的教授级高级工程师陈志明、高级工程师杨昌腾、高级工程师李超荣、工程师谢国光、工程师伍国仪、工程师王槐文和技术员游章平等；广东省车八岭国家级自然保护区历届领导；湖南省莽山国家级自然保护区管理局的前任局长周小文、局长李永辉、科长陈军、科长肖小军、科长郑明、科长邓国杏等；海南尖峰岭热带林业实验站的高级工程师（前任站长）周铁烽、书记杜志鹄等；海南和云南各大林区林业局或保护区历届领导和相关人员。在此一并表示感谢！同时感谢被引文献作者为本书出版提供的良好基础和参考！本书通过近2年的策划、资料收集、文献查阅、文稿撰写和修改，终于于2021年年底完稿。本书的出版得到中国林业科学研究院热带林业研究所各级领导，尤其所长徐大平、书记何清、副所长陆钊华、副所长马海宾、副所长张春生等的支持，中国林业科学研究院热带林业研究所研究员李意德、研究员曾杰、副研究员余纽，以及浙江大学昆虫学教授莫建初等也对本书提出了宝贵修改建议，非常感谢他们。谨以本书出版作为纪念中国林业科学院热带林业研究所成立60周年！祝热带林业研究所不断发展壮大、人才辈出、成果累累，为早日实现中华民族的伟大复兴作出应有的贡献！

本书是编著者们数十年对昆虫行为观察与研究的成果总结，以图文并茂的形式剖析了昆虫的主要行为，如昆虫的取食、访花与传粉、趋光、趋泥与吸水、防卫和攻击、求偶与交配、产卵、聚集与迁飞及昆虫社会行为、特殊的洞穴昆虫行为等。本书综合分析了昆虫行为与环境的各种关系，涉及环境变化和气候变暖对昆虫行为的影响、极端气候与昆虫行为变化及昆虫的行为机理等方面。同时，也系统分析了昆虫与人类的各种关系，以及昆虫行为在各领域的应用。本书不仅具有重要的科普价值，而且对从事该领域的科研工作者、教学工作者、生产管理者等具参考价值。本书分两大部分（昆虫行为总论、昆虫行为各论）共十七章：第一章"昆虫的基础知识"由顾茂彬、周光益、杨建业主笔完成；第二章"昆虫与人类的关系"由王旭、陈富强主笔完成；第三章"昆虫行为概述"由周光益、王旭、顾茂彬主笔完成；第四章"环境变化与昆虫行为"和第五章"极端气候与昆虫行为"由周光益、王旭主笔完成；第六章"昆虫行为产生的机制"由周光益、顾茂彬、王旭主笔完成；第七章"昆虫的取食行为"由顾茂彬、周光益、吴云、王旭主笔完成；第八章"昆虫的访花与传粉行为"由陈刘生主笔完成；第九章"昆虫的趋光行为"由顾茂彬、周光益、吴云、陈一全主笔完成；第十章"昆虫的趋泥与吸水行为"由顾茂彬、周光益、陈一全、王旭、陈锡昌主笔完成；第十一章"昆虫的防卫与攻击行为"由顾茂彬、周光益、陈一全、吴云、唐志远主笔完成；第十二章"昆虫的求偶与交配行为"由周光益、顾茂彬、吴云、陈一全主笔完成；第十三章"昆虫的产卵行为"由顾茂彬、杨建业、周光益、唐志远主笔完成；第十四章"昆虫的聚集与迁飞、高飞行为"由顾茂彬、周光益、陈刘生主笔完成；第十五章"昆虫的社会行为"由蒋得德主笔完成；第十六章"洞穴昆虫及其行为"由田明义主笔完成；第十七章"昆虫的其他行为"由周光益、杨建业、顾茂彬主笔完成；附录由周光益和王旭整理；后记由周光益、王旭撰写；统稿由周光益完成。由于昆虫行为的多样性、行为机理的复杂性，书中或有错误或描述不当之处，敬请读者斧正。

编著者
2021年12月

目　　录

C o n t e n t s

第一部分
昆虫行为总论

第二部分
昆虫行为各论

第一部分
昆虫行为总论

人类研究昆虫的各种行为，总是能找到解释行为产生的科学机理并利用之。

第一章 昆虫的基础知识

昆虫属节肢动物门（Arthropoda）昆虫纲（Insecta），主要特征是虫体分头、胸、腹3个部分，有3对足，大多数昆虫有2对翅。昆虫头部有触角、单眼、复眼、口器和附肢，是取食和感觉的枢纽；腹部有消化系统和生殖系统；用气管呼吸；从卵发育为成虫要经历变态；骨骼长在肌肉的外面，称之为外骨骼。其中最易和节肢动物门其他纲区别的特征是昆虫有3对足。昆虫纲是动物界中最为繁盛的一个类群。同时，昆虫分布广，几乎遍布全球的每个角落，从赤道到两极，从高山到近海滩都有它们的身影。

第一节 昆虫的外部构造

一、昆虫的头部

昆虫的头部为取食和感觉的中心，主要器官有触角、复眼、单眼和口器。触角1对，具感觉、听觉和嗅觉的功能，由柄节、梗节和鞭节组成，触角的形状因虫而异，有环毛状、丝状、刚毛状、念球状、球杆状、锤状、锯齿状、栉齿状、具芒状、刺状、鳃叶状、膝状等。复眼1对，单眼1～3个，具视觉的功能。口器按取食方式分咀嚼式口器（如蝗虫）、嚼吸式口器（如蜜蜂）、刺吸式口器（如蝉）、虹吸式口器（如蝴蝶）、锉吸式口器（如蓟马）、舐吸式口器（如苍蝇）、刮吸式口器（如牛虻），具进食的功能。

二、昆虫的胸部

昆虫的胸部为运动中心，主要器官有足和翅。胸部分前胸、中胸和后胸三节，每节着生1对足，足由基节、转节、腿节、胫节、跗节和爪垫组成。足按爬、跳、捕、挖等不同的功能分为步行足、跳跃足、开掘足、捕捉足、携粉足、游泳足、攀缘足等。

中胸和后胸通常分别有前翅和后翅各1对，飞行是翅膀的主要功能，同时翅膀也有保护身体的功能。

三、昆虫的腹部

昆虫的腹部为代谢与生殖中心，大多由10～11节组成，最多12节，最少6节。雄性第9腹节特化为交配器；雌性第8～9腹节特化为产卵器，生殖孔开口位于第8、第9腹节之间的腹面。较原始的种类腹末还有尾须。

四、昆虫的外部构造（以蝴蝶为例）

昆虫的外部构造较复杂，且不同种类差异较大，以蝶类昆虫为例，其外部结构组成见图1-1。

a. 后翅；b. 腹部；c. 后足；d. 中足；e. 喙管；f. 前足；g. 下唇须；
h. 复眼；i. 触角；j. 头部；k. 胸部；l. 前翅。

图1-1 竖阔凤蝶（*Eurytides dolicaon*）外部结构

1. 蝴蝶的头部

蝴蝶头部由许多器官组成，包括1对复眼、1对触角、下唇须和喙管。蝶类复眼发达，位于头部左右两侧，由许多晶体（小眼）组成（图1-2），复眼着生的细长鳞毛特征是蝶类形态分类的重要依据。触角位于头部后方，是嗅觉的重要感觉器官。下唇须位于喙管的两侧，其密被鳞片和感觉毛。喙管位于头部下方，从下唇须中间伸出，型为虹吸式吸管，用于取食。

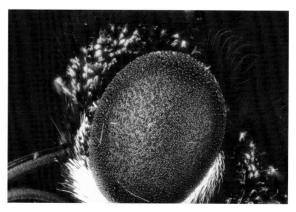

图1-2 巴黎翠凤蝶（*Papilio paris*）复眼

　　蝶类头部各器官在形态结构上（包括颜色、大小或长度、形状等）存在较大差异（图1-3），这些差异特征在分类学上具有重要意义。

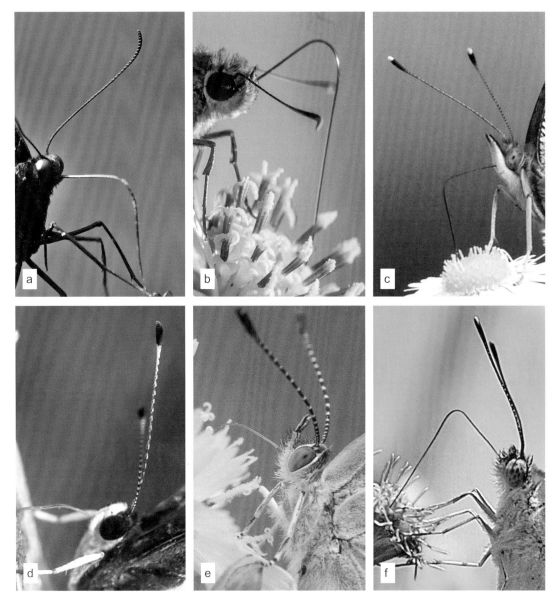

　　a. 菲律宾裳凤蝶（*Troides rhadamantus*）；b. 黄纹孔弄蝶（*Polytremis lubricans*）；c. 大红蛱蝶（*Vanessa indica*）；d. 白蚬蝶（*Stiboges nymphidia*）；e. 酢酱灰蝶（*Pseudozizeeria maha*）；f. 橙粉蝶（*Ixias pyrene*）。

图1-3　不同科蝶种的头部各器官比较

　　即使是同科的蝴蝶，不同种类的头部各组成部分（触角、喙管、复眼等）结构也是差异很大，如弄蝶科的种（图1-4）和蛱蝶科的种（图1-5）。

a. 大伞弄蝶（*Bibasis miraculata*）；b. 小黄斑弄蝶（*Ampittia dioscorides*）；

c. 曲纹袖弄蝶（*Notocrypta curvifascia*）。

图 1-4　弄蝶科不同蝴蝶种头部结构的比较

a．玄珠带蛱蝶（*Athyma perius*）；b．黄帅蛱蝶（*Sephisa princeps*）；c．珀翠蛱蝶（*Euthalia pratti*）。

图1-5　蛱蝶科不同蝴蝶种头部结构的比较

2．蝴蝶的胸部

蝴蝶胸部由前胸、中胸、后胸组成，有3对足和2对翅。3对足分别位于前胸、中胸、后胸，由股节、胫节和跗节组成，并均覆有鳞片；胫节常有活动的距和毛刷，跗节末端有爪，常着生有用于试探寄主植物或食物的感觉器（杨建业 等，2016）（图1-6）。而蛱蝶科的种（如 *Euphaedra sarcoptera*）前足退化（图1-7）。

a. 雄蝶（♂）前足；b. 雄蝶（♂）中足；c. 雄蝶（♂）后足；
d. 雌蝶（♀）前足；e. 雌蝶（♀）中足；f. 雌蝶（♀）后足。

图1-6　橙翅伞弄蝶（*Burara jaina*）的跗节

　　蝴蝶的2对翅（前翅和后翅）分别位于第2和第3胸节（即中胸和后胸），前翅通常大而宽。翅的颜色和斑纹是由结构性鳞片和色素鳞片排列而成，色素鳞片在光的反射下于不同角度显现的颜色相同，而结构性鳞片通过它们的构筑结构反射的光，在不同角度会看到不同颜色（杨建业 等，2016）。图1-8展示的是巴黎翠凤蝶（*Papilio paris*）的翅及鳞片，其金属色是来自结构性鳞片的衍射。

　　在蝴蝶科、属、种的分类中，除翅的颜色和斑纹外，翅脉在翅面的分支排列模式也是蝶种分类鉴定的重要依据。

a. 后足；b. 中足；c. 喙管；d. 下唇须；e. 复眼；f. 触角。

图1-7　蛱蝶科昆虫的前足退化

图1-8 巴黎翠凤蝶的翅及鳞片

3．蝴蝶的腹部

蝴蝶腹部包括消化、排泄系统和生殖器官。腹部共有10个腹节，两侧具气门，不同蝶种的腹部颜色有较大差异。雌蝶的外生殖器官位于第8至第10节，而雄蝶的外生殖器官位于第9至第10节。

第二节 昆虫的分类

昆虫的分类阶元或分类系统与其他动植物相同，有界、门、纲、目、科、属、种7个等级。完整的种名含属名、种名、定名人、命名时间，由拉丁字母或拉丁化的字组成，属名在前，属名第一个字母大写，种名在后，种名第一个字母小写，定名人第一个字母大写。例如，中华虎凤蝶（*Luehdorfia chinensis* Leech，1893），它属于动物界（Animalia），节肢动物门，昆虫纲，鳞翅目（Lepidoptera），凤蝶科（Papilionidae），虎凤蝶属（*Luehdorfia*），定名人为 Leech，命名时间是1893年。物种以种群的形式存在，它与其他物种存在生殖隔离，昆虫纲以下分有翅与无翅2个亚纲，下属共有34个目。

第三节 昆虫的变态、生活史及寿命

一、昆虫的变态

昆虫从幼虫到成虫性成熟，经历了外部形态、内部结构、生理功能、生态习性及行为等方面的一系列变化。昆虫的这种在一生发育过程中伴随着一系列形态变化的现象，称为变态。昆虫的变态可分为多个类型（图1-9）。

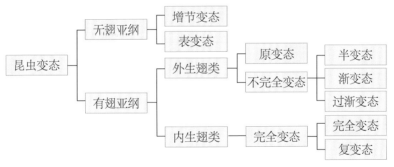

图1-9 昆虫变态类型

节肢动物中三叶虫纲（Trilobita）动物的幼期与成虫期之间，除身体大小和性器官发育程度的差异外，其腹部的节数随着脱皮次数的增加而增加，属增节变态（anamorphosis），这是节肢动物祖先遗留下来的特征。弹尾目（Collembola）昆虫的变态最简单，成虫和幼虫的外表腹部体节相同，胚后发育中仅个体增大、性器官成熟及附肢节数变化，属无变态（ametabola）或称表变态。昆虫在发育过程中经历卵、幼虫、蛹、成虫4个虫态者，叫完全变态（complete metamorphosis），如蛾、蝶等；在昆虫的完全变态中，前期和后期幼虫的基本体制（原足型、多足型等）都发生变化，称为复变态（hypermetamorphosis），如芫菁科（Meloidae）昆虫。如椿象等昆虫，幼虫和成虫的形态基本相似，不经历蛹的虫态则叫不完全变态，并分半变态、渐变态、过渐变态3种亚型；如蜻蜓的幼体生活在水中，称为稚虫（naiad），属半变态（hemimetabola）；如螳螂目（Mantodea）

等昆虫的幼虫与成虫在体形、生境、食性等方面相似，为渐变态（paurometabola），其幼虫称为若虫（nymph）；粉虱科（Aleyrodidae）等昆虫从幼虫期向成虫期转变要经过一个不食又不太动的拟蛹（subnymph）虫龄，比渐变态显得复杂，称为过渐变态（hyper-paurometamorphosis）。

二、昆虫的生活史和寿命

1. 生活史

昆虫完成一个生命周期的发育史称为生活史。大多数昆虫的生活史中都包括成虫—卵—幼虫—蛹4个虫态（图1-10）。有的昆虫一年中发生多个生命周期，如蚜虫总科（Aphidoidea）的昆虫；有的完成一个生命周期需1年以上，如天牛（Cerambycidae）；有的多年才完成一个生命周期，如蝉科（Cicadidae）等土栖性昆虫。一年中的生活史称为年生活史。

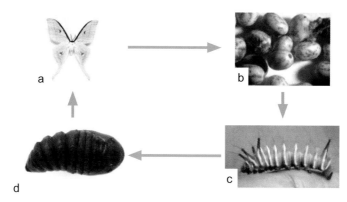

a. 成虫；b. 卵；c. 幼虫；d. 蛹。

图1-10　完全变态发育昆虫的生活史

卵内完成胚胎的发育后成为幼虫，幼虫"破壳而出"的过程叫孵化，成虫从蛹壳中破壳而出的过程叫羽化。卵大多数是球形或椭圆形，幼虫蜕皮1次增加1个龄期，昆虫多为5个龄期。成虫雌、雄除外生殖器不同外，在形态上还分为雌雄同型、雌雄异型和雌雄多型，如天牛属雌雄同型；锹甲科（Lucanidae）昆虫属雌雄异型；社会性昆虫蜜蜂有蜂王、雄蜂、工蜂，白蚁有蚁王、蚁后、兵蚁、工蚁，属雌雄多型。昆虫从卵的发育开始，至成虫又产卵为止的发育周期称为一个世代。

2. 寿命

昆虫的寿命指从受精卵开始至成虫死亡为止的时间长度。不同种昆虫寿命长短的差异很大，同一种昆虫各虫态的历期相差也很大，同一虫态的历期随温度的升高而缩短。迁粉蝶（*Catopsilia pomona*）在海南一年发生13～14代，夏天时，其产生一个世代需要的时间不足1个月，冬天则要2个月；美洲的一种17年蝉，其幼虫在地下生活17年；蜉蝣目（Ephemeroptera）的昆虫其成虫生命短暂，长者数日，短者一天，即所谓"朝生暮死"；白蚁的蚁后可活8～10年，澳大利亚的一种蚁后可活80年。

第四节　昆虫的生殖

一、有性生殖

雌雄虫体经过交配，产生后代的方式称为有性生殖。雌虫排出受精卵并孵化幼虫成为新的个体称为卵生；受精卵在母体内孵化成幼虫后排出称为卵胎生。

二、无性生殖

不经雌雄虫体交配产生后代的方式称为无性生殖，主要有以下5种方式。

1. 孤雌胎生

雌蚜虫未与雄蚜虫交尾，胎生所繁殖的个体全是雌虫，可在短期内产生大量的新个体；而蜜蜂未受精的卵孵化后全是雄虫。棉蚜（*Aphis gossypii*）行孤雌胎生（孤雌生殖），在越冬前分化出有翅的雄蚜和无翅的雌蚜进行两性产卵生殖。

2. 多胚生殖

有些寄生蜂母体产一粒卵，在发育过程中，分化成多个个体，孵化出许多小虫的现象称为多胚生殖。

3. 幼体生殖

幼体生殖属幼虫期的孤雌生殖，少数昆虫如瘿蚊科（Cecidomyiidae）昆虫在幼虫期体内的卵便已成熟，卵孵化的幼虫以母体组织为食，之后咬破母体而出，再以同样的方法在幼虫期生殖后代，经若干世代后，幼虫化蛹，羽化为两性个体，进行两性生殖。

4. 雌雄同体与变性

印度有一种尉蝇，年轻的雄虫追逐雌蝇交配，稍过岁月后，该雄蝇变成了雌蝇，被其他雄蝇追逐并与之交配，还能产卵育子。说明尉蝇体内同时具有卵巢和睾丸，可在不同的情况下发挥不同的性别机能。

5. 雌雄嵌合现象

（1）昆虫雌雄嵌合体的类型

在昆虫纲中有很多种昆虫具有雌雄嵌合现象，1980—2000年的《动物学记录》中收录的雌雄嵌合体昆虫有283例，这些昆虫隶属于14个目83个科。雌雄嵌合体昆虫有两大类：一类为不均衡式，表现为雌性与雄性结构比例不为1∶1；另一类为均衡式，包括左右相对式、前后相对式和随机相对式。我们常说的"阴阳蝴蝶"就是左右相对式（图1-11）。

图1-11　尖翅粉蝶（*Appias albina*）（雌雄嵌合体）

（2）雌雄嵌合体的一般发生机制

昆虫雌雄嵌合体现象的发生，是在生命形成过程中发生以下5种不正常情况造成的：部分受精、重复受精、染色体分离异常、性染色体异常缺失、染色体连锁互换异常。

（3）雌雄嵌合现象对昆虫生物学的影响

雌雄嵌合体昆虫的行为异常，大多数不能正常完成生殖活动，据研究报道，其能正常完成生殖活动的只占10%～15%。有的虫种在某一时间内表现为雄虫的行为，而在另一时间内表现为雌虫的行为；有的在虫体的一个部位表现为雄虫的行为，而在虫体的另一个部位表现为雌虫的行为；有的在虫体的一个部位同时表现为雄虫和雌虫的行为。

昆虫一生大多产卵数百粒，群居性的种类产卵量较多，繁殖力超强。如白蚁的蚁后一生产卵数百万粒；蚜虫孤雌生殖，假设1只棉蚜孤雌胎生的后代都活着，那么不到半年棉蚜总数便会超过6万亿个。

第五节　昆虫的寄主与食性

一、昆虫的寄主

两种生物在一起生活，一方受益，另一方受害，后者给前者提供营养物质和居住场所，这种生物的关系称为寄生（parasitism），其中受害的一方就叫寄主，也称为宿主。

大多昆虫以植物为寄主，这种被昆虫寄生的植物叫寄主植物（host plant）。王旭和顾茂彬（2016）对南岭区域11科94属253种蝴蝶的寄主植物进行了调查记录，对已确定种名的125种植物做进一步分析，发现：①蝴蝶对寄主植物选择的专一性较强。约90%的蝴蝶以1种植物为寄主，只有21种蝴蝶以2种植物为寄主，以3种及以上植物为寄主的蝴蝶较少见，这说明蝴蝶对寄主植物选择的专一性较强。②蝴蝶对寄主植物的选择与寄主植物的等级属性有较大关系。蝴蝶的寄主植物中，88.0%为常绿植物种；草本、灌木、乔木、藤本及寄生植物种分别有32种、33种、40种、18种和2种；64.0%的植物只被1种蝴蝶作为寄主，被2种、3种、4种及4种以上蝴蝶作为寄主的植物分别有18.4%、8.0%、4.8%和4.8%。从寄主植物的种、属的数量看，最多的是豆科（Leguminosae）植物，其次是禾本科（Poaceae）、茜草科（Rubiaceae）、壳斗科（Fagaceae）、木兰科（Magnoliaceae）、芸香科（Rutaceae）等植物。

自然界中也有以昆虫为寄主的现象，如蚜虫（Aphidoidea）和介壳虫（Coccoidea）是蚜灰蝶（*Taraka hamada*）的寄主。寄主昆虫（host insect）是一个时期或终身被其他生物寄生的昆虫。寄主昆虫有许多，如毒蛾科（Lymantriidae）的一些种，正常情况下能有不少幼虫（图1-12-a），可一旦被寄生蜂（Parasitoid wasp）寄生，其幼虫几乎成了寄生蜂的美食，无一幸免（图1-12-b）。

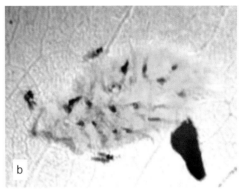

a．正常幼虫；b．被寄生蜂寄生后的幼虫。

图1-12　毒蛾幼虫

二、昆虫的食性

食性（feeding habit）即取食的习性。围绕绿色植物形成的昆虫多样性，使昆虫的种群之间、昆虫与其他生物之间形成了相互制约与相互依存的平衡关系，这种生物间平衡所表现出的协调十分巧妙。现将昆虫的食性简述如下。

1．植食性

以植物各器官为食的昆虫叫植食性昆虫（phytophagous insect），此类昆虫约占昆虫种数的一半以上。其中只取食1种植物的叫单食性昆虫；取食少数种属植物的叫寡食性昆虫；取食多种植物的叫多食性昆虫，比如舞毒蛾（*Lymantria dispar*）的幼虫，可用见到植物就吃来形容。植食性昆虫往往又被其他昆虫、蜘蛛、鸟类、两栖动物、爬行动物等所捕食，从而形成复杂的食物链。

2．肉食性

捕食其他昆虫、寄生在其他昆虫体内或取食动物制品的昆虫称为肉食性昆虫（carnivorous insect），例如螳螂、寄生蜂和捕食蜘蛛的蛛蜂科（Pompilidae）昆虫等。

3．杂食性

取食多种动植物体的昆虫称为杂食性昆虫（omnivorous insect），例如蜚蠊目（Blanttaria）昆虫。

4．粪食性

取食动物粪便的昆虫称为粪食性昆虫（coprophagy insect）。例如推粪球的金龟子，此虫被称为大自然的清道夫。神农蜣螂夫妻俩用镰刀状的前足将牛粪等动物的粪便聚集成球，推到松土下并在里面产卵，将粪球作为后代的粮食。黑裸蜣螂则单独推粪球（图1-13）。

5．腐食性

取食腐败的有机物的昆虫称为腐食性昆虫（saprophagous insect），例如某些蝇类幼虫。

6．尸食性

取食动物尸体的昆虫称为尸食性昆虫（necrophagous insect），例如埋葬虫，它也属大自然的清道夫。

a. 神农蜣螂（*Catharsius molossus*）；b. 黑裸蜣螂（*Paragymnopleurus melanarius*）。

图1-13　金龟子推粪球

第六节　昆虫的习性

习性（habits）是指生物长期在某种自然条件或者环境下形成的生活习惯、通过学习养成的模式特性。昆虫的习性是昆虫种群具有的生物学特性，它与昆虫的行为（behavior）存在密不可分的关系。除上述的食性、寄生性外，昆虫还有许多重要的习性。

一、昼夜活动习性

绝大多数昆虫都拥有自己特定的昼夜生活习惯或规律，这也是昆虫在长期的生物进化过程中形成的生物钟（biological clock）。不同昆虫的昼夜活动习性或其生物钟是有区别的，如蝶类喜欢在阳光明媚的白天活动，是典型的昼出性昆虫（diurnal insect）；而大多数蛾类更适应在寂静的夜间活动，是典型的夜出性昆虫（nocturnal insect）。

二、趋性

昆虫的趋性（taxis）是指针对某种物理刺激（如声音、光、热源）、化学刺激（如气味等一些化学物质）等，昆虫进行定向活动的现象。最典型的是蛾类的趋光性（phototaxis）、床虱（bed bug）的趋热性（thermotaxis）、某些鳞翅目昆虫的趋泥性（mud-puddling）（图1-14）等。在不同强度的刺激下，昆虫会做出不同趋性反应，存在较强的趋性可塑性。

图1-14　珐蛱蝶（*Phalanta phalantha*）趋泥行为

三、群聚性

昆虫的群聚性（aggregation）是指同一种昆虫的大量个体高密度聚集在一起的习性。

具有社会性生活习性的蜜蜂总科（Apoidea）昆虫为典型的永久性群聚，由趋性所致的群聚（如趋泥性引起的鳞翅目昆虫群聚行为等）为临时性群聚（图1-15）；有些昆虫在面对极端环境时出现群聚行为甚至会发生虫灾，如东亚飞蝗（*Locusta migratoria manilensis*）等。昆虫的群聚行为在第十四章有专门论述。

a. 黑脉园粉蝶（*Cepora nerissa*）；b. 柑橘凤蝶（*Papilio xuthus*）；c. 木兰青凤蝶（*Graphium doson*）；

d. 玉带凤蝶（*Papilio polytes*）；e. 青凤蝶（*Graphium sarpedon*）。

图1-15 蝶类昆虫因趋泥行为形成多个种的聚集现象

四、追逐和打斗习性

在野外，我们经常看到蝴蝶的追逐（chasing）行为，追逐可能是为娱乐或求偶，追逐的行动路线和姿态五花八门，尤其是凤蝶科（Papilionidae）和蛱蝶科（Nymphalidae）的种。打斗（fighting）是昆虫的常见习性，人们过去曾将观看昆虫打斗作为一种娱乐活动，如"斗蟋蟀"为中国民间博戏之一。同种昆虫间的打斗多数是为保卫自己的领地或争夺配偶权而发生的（图1-16），不同种之间的打斗则往往是捕食者和被捕食者之间的"战争"（图1-17）。

图1-16 黄猄蚁（*Oecophylla smaragdina*）同室操戈 图1-17 黄猄蚁合力捕杀梅氏多刺蚁（*Polyrhachis illaudata*）

五、滞育和休眠习性

自然界中，随着时空的变换，温度、湿度、光照、食物群体大小等因素也在不断变化。昆虫在这种变化的环境中，反复面临着不利于发育及不适合繁殖等问题，为了度过这段不适合生存的时间，昆虫已进化出了巧妙的生活习性和生理反应，其中重要的策略之一就是滞育（diapause）。昆虫的滞育是指昆虫在个体发育过程中或繁殖期，受环境条件的诱导所产生的一种静止状态，也是一种停止发育的生理状态。滞育有专性滞育（obligatory diapause）和兼性滞育（facultative diapause）。滞育不同于休眠（dormancy），因为昆虫休眠是由低温、干旱等不利环境条件直接引起的，环境恢复正常即可开始活动，而进入滞育状态的昆虫即使有适宜环境条件仍不发育。滞育持续时间的长短因昆虫种类而不同，有的数月，有的可达数年。

总之，自然界中的昆虫种类繁多，习性也各种各样，这里仅列举一些较常见和重要的昆虫习性。昆虫习性与昆虫行为紧密相关，昆虫的许多其他习性也体现在后面章节论述的各种行为中。一般来说，亲缘关系相近的昆虫往往具有相似的习性，如天牛科的幼虫具有蛀干习性，蜜蜂总科的昆虫具有访花习性等。

第七节　昆虫的多样性、栖息地及食物链

一、多样性与栖息地

动物界中昆虫的种类最多，目前已鉴定过的具有拉丁学名的约100万种，有些种还未分类研究。科学家们特地调查了南美热带雨林的昆虫，结果种类大大超出由原来掌握的材料估计的数量，有的学者认为地球上的昆虫种类可能超过1 000万种。

昆虫种类多，生殖能力强，能适应各种生态环境，加上体积小，所需的食料少，栖息场所也小，有利于生存和扩散，方便飞行、长距离地迁移、觅食、求偶和寻找合适的栖息场所。生境（habitat）的多样性成就了昆虫的多样性（diversity），从高山到湖泊、从地表到地下土壤，遍及自然界的各个角落，各种生境中都有适生的昆虫，例如阳性昆虫、阴性昆虫，还有生活在65 ℃温泉中的昆虫，在地球两极温度为－30 ℃的地区还生存着20多种昆虫，曲蝇能生活在石油池里，盐蝇能在盐水中栖息，种种因素使得昆虫成为多样性较高的生物类群（biome）。

南岭是中国华南地区重要的东西走向山脉，横亘逾900 km，南北相距逾100 km，不仅是中国重要的地理与气候分界线，同时也是中国生物多样性关键地区之一，该区域孕育着丰富的森林类型和野生动植物资源，是地球上植物区系最古老又最丰富的地区，在生物进化史中具有特殊的地位（张宏达，2003）。作为中亚热带和南亚热带重要的气候分界线，南岭山区具有丰富的蝴蝶资源，经多年的调查研究，在南岭山脉中段核心区域的广东南岭国家级自然保护区内，共记录蝴蝶500余种（周光益 等，2016；顾茂彬 等，2018），是国内诸保护区中蝴蝶种数最多的，其蝴蝶属的多样性（即G指数）和科的多样

性（即F指数）分别高达4.8和18.9。同时发现，无论是南岭的南坡还是北坡，在不同的海拔生境（物理环境和生物环境）中，栖息于中等海拔（1 000～1 100 m）山地常绿阔叶林中的弄蝶（Hesperiidae）、灰蝶（Lycaenidae）的种数和种群密度，均高于低地常绿阔叶林（海拔500～600 m）和山顶矮林（海拔1 850～1 902 m），其生态分布符合生物多样性的中间高度膨胀（mid-altitude bulge）假说（谢国光 等，2015；王旭 等，2021）。

二、食物链（网）

地球上的绿色植物是第一生产者和食物链（food chain）的基础，在以绿色植物为主体的生态系统中，各类昆虫之间、昆虫与其他生物之间，经过千百万年的自然选择，形成了互相依存、互相制约的关系，这种关系一直处于动态平衡的状态。植食性昆虫以植物为食料，其种类和数量最多；捕食性昆虫（predatory insects）以植食性昆虫为食料，还捕食寄生性昆虫和其他捕食性昆虫；寄生性昆虫可在植食性昆虫、捕食性昆虫和其他寄生性昆虫体内/外寄生（重寄生）。如果植食性昆虫在某种自然条件下增加种群密度的话，捕食性昆虫和寄生性昆虫的种群密度也随之增加，可使植食性昆虫的种群密度降低，在这种情况下，大量捕食性昆虫和寄生性昆虫会因缺少食物而死亡，迫使其种群密度降低，各类昆虫之间又会达到一个新的平衡状态。生物世界物种之间的关系很复杂，鸟类、两栖动物、爬行动物、哺乳动物等往往以各类昆虫为食，由此引出了复杂的食物链、食物网，无论是在简单的食物链、食物网中，还是在复杂的食物链、食物网中，昆虫总是初级消费者，并成为其他动物的食物（图1-18）。所以昆虫多样性为生态系统（ecosystem）的平衡、稳定和健康作出了积极的贡献。

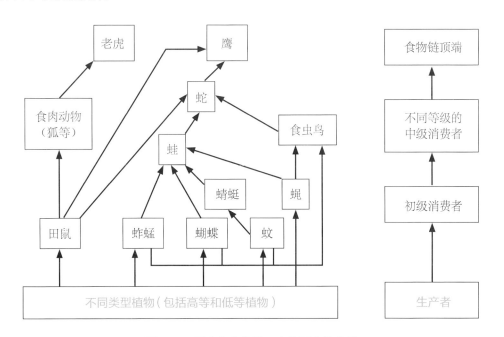

图1-18　昆虫在食物链、食物网中的位置

第二章　昆虫与人类的关系

　　对于地球家园，昆虫是比人类更早的"居民"。早在3.5亿年以前，昆虫就出现在地球上，远远早于人类的出现（人类出现在360万～380万年前）。可见昆虫一直伴随着人类的发展，并且与人类形成了十分密切的关系。目前地球上已知的生物共有180多万种，其中昆虫就有近百万种。随着科技的进步、人类需求的提升和社会的发展，昆虫在人类生活中的角色和地位也在悄然变化，传统认为的害虫，经过合理的加工，形成了新产品和原料，越来越多地出现在人类生活中。人类利用昆虫高蛋白质的特点，开发出昆虫食品（Gravel et al.，2020），目前大约有5 000种昆虫被食用。有些昆虫独有的习性或行为启迪了人们，仿生学成为有效地应用生物功能的一门学科，昆虫的形态仿生、化学仿生、行为仿生等目前已应用于军事、航天航空、工业与农业等领域，多种仿生资源促进了科技进步与社会发展。比如：苍蝇是细菌的传播者，一般被归类为害虫，可是苍蝇的楫翅是天然导航仪，人们模仿它制成了"振动陀螺仪"。苍蝇的眼睛是一种复眼，人们模仿它制成了"蝇眼透镜"，用它做镜头可以制成"蝇眼照相机"，一次就能拍出千百张相同的照片。这种照相机已经用于印刷制版和大量复制电子计算机的微小电路，大大提高了效率和质量。但昆虫对人类不利的方面也给人类生产、生活带来巨大的烦恼，如农业与林业因虫害而降低产量、胡蜂螫刺人类和蚊子传播登革热疾病等。

第一节　昆虫对人类有益的影响

一、帮助植物传粉

　　植物与传粉者之间的关系可能是动植物相互作用中最重要的生态类型之一。如果没有传粉者，许多植物就无法播种和繁殖；如果没有植物提供花粉、花蜜和其他"奖励"，许多昆虫种群就会减少，从而对其他物种产生连锁效应（Kearns et al.，1998）。化石资料表明，显花植物开始于中生代的白垩纪晚期，唯一可能的有效传粉者是昆虫。据估计，全球动物授粉被子植物的数量为308 000多种，占估计的开花植物物种水平多样性的87.5％（Ollerton et al.，2011）。在显花植物中，有85％属虫媒传粉。传粉昆虫的种类繁多，主要为膜翅目（Hymenoptera）、双翅目（Diptera）、鞘翅目（Coleoptera）、鳞翅目、直翅目（Orthoptera）和缨翅目（Thysanoptera）等十多个目，其中膜翅目占全部传粉昆虫的43.7％，双翅目占28.4％，鞘翅目占14.1％，鳞翅目占12.3％，而半翅目（Hemiptera）、缨翅目、直翅目、毛翅目（Trichoptera）、同翅目（Homoptera，现已归入半翅目）等共占1.5％（李孟楼，

2005）。鞘翅目中传粉昆虫主要有花金龟科（Cetoniidae）、天牛科、花萤科（Cantharidae）、金龟科（Trichiidae）、隐翅甲科（Staphylinidae）、叶甲科（Coleoptera）等；双翅目中传粉昆虫主要有食蚜蝇科（Syrphidae）、丽蝇科（Calliphoridae）、麻蝇科（Sarcophagidae）、虻科（Tabanidae）、小花蝇科、蚤蝇科（Phoridae）和大蚊总科（Tipuloidea）等；鳞翅目中传粉昆虫主要有锤角亚目（Rhopalocera，蝶类）的全部种类的成虫，蛾类中白天活动的全部种类成虫、部分小蛾类和夜晚吸食花蜜的全部蛾类（Faegri et al.，1979）。植物与传粉昆虫还有专一选择的特性，如全世界的榕树（Ficus sp.）有1 000多种，它的传粉者只有一类榕小蜂，几乎70%的榕树种类仅允许1种榕小蜂传粉，如果整个榕小蜂群落崩溃，所有榕树群落将面临灭亡（Wiebes，1979；彭艳琼 等，2016）。

二、提供食品或药品

　　昆虫往往富含人体必需的蛋白质和脂肪酸，以及膳食矿物质和维生素，是优质的食物来源。不过昆虫很少被认为是主食，其更可能被用作调味品、食品添加剂或被用来提取脂肪。据分析，每100 mL人的血浆中含有游离氨基酸24.4～34.4 mg，而每100 mL昆虫的血液中含有的游离氨基酸高达293.3～2 430.1 mL，高出人体血液中的数倍。蚕蛹含有18种氨基酸，其中人体必需的氨基酸含量均高于大豆，烤干的蝉含有72%的蛋白质，胡蜂科（Vespidae）含有81%的蛋白质，白蚁体内的蛋白质含量比牛肉高，100 g白蚁能产生500 cal（2 092.9 J）热量，而100 g牛肉只能产生130 cal（544.2 J）热量。新思界产业研究中心出具的《2019年全球及中国昆虫蛋白质产业深度研究报告》显示，2019年全球昆虫蛋白质市场规模为1.44亿美元，预计到2025年将达到13.36亿美元，在预测期间的复合年增长率为45.0%。近东和中国最早食用昆虫的记录分别至少可以追溯到公元前2000年和公元前1000年（Lanfranchi，2005）。全世界至少有1 400种昆虫被记录为人类食物（Durst et al.，2010），也有报道称全世界近1 700种昆虫被用作人类食物，主要为鞘翅目、膜翅目、直翅目和鳞翅目等，占食用物种的80%（Ramos-Elorduy，2005）。从昆虫的发育阶段来分，可食昆虫主要有3类：幼虫类，如蜂蛹、竹虫、豆天蛾幼虫；蛹类，如蚕蛹（图2-1）、松毛虫；成虫类，如蝗虫、蝉、蚂蚁等。食用昆虫，不仅可以丰富人类的餐桌，而且还可以减少昆虫对植物的危害，如豆天蛾、松毛虫等。除了被直接食用外，昆虫还能制造其他食品，如蜂蜜、花粉、昆虫激素等。开发昆虫食品，已经引起各国的重视。一些国家正在开展研究和筛选、培养昆虫，进而制造一些营养价值高的昆虫食品，作为补充人类食物的一个来源。除被人类食用外，昆虫还作为饲料、诱饵等产品被开发，可以开发做饲料的昆虫有500余种，如黄粉虫（Tenebrio molitor）、蝇蛆等。

图2-1　蚕蛹食品

昆虫除了有丰富的营养外，还有独特的保健和药用价值，例如蝗虫可暖胃助阳、健脾运食，蝉可清热、息风、镇惊等。我国入药昆虫有300多种。李时珍的《本草纲目》把广义的"虫"药扩充到106种，其中昆虫药73种，分为"卵生""化生"和"湿生"三类，并首次将蜜蜂、蜂蜜、蜂蜡列为3味药。清代赵学敏在《本草纲目拾遗》中又补充动物药32种，其中属于昆虫的有11种。《中华人民共和国药典》中记载常用的药用昆虫和产品有10种，列入《中药志》的药用昆虫有18种。名贵中药冬虫夏草，是蝙蝠蛾科（Hepialidae）昆虫的幼虫在秋冬季被虫草属的一种真菌感染死亡后，第二年夏天从幼虫头上长出一根虫草属的真菌角状子座。五倍子为漆树科（Anacardiaceae）植物盐肤木（*Rhus chinensis*）、青麸杨（*Rhus potaninii*）或红麸杨（*Rhus punjabensis*）等叶上的虫瘿，主要由五倍子蚜（*Melaphis chinensis*）寄生而形成。

三、用于生物防治

生物防治（biological control）是指利用自然界各种有益的生物本身或其代谢产物进行病虫害防治的方法。生物防治大致可以分为以虫治虫、以鸟治虫和以菌治虫三大类。由于生物防治高效、无毒，已被广泛应用于有机食品生产中。利用天敌昆虫是生物防治的主要方法之一。昆虫寄生性种类约占总种数的2.4%，捕食性种类占28%。仅瓢虫就有380余种，山东省烟草、棉花等作物害虫天敌187种，蚜虫和害螨天敌105种（吴钜文 等，2003）。如利用赤眼蜂（*Trichogramma* sp.）防治玉米螟（*Pyrausta nubilalis*）、松毛虫（*Dendrolimus* sp.）和棉铃虫（*Helicoverpa armigera*），利用草蛉（图2-2-a）防治湿地松粉蚧（图2-2-b）等。昆虫病毒作为生物防治剂是害虫综合治理计划中的重要组成部分，杆状病毒科是最常见和研究最广泛的昆虫病原病毒群，用于控制昆虫特别是鳞翅目物种（Adly et al.，2020）。

a. 草蛉；b. 利用草蛉防治湿地松粉蚧。

图2-2 利用草蛉防治蚜虫

信息化学物质是天敌昆虫远距离向寄主或猎物栖息地进行定向，以及近距离对寄主或猎物进行定位所依赖的重要信号。植物受到昆虫为害时会释放信息化学物质，天敌昆虫根据植物上取食的猎物或寄主特定的关联性来捕食害虫（De Moraes et al.，1998；Wang et al.，2022）。如草蛉趋向被螨（*Tetranychus ludeni*）为害的茄子（*Solanum melongena*）、黄秋葵（*Abelmoschus esculentus*）等。

昆虫性信息素，是昆虫交配过程中释放到体外以引诱同种异性昆虫交配的化学物质，其化学结构的高度复杂性和特殊性是昆虫种间生殖隔离的重要保证。在生产中利用昆虫的性信息素进行诱捕、迷向或交配干扰防治。全球利用昆虫性信息素进行作物保护的面积达6 401万 hm^2（尚尔才，2007）。还有些寄主昆虫，在其卵块、幼虫表皮、虫粪、成虫鳞片等和各种腺体的分泌物中存在利他素，引诱或激发天敌寻找利他素在寄主上存在的部位。

四、提供工业原料

资源昆虫是指昆虫产物（分泌物、排泄物、内含物等）或昆虫虫体本身可作为人类资源利用，具有重大经济价值，种群数量具有资源特征的一类昆虫。昆虫对人类生活除具有提供食物、药品及天敌作用外，还作为工业原料发挥重要的作用。我国13世纪把白蜡虫（*Ericerus pela*）（图2-3-a）产生的白蜡（图2-3-b）应用于烧烛或入药。白蜡理化性质稳定，具有密闭、防潮、防锈、经久不腐、生肌、止血止痛、补虚、续筋接骨等作用，是军工、轻工、化工、手工和医药生产上的重要原料。紫胶（图2-4-a）对紫外线稳定，电绝缘性能良好，兼有热塑性和热固性，能溶于醇和碱，耐油、耐酸，对人无毒、无刺激，可用作清漆、抛光剂、胶黏剂、绝缘材料和模铸材料等，广泛应用于国防、电气、涂料、橡胶、塑料、医药、制革、造纸、印刷、食品等领域；紫胶还是塑料、导电绝缘体、橡胶填充剂、防湿剂等重要工业产品的原料，广泛应用于军工、电器、橡胶、油墨、皮革、塑料、钢铁、冶金、机械等工业领域，以及木器、食品、医药等行业。紫胶原胶（图2-4-b）就是紫胶虫（图2-4-c）吸取寄主树树液后分泌出的紫色天然树脂。还有天然色素——胭脂，是从珠蚧科的胭脂珠蚧的殷红色体液中提取的动物性染料，它是食品、生物及化妆染色的最佳原料。

a．白蜡虫；b．白蜡。

图2-3　白蜡虫及其产生的白蜡

a. 紫胶片胶；b. 紫胶原胶；c. 紫胶虫。

图2-4　紫胶片胶、紫胶原胶及紫胶虫

五、指示环境或物候、天气变化

　　昆虫体型小、生活周期短，对不断发生的细微环境变化极其敏感并能快速做出反应，且对昆虫进行调查和观测具有简单、快速、实用、成本小等特点（张红玉 等，2006），使昆虫作为各类生态系统健康的指示物种和评价指标（Badejo et al.，2020；Dar et al.，2021）。如应用蜉蝣目（Ephemeroptera）、襀翅目（Plecoptera）和毛翅目3大类群监测水质。昆虫还可用于监测土壤环境的变化，李景科（1992）发现锥须步甲（*Bembidion* sp.）在土壤含水量低于16％和高于50％时均不适于生存，在土壤含水量21％～46％时，含水量越高，其种类越丰富、个体数量越多。蝴蝶作为环境变化和气候变化的敏感指示者已被广泛应用（Kumar et al.，2009；Forister et al.，2010）。我国古人经过对昆虫的长期观测，知道到了"惊蛰"这个节气到来时，一切越冬昆虫就要苏醒，开始活动了。河南谚语"知了（蝉）叫，麦子摔不掉"说明夏季来临，空气湿度增加。4—6月各种蚂蚁17∶00仍不回巢，黄蚂蚁含土筑坝，围着巢门口，估计4～5天后有连续4天以上阴雨天气等。

六、启迪人类研发新产品

　　仿生学是1963年由"Bionics"一词翻译而来的，其希腊文的意思是研究生命系统功能的科学。昆虫经过长期的进化过程，适应环境的变化，形成了形体上的一些特殊结构和器官，从而得以生存和发展。人类通过对昆虫的长期观测，结合科技手段，模拟昆虫的这些特点开发出一系列的产品，应用于生产、生活，推动社会的发展。苍蝇的眼睛是一种"复眼"，由3 000多只小眼组成，利用苍蝇复眼原理制造出的"蝇眼照相机"，一次就能拍摄1 329张照片，其分辨率达4 000线。在航空史上，飞机由于剧烈振动而时常发生机翼断裂，后来飞机设计师根据蜻蜓的翅膀逐渐摸索出了解决的办法，即在飞机的两翼各加一块平衡重锤。人们模拟了萤火虫发光的原理创造出日光灯（荧光灯）。根据蝴蝶色彩不易被发现的原理，第二次世界大战中苏联在军事设施上覆盖蝴蝶花纹般的伪装，大大减少了战争的伤亡，此外，根据蝴蝶翅膀鳞片对温度感知的原理研发出卫星控温系统等。美国军事专家受甲虫喷射原理的启发，研制出了先进的二元化武器。随着社会的进步，昆虫的结构、特质、功能、能量转换、信息控制等各种优异的特征，将更多地被借鉴应用到技术系统中，改善已有的技术工程设备，并创造出新的工艺器材、建筑构型、自动化装置等。

七、发挥文化功能

　　昆虫是与人类关系最为密切的动物类群之一，在长期共存的过程中，昆虫的习性、行为等逐渐融入人类的文化中。据统计，中国姓氏见于文献者有5 600多个，姓氏中有虫字部首的有46个，包括单姓35个，复姓11个。成语是中国文化的重要组成部分，鉴于昆虫与人类有着千丝万缕的联系，通过昆虫的习性、行为等特性形成表达不同寓意的成语，如螳臂当车、飞蛾扑火、作茧自缚、噤若寒蝉、蚍蜉撼树、螓首蛾眉、蝇头微利等。蝴蝶自古受文人墨客的青睐，诗词中常提到蝴蝶。早在先秦散文名著《庄子》中就有著名的"庄周梦蝶"。关于昆虫的词牌名有"蝶恋花"，曲牌名则有"扑灯蛾""粉蝶儿"等。

　　约有半数的昆虫能以各种方式发出声音，比如蝉歌声嘹亮、蟋蟀叫声悠扬、螽斯嗓音清脆、蝗虫声音深沉。昆虫不仅自身产生音乐，而且使无数艺术家得到创作灵感。古今的音乐家，因昆虫鸣声激发创作灵感，创作了许多冠以虫名的名曲，如笛曲《花香蜂舞》、唢呐曲《蜜蜂过江》、琴曲《蝴蝶游》、戏曲《梁祝》等，形成我国独特的鸣虫文化。

　　中华民族是一个多民族的大家庭，各民族都有自己独特的民俗风情，其中与昆虫有关的民间传统节日达2 000多个（顾茂彬 等，2011）。我们的祖先5 000年前就将野蚕驯化成家蚕，与家蚕有关的节日有采桑节等18个。有的昆虫种类成为国人崇拜之物，例如，过蚕日与祭蚕神，是纪念家蚕给民众带来利益，颂扬益虫；古人视蝉为吉祥和灵通之物，过蝉节以祈求幸福和平安。有的昆虫种类给民众带来灾难，故土家族人将惊蛰前一天定为射虫日、布依族民间针对蝗虫的危害而定"蚂螂节"等，进行咒虫活动，以驱除虫灾。昆虫营养丰富，仫佬族还有一年一度的"吃虫节"。拉祜族人捕蜂制戏蜂蜡烛，在婚礼中点燃蜂蜡烛，以示吉祥等。斗蟋蟀是我国民间的一项重要民俗活动，也是极具东方色彩的中国古文化遗产的一部分。唐代《开元天宝遗事》记载："宫中秋兴，妃妾辈皆以小金笼贮蟋蟀，置于枕畔，夜听其声，庶民之家亦效之"。

　　世界各国发行的鳞翅目昆虫邮票（图2-5）如同一部百科全书，几乎每个科的蝶种都能在蝴蝶邮票中找到。大多数蝴蝶邮票是一只蝴蝶的标本或是一只飞舞的彩蝶，都能表现出蝴蝶的外貌特征，多数还标有蝴蝶学名，有的还有英文名和拉丁学名，有的还把蝴蝶的寄主、天敌和生境展现出来。通过邮票可以认识成百上千种蝴蝶，也为蝶类爱好者提供了蝴蝶鉴定、欣赏和收藏的资料。

图2-5　鳞翅目昆虫邮票

　　此外，昆虫还在推动旅游产业发展中发挥着重要的作用，如蝴蝶生态园将活的蝴蝶饲养在蝴蝶生态花园的网室或棚房，棚内花香蝶舞的奇妙庭园景观可供游人观赏，起到愉悦心情、促进人与自然和谐共生的效果。例如：日本的上野市多摩动物园内建有"昆虫生态园"，外观似展翅欲飞的绢蝶，里面放养着十几种近千只五彩缤纷、翩翩飞舞的蝴蝶，供游人观赏，其情境之美令人陶醉；在中国三亚也曾有"蝴蝶谷"景点。

　　中华文化源远流长，昆虫文化作为中华文化不可缺少的重要组成部分，对中华文化产生了深刻的影响，成为国家和民族的瑰宝之一。

第二节　昆虫对人类不利的影响

　　各类昆虫，是陆地生态系统的重要生物类群，在生物多样性与生态系统功能的维持、食物网结构的完整性、种群调控与生态系统稳定性等方面，都具有重要的作用。但自然界中任何生物对生态系统都存在正、负两方面影响，昆虫也不例外，昆虫对人类的生产、生活也会产生不同的影响。根据对人类的危害程度，我们将昆虫分为害虫和益虫。害虫是指对人类生产、生活和人体健康等造成显著不良影响的一类昆虫，益虫则相反，但要清晰地界定某种昆虫是害虫还是益虫相当复杂。一种昆虫常常因时间、地点、数量的不同，可能是害虫也可能有益，如把害虫作为食物或饲料，可作为一种替代其他防控方法的策略（Van Huis，2020）。害虫和益虫是相对而言的，益虫会做出对人类有害的事，害虫也会做对人类有益的事，如果植食性昆虫的数量少、密度低，当时或一段时间内对农作物几乎不产生影响，相反，由于它们的少量存在，为天敌提供了食料，可使天敌滞留在这一生境中，增加了生态系统的复杂性和稳定性。

一、有害昆虫的主要类型

1. 植食性害虫

这类昆虫以植物体的花、茎、叶、根、果实和汁液为食，破坏植物器官的功能，从而使植物受到伤害，降低植物的利用价值。植食性害虫是害虫中种类最多的一类，估计有35万种左右。多见于弹尾目（Collembola）如紫色跳虫（*Hypogastura communis*）等，等翅目（Blattaria）如白蚁科（Termitidae）所属的种，双翅目（Diptera）如果蝇科（Drosophilidae）所属的种等，膜翅目（Hymenoptera）如小麦叶蜂（*Dolerus tritici*）、瘤准姬小蜂（*Paraeulophites nodulus*）等，鳞翅目（Lepidoptera）如刺蛾（*Parasa consocia*）、美国白蛾（*Hyphantria cunea*）等，直翅目（Orthoptera）如蝗总科（Locusts）所属的种等、半翅目（Hemiptera）如梨冠网蝽（*Stephanitis nashi*）、稻绿蝽（*Nezara viridula*）等，缨翅目（Thysanoptera）如稻蓟马（*Stenchaetothrips biformis*）等。

2. 刺吸性害虫

这类昆虫常群居于嫩枝、叶、芽、花蕾、果上，汲取植物汁液，掠夺其营养，造成枝叶及花卷曲，甚至整株枯萎或死亡。主要有蚜虫类（Aphididae）、介壳虫类（Coccomorpha）、粉虱类（Aleyrodidae）、木虱类（Psyllidae）、叶蝉类（Cicadellidae）、蝽象类（Pantatomidae）、蓟马类（Thripidae）、叶螨类（Tetranychidae）等。

3. 蛀食性害虫

这类昆虫以幼虫蛀食树木枝干，不仅使输导组织受到破坏而引起植物死亡，而且在木质部内形成纵横交错的虫道，降低木材的经济价值。主要有鳞翅目的木蠹蛾科（Cossidae）、透翅蛾科（Sesiidae），鞘翅目的天牛科、小蠹科（Scolytidae）、吉丁甲科（Buprestidae）、象甲科（Curculionidae），膜翅目的树蜂科（Siricidae），等翅目（Isoptera）的白蚁科（Termitidae），等等。

4. 地下害虫

这类昆虫主要栖息于土壤中，取食刚发芽的种子，苗木的幼根、嫩茎及叶部幼芽，给苗木带来很大危害，严重时造成缺苗、断垄等。主要有直翅目的蝼蛄（*Gryllotalpa* sp.）、蟋蟀类（Gryllulus），鳞翅目的地老虎（*Agrotis* sp.），鞘翅目的蛴螬［鳃金龟科（Melolonthidae）昆虫东北大黑鳃金龟（*Holotrichia diomphalia*）及其近缘昆虫的幼虫］、金针虫［鞘翅目叩甲科（Elateridae）昆虫的幼虫］。

5. 寄生性害虫

这类昆虫的体型比较小，活动能力比较差，有些寄生性昆虫终生寄生在哺乳动物的体表，依靠吸血为生，如跳蚤（*Ctenocephalides* sp.）、虱子（*Anoplura* sp.）等；有的则寄生在寄主体内，主要有小蜂类（Chalcidoids）、姬蜂（Ichneumonidae）、茧蜂（Braconidae）、寄蝇（Tachinidae）等。

二、昆虫对农林生产的不利影响

尽管进行了大量的植物保护工作，仍有约1/3的作物因害虫、病原体等而损失。已有研究结果表明，在全球变暖的背景下，昆虫将导致世界许多地区的粮食损失显著增加（Riegler，2018）。全世界危害庄稼的害虫有6 000多种。我国水稻害虫就有300多种，果树害虫1 000多种，玉米害虫50多种，棉花害虫510多种，仓库害虫300多种，森林及木材害虫约400种。据农业农村部统计，1995—2001年我国农作物虫害平均每年发生面积为1.85亿 hm²，2002—2011 年平均每年发生面积扩大到 2.36亿 hm²，2012 年以后平均每年发生面积超过2.5亿 hm²（陆宴辉 等，2017）。害虫对农业生产造成的损失是相当惊人的，据估计，对野外生长的作物平均每年造成的损失率为10%，室内贮藏物平均损失率为5%；害虫对林业生产也产生巨大影响，我国是世界上受林业害虫危害最严重的国家之一，每年虫害发生面积达600万 hm²，尤其是几十年一直受到松毛虫的危害（Zhang et al.，2020；Skrzecz et al.，2020）（图2-6）。

a. 卵；b. 蛹；c. 幼虫；d. 雌性成虫；e. 雄性成虫；f. 对松林的危害。

图2-6　松毛虫及其危害

昆虫主要通过如下途径显著影响农林生产。

1. 蚕食植物叶片，降低植物光合能力

昆虫无论是完全变态发育还是不完全变态发育，都将经历卵、幼虫和成虫3个时期。昆虫繁殖力强，一般1只雌虫一生可产卵几十到几百粒，有的达数千粒，如油桐尺蛾（*Buzura suppressaria*）的产卵量为500～3 000粒。昆虫对叶片的危害可分为幼虫危害和成虫危害两类。幼虫危害主要来自食叶昆虫，为了保证幼虫的食物来源，食叶昆虫常把卵产在叶片上，卵孵化后，幼虫通过蚕食植物叶片获取营养，因其数量大，对植物叶片破坏巨大。如茶尺蠖（*Ectropis obliqua hypulina*）、春尺蠖（*Apocheima cinerarius*）（庞竟公 等，2018）（图2-7）等，其幼虫可在一个月内吃光整片茶园或杨树人工林的叶片，在茶园旁边或树下可以清晰地听到虫子吃叶片的声音。成虫危害主要来自常见直翅目的蝗虫，包括蚱总科（Tetrigoidea）、蜢总科（Eumastacoidea）、蝗总科（Locustoidea）的种类，全世界有超过10 000种，我国有1 000余种，多为群居型，主要为害禾本科（Poaceae）植物。蝗虫成虫期

取食量约占一生总食量的75%以上，每只蝗虫每天吃掉的食物量相当于本身体重的2倍。当季节干旱时，它们更贪食，取食大量食物未经充分消化即排泄出体外，以便从中获得大量水分，满足生理代谢需要，从而加大了对作物的危害程度。在我国过去2 000多年的历史中，就记载有超过800次的大蝗灾，使600多万农民流离失所，四处逃荒。世界上规模最大的一次蝗虫飞行是1889年一批沙漠蝗飞越红海，其散布面积达5 450 km²，约有2 500亿只蝗虫，总重量逾50万 t。

a. 幼虫；b. 蛹；c. 雄成虫；d. 雌成虫；e. 卵；f. 对树木的危害。

图2-1 春尺蠖形态及其危害

2. 破坏植物花器官，影响生殖成效

花作为植物的繁殖器官，其经受的损伤往往会直接或间接影响植物的生殖成效。在开花的植物种类中，现知约65%是虫媒花。绝大多数被子植物及少数裸子植物需要昆虫或动物传粉才能完成受精（钦俊德，1987）。开花植物中昆虫取食花的现象普遍存在，而这些行为往往与传粉或取食花蜜相关。肖丽芳等（2021）对阿尔必期（ca.103 Ma）美国达科塔组植物化石进行检视，发现32种花型中有9种花型存在昆虫取食的痕迹。取食方式有花边缘取食、刺吸和打洞取食等。如叶蜂破坏西南鸢尾（*Iris bulleyana*）花冠筒，受损伤的单花结籽率与自然花相比明显下降（张伟，2019）。金龟子是鞘翅目金龟总科（Scarabaeoidea）的通称，是重要的食花昆虫，其啃食花蕾、花瓣、雄蕊、雌蕊，使果树不能坐果，对产量影响很大。

3. 破坏植物木质部，破坏木材或家具，引起病菌感染

这类害虫多属于鞘翅目昆虫，如天牛、粉蠹、竹蠹、长蠹和蜚蠊目白蚁（图2-8）等。它们能啃、会钻，或全身滚动，在木、竹、藤器内部挖出无数纵横交错的坑道，并在其中完成它们的幼虫发育（如天牛）或者安家落户、繁衍后代（如粉蠹）。它们背上像刺猬一样长满了小刺（如粉蠹、竹蠹和长蠹），在木头里边钻边滚。由于虫洞的存在，受害树木形成空心，遇风易折断，严重影响其生长及材质（吕文 等，2004）。有研究表明，杨树受天

牛危害后，次生物质和营养物质均存在着显著的变化，其中单宁、黄酮含量增加，总酚、蛋白质、多糖、可溶性糖含量减少，从而植株对病害的抵抗能力下降，进而引起病菌感染（张霞，2009）。

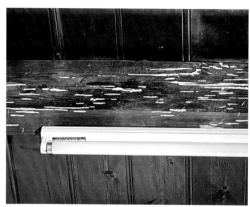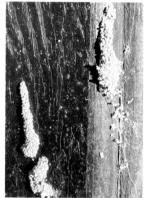

图2-8   白蚁及对木结构的破坏

4．破坏果实或种子，降低果实或种子品质

水果是人们生活中必不可少的食品之一，也是农民致富的重要途径。如果一个果园被食果害虫侵入，将直接影响其产量和果实品质。如桃小食心虫（*Carposina sasakii*）是苹果、梨、山楂、桃和枣的重要害虫，据陕北果区调查，年平均虫果率达30%，严重者达90%左右，影响苹果的产量和质量（刘辉 等，1991）。果蝇（*Drosophilidae* sp.）为害梨、柿子、樱桃、杨梅、石榴、桃等多种水果，还为害南瓜、甜瓜等瓜菜。如把鲜果放入清水中浸泡，会使幼虫从鲜果被害处爬出来漂浮在水中。被产入卵的瓜果短时间内并无明显受害症状，但随着卵孵化成幼虫受害症状逐渐严重，被害处果面会出现稍呈湿腐状凹陷，比正常果面颜色略深，暗淡无光泽。后期被害处果实先腐烂，失去食用价值和经济价值，影响品质和市场销售。全世界已定名的贮粮害虫约有349种，害螨20多种，我国已发现的贮粮害虫有113种，害螨10多种。其中常见的贮粮害虫有玉米象（*Sitophilus zeamais*）、麦蛾（*Sitotroga cerealella*）、谷蠹（*Rhyzopertha dominica*）等（张宜绪，2000），这些害虫的取食方式有蛀食、剥食、侵食和缀食，它们直接啃食粮食，还在粮食中排泄、蜕皮、死亡，甚至会引发粮食霉变。

5．破坏植物根系，降低植物成苗率及养分的吸收率

地下害虫是我国重要的农林害虫，它们种类多、分布广、食性杂、为害重。它们为害粮食、棉花、油料、蔬菜、糖料、烟草、麻类、中草药、牧草、花卉、草坪等，也是固沙植物、果树林木苗圃的大敌。魏鸿钧等（1992）统计，在20世纪90年代初，我国共有地下害虫320多种，其中蛴螬种类最多，有110余种。苗期受害，造成缺苗断垄；生长期受害，根系组织被破坏，使植物矮小变黄，严重地块可能绝收。曹雅忠等（2005）报道，蛴螬为害可使小麦、花生、大豆缺苗率10%～20%，严重者50%～80%。根蛆发生严重的菜区，一般地块减产10%～20%，严重者减产超过50%。

6. 导致次生灾害的发生

害虫除对植物的根、茎、花、叶和果实等产生破坏外，还会带来次生灾害。一是作为寄主携带病菌或虫卵，传播新的病害，增加对农林的破坏性。如松材线虫（*Bursaphelenchus xylophilus*）是一种世界多国公认的重大外来生物，是具有毁灭性的森林害虫，对我国松林资源、自然景观和生态环境造成严重破坏，松墨天牛（*Monochamus alternatus*）是其传播的主要媒介（杨宝君 等，2002；宁眺 等，2004；张旭臣 等，2021）。蚜虫主要为害嫩梢、嫩叶，进而会引起煤污病、传播病毒。植物病毒最主要的传播介体是昆虫（Dietzgen et al.，2016）。常见的介体昆虫有蚜虫、蓟马、叶蝉、飞虱和粉虱等（Bragard et al.，2013）。二是引发其他灾害，"千里之堤，溃于蚁穴"就说明了这个问题。白蚁除对木本植物、建筑物、储藏物、木制物等纤维物质造成破坏外，如果在堤坝内打洞，形成一个贯穿的通道，涨水时形成管涌，管涌扩大，将使大坝决口，形成洪灾。如2001年10月，四川大路沟水库溃坝就是蚁穴引起的。因此清除蚁穴成为堤防管理的重要任务之一。

三、昆虫与人类健康

1. 传播疾病

昆虫除对植物产生危害外，还会对人类健康产生不利的影响。人类的传染病有2/3是以昆虫为媒介传播的。昆虫传播疾病的方式主要有3种：一是间接传播细菌或病毒性疾病，如黄热病、登革热、鼠疫、西尼罗热等，这些疾病都是通过昆虫叮咬把病原体传播到人体。二是传播寄生虫疾病，如疟疾、河盲病等，通过昆虫叮咬或携带寄生虫到水体，人饮水后病原物进入人体，产生巨大的危害，迄今疟疾在全球范围内仍很严重，世界人口约有40%生活在疟疾流行区域。疟疾仍是非洲大陆上最严重的疾病，约有5亿人口生活在疟疾流行区。三是直接接触产生危害，如毒隐翅虫皮炎是由毒隐翅虫（*Paederus* sp.）体液中的毒素接触人体皮肤引起。

2. 危害食品安全

昆虫对粮食安全也产生较大影响。据估计，昆虫对野外生长的作物平均每年造成的损失率为10%，贮粮害虫导致粮食损失率在5%左右（张卫芳，2010），据世界银行的一项研究，贮粮害虫导致 1 200万～1 600万 t粮食损失，而这些粮食可以养活世界1/3的人口（Kale et al.，2021）。据报道，如果小麦感染10对谷象，在适宜环境中生存5年，其后代在5年中能吃掉40.625万 kg小麦。因此，从害虫口里夺回粮食在农业生产上极为重要。

昆虫还会对畜牧业产生不利的影响。昆虫通过取食、蜇刺和骚扰、恐吓等方式对牲畜产生危害。据报道，牲畜被小型虻咬伤一次失血可达40 mg，最大型的虻，如虻属（*Tabanus*）、瘤虻属（*Hybomitra*）的某些种类一次可使牲畜失血200 mg。某些虻还能传播牛、羊等家畜的炭疽病。我国西北的骆驼及南方的牛马的伊氏锥虫病，就是由虻传播了原虫所致。虻还可传播边虫病、土拉伦斯热等。

总之，昆虫与人类的关系需要用辩证的观点去看待和分析。

第三章　昆虫行为概述

昆虫比人类更早出现在地球上，昆虫行为是昆虫有机生命体各种活动的综合表现，昆虫行为观察与研究的先驱当属法国昆虫学家让-亨利·卡西米尔·法布尔（Jean-Henri Casimir Fabre，1823—1915年），他以《昆虫记》一书留名后世。通过对昆虫行为的观察和研究，揭示昆虫行为的相关现象和规律，从而实现对有害昆虫的防治、对有益昆虫的保护。

第一节　昆虫行为及分类

昆虫行为（insect behavior）是指昆虫感觉器官接受外部环境的刺激后，神经系统进行综合使效应器官产生的反应（彩万志 等，2011）；亦指昆虫适应其环境的一切活动方式。昆虫的行为分为本能行为和学习行为两类：本能行为是与生俱有的，由遗传基因决定，也是昆虫长期进化的结果；学习行为是后天通过学习获得的，由物理环境（光、温、水、热等）和生物环境（植物、微生物、其他昆虫、昆虫以外的其他动物）所决定。昆虫行为根据其生活规律及各种活动轨迹，亦可进一步细分为多种类型，如取食行为、传粉行为、趋光与负趋光行为、吸水与趋泥行为、聚集与迁飞行为、高飞行为、防卫行为、攻击行为、求偶与交配行为、产卵行为、社会行为等。

昆虫种类多，行为非常复杂、神秘而有趣，是值得深入研究的领域。影响昆虫行为的因素很多，但主要由外部环境条件的刺激与内部生理状态综合影响着昆虫的行为。

第二节　昆虫行为研究

昆虫行为学（insect ethology）是研究昆虫的行为类型、模式及其行为产生机制的一门学科。昆虫行为学又有昆虫行为生态学、昆虫行为生理学、昆虫行为遗传学等分支。行为是指生物进行的从外部可察觉到的有适应意义的各种活动。昆虫行为的生物学意义在于：①行为是昆虫应对环境变化的一个主要手段。昆虫为了生存就要取食、御敌等，为了繁衍后代就要生殖，这一切都要通过行为来完成。②昆虫行为具有种的特异性。即每个种具有自己独特的行为型和行为特征，如萤科昆虫都是靠雌萤发出闪光来吸引雄萤，但每种萤的闪光频率不同，而雄萤只对本种雌萤发出的闪光频率有反应，这就从行为上避免了种间杂交。③昆虫行为有利于基因存活。行为不一定有利于个体的存活（如利他行为），但总是有利于基因的存活，因此行为也可以定义为动物所做的有利于眼前自身存活和未来基因存活的所有事情。

一、昆虫行为的研究方法

观察、记录和量化昆虫行为是一项复杂而有挑战性的工作——根据不同的研究重点（捕食、求偶、防御等），需要用不同的方法和技术来准确量化昆虫行为，且行为特征具有内在复杂性。从目前的研究方法大类上来看，其研究方法可以分为直接和间接两类。

1. 直接观测法

由于昆虫移动速度较慢，大部分昆虫肉眼可见且易于识别，因此在野外多采用肉眼直接观测，通过照相机或摄像机记录昆虫的行为，也可以通过文字描述或图形来记录。还可根据不同研究目的，借助一些仪器设备。如在研究访花昆虫时，不仅要了解访花昆虫的种类，还要了解其访花的频次、时长，以及其访花行为与花的结构、着色及周边环境的关系，除肉眼观察外，还辅以秒表、摄像机等记录时间、访花频次、活动路径等（龚燕兵等，2007）。

2. 间接观测法

（1）化石材料分析

远古昆虫的行为主要通过对化石的分析进行研究，如在缅甸琥珀中发现昆虫腹腔中及身体上有大量的植物花粉的记录，证明了昆虫的传粉行为，此外还发现了昆虫的捕食、拟态、社会、寄生、求偶等行为（Thomas et al.，2014；Huang et al.，2016；Perrichot et al.，2016；Cai et al.，2018；Lin et al.，2019；Zhang et al.，2019b；Zhao et al.，2019）。

（2）控制实验

①视频轨迹分析技术。该技术是利用摄像机和监视器等影像设备，对放置在一个相对自由的环境内的试验昆虫的各种姿态变化和运动轨迹进行观察记录，然后结合计算机对记录的图像进行辅助分析，定量或定性地评估昆虫行为特征（吴博 等，2009；Vale et al.，2018）。②风洞技术。用于观察飞行昆虫在室内的行为反应，是在信息素或植物挥发物等活性成分及其诱芯应用于田间之前，进行模拟测试的一种有效方法，可为确定信息物质的浓度和配比提供参考，也可辅助诱芯的改进和诱捕器的设计。最常见的是水平风洞。③诱捕技术。利用昆虫行为研究中昆虫的趋光性、趋化性、趋色性、趋湿性、趋流性、趋地性、趋声性和趋温性等，结合不同的诱捕装置，将昆虫聚集到诱捕区，进行观察或实验。④嗅觉仪法。在一个封闭装置内，放入待测昆虫，在其中一个或多个进气端通入待测物，其余进气端通入干净的空气或对照，观察昆虫对挥发物的定向行为反应。

3. 主要监测仪器设备

（1）摄像机和照相机

摄像机和数码照相机操作简单，方便实用，使用成本低，是研究昆虫行为最常用的设备。

（2）果蝇活动监测仪

该设备通过红外光束在一个或多个行为监测单元下探测和计数果蝇运动，在特定的周期内，这些累积的活动计数可传到电脑存储和分析，通过专业的果蝇行为系统采集软件可存储多个监视器同时采集的行为数据。其也可以用于其他昆虫活动。

（3）昆虫行为跟踪分析系统

其可自动跟踪，可视化和分析昆虫在三维空间的运动行为。

（4）红外昆虫行为捕捉及分析系统

该系统可用于昆虫白天和夜间飞行行为的监视和记录，并通过软件对其飞行行为进行分析，得到昆虫飞行的三维轨迹。

（5）灯光诱虫设备

该设备包括利用昆虫趋光性而研发的各类灯光诱虫设备，主要有白炽灯、黑光灯、高压汞灯、频振式杀虫灯、LED灯和光陷阱诱捕器等（桑文 等，2019）。

（6）嗅觉仪

嗅觉仪可用于观察飞行昆虫和步行昆虫对挥发性化学物质的嗅觉定向和行为反应。

（7）电子取食监测仪

将试验昆虫和植物分别与生物放大器的昆虫电极和植物电极连接，当昆虫口针刺入植物组织时，回路接通。随着昆虫口针穿刺植物组织深度的不同，引起植物组织导电性的变化，从而测定昆虫刺探和取食活动的变化（陈建明 等，2002）。

随着科技进步和对昆虫行为研究的深入，新的研究内容可能需要新的研究方法，新的研究方法和手段也可能提升对昆虫行为的研究精度和深度，新的研究方法和仪器设备正在不断丰富对昆虫行为的研究内容，如微生物对昆虫行为的影响（Hosokawa et al.，2020）。

（8）自制的设备

根据昆虫行为观察和研究的不同内容，可自行设计各类不同的监测设施，如张杰等（2021）采用的成虫趋光反应行为试验箱（图3-1）等。

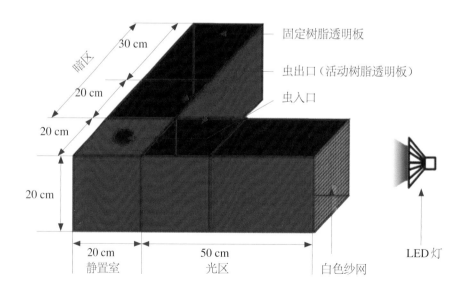

图3-1　成虫趋光反应行为试验箱

二、昆虫行为研究最重要的一些结论或观点

1. 最优化理论和进化稳定对策

最优化理论（optimization theory）认为自然选择总是倾向于使动物最有效地传递它们的基因，因而也会使动物最有效地从事各种活动，包括使它们在时间分配和能量利用方面达到最适状态。进化稳定对策（evolutionarily stable strategies，ESS）是约翰·梅纳德·史密斯（John Maynard Smith，1920—2004年）在1982年提出来的概念，是指如果种群中的大多数个体采取某种行为对策，而这种对策的好处又是其他对策所不及的，那么这种对策就是进化上稳定的对策。进化稳定对策概念的起源，很大程度上和分析动物为了食物、领地和配偶等有限资源进行的争斗行为联系在一起，约翰·梅纳德·史密斯等（1973）最初的目的是希望理解动物个体之间的争斗为什么总是一场"有限的战争"，很少造成严重伤害，如许多蛇类的雄性个体相互扭打时从不使用它们的毒牙。通常的解释是使用毒牙会使许多个体严重受伤，最终对物种生存不利。而梅纳德·史密斯等不满意这种群体选择的观点，并从个体选择的角度运用对策论（game theory，又称博弈论）提出自己的生物学解释。

2. 广义适合度与亲缘选择学说

查尔斯·罗伯特·达尔文（Charles Robert Darwin，1809—1882年）的自然选择学说成功解释了生物有机界弱肉强食的利己行为及其进化机制，英国生物学家威廉·唐纳德·汉密尔顿（Willian Donala Hamilton，1936—2000年）通过对社会性昆虫的研究，从概率论的观点出发提出了亲缘选择（kin selection），运用广义适合度（inclusive fitness）概念和亲缘选择思想，成功解释了近亲个体间的利他行为。适合度是衡量个体存活和生殖成功机会的一种尺度，广义适合度是指一个个体在后代（不一定是自己繁殖的后代）中成功传播自己的基因或者是与自身的基因相同的基因的能力。亲缘选择是从广义适合度概念中引申出来的，所谓亲缘选择就是选择广义适合度最大的个体，而不管该个体的行为是否对自身的存活和生殖有利。在广义适合度的基础上，汉密尔顿又提出了后来以他的名字命名的汉密尔顿法则（Hamilton's Rule）。

3. 基因的自私性

英国演化理论学者理查德·道金斯（Richard Dawkins，1941—）1976年首次出版的《自私的基因》是20世纪最经典的生物学著作之一，提出了自然选择的基本单位不是个体而是基因的观点。生物个体和群体只是基因的临时承载体，任何生物的生命都是有限的，只有基因才是永恒的，基因能通过生物的繁殖不断传递下去。在基因水平上，只有那些靠牺牲其等位基因而增加自己生存机会的基因，才能被自然选择所保存。基因的自私性在昆虫行为上最突出的表现是昆虫的利他行为（altruistic behavior）。

4. 昆虫行为促进了植物与昆虫的协同进化

协同进化（coevolution）指生态关系紧密的物种间相互选择、相互适应而共同演变的进化方式和过程，是一个物种的性状作为另一物种的性状的反应而进化。亿万年来，昆虫和植物为了营养、保护和防卫、扩散等方面的需求而发生密切关系，它们之间相互作用和

影响，并通过特化和变异来彼此适应、协同发展。

如昆虫行为与植物的防御之间的协同进化过程：从植物角度看，为了应对植食性昆虫取食损害，植物逐渐形成了一套完整有效的抗虫防御策略。一方面，植物进行形态进化，形成植物刺、表皮毛等性状防止昆虫取食，这称为植物组成型抗虫防御（plant constitutive defense）；另一方面，植物被植食性昆虫为害后，其防御基因或特征发生变化而导致昆虫难以进一步取食，这称为诱导型抗虫防御（inducible plant defense）。从昆虫角度看，针对植物的各种防御措施，植食性昆虫也逐渐形成了对植物的反防御机制。一方面，植食性昆虫可通过其快速进化的寄主选择适应性，改变取食策略，调节生长发育的节律，以及规避自然天敌等，从而抑制、逃避或改变植物的防御，此为行为防御机制；另一方面，植食性昆虫可适应植物蛋白酶抑制剂、逃避植物防御伤信号、解毒植物次生物质，以及抑制植物阻塞反应来对植物防御进行反防御，此为生理和生化防御机制。这样反反复复，促进了昆虫和植物协同进化。

5. 信息素在昆虫行为中起到重要甚至决定性作用

信息素（pheromone）指的是由一个个体分泌到体外，被同物种的其他个体通过嗅觉器官察觉，使后者改变某种行为、情绪、心理或生理机制的物质。大多数昆虫的各种行为，如定向、通信交流、取食、求偶、交配等，主要依靠信息素才能完成。研究表明，大王蛾雄性羽状触角可接收到远在10 km左右处的雌性发出的性信息素，金凤蝶也可在较远的距离内接收到彼此的性信息素（图3-2），从而完成交配行为。

a. 大王蛾（*Attacus atlas*）（分布于我国华南、西南地区，以及南亚、东南亚，成虫翅展达22 cm，是世界上最大的蛾类）；b. 金凤蝶（*Papilio machaon*）（分布范围较广，是一种大型蝶，双翅展开宽有8～9 cm）。

图3-2 能远距离接受性信息素的昆虫代表种

昆虫行为研究还有许多重要的结论或观点。如昆虫翅膀起源的观点；还有第十七章论述的昆虫两性生殖器官颠倒的现象，这是一种全新的生物进化结构，这种外生殖器的协同进化说明性别冲突驱动了昆虫阴茎的多样性；等等。在此不一一列举。

第四章 环境变化与昆虫行为

动物行为学（ethology）是研究动物个体和动物社群为适应内外环境变化（刺激）所作出的反应的学科，一方面，着重研究一个彼此有亲缘关系的动物类群，查明不同物种之间存在哪些行为差异，以及这些差异如何表现为对不同生境的适应；另一方面，着重研究同一生境的各个物种，揭示生活在该生境内的物种所发生的行为适应。行为生态学（behavioral ecology）主要研究生态学中的行为机制和动物行为的生态学意义和进化意义，即研究动物的行为功能（behavior function）、存活值（survival value）、适合度（fitness）和进化过程。

第一节 昆虫进化与环境的关系

生物个体的进化/演化（evolution）过程是在环境的选择压力下进行的，而环境不仅包括非生物因素也包括其他生物。地球上的生物大约出现在35亿年前，而昆虫出现是在约4亿年前晚古生代的志留纪末和泥盆纪初，一般认为昆虫是由陆栖的原始多足类进化而来。早期出现的种类都是低等无翅类昆虫，如跳蚤、双尾虫、衣鱼等。生物演化是高度"路径依赖"的，从有到无很容易，无中生有却很难。演化是不定向的（自然选择有一定的方向性，但因为环境是变化的，所以方向可能改变），生物基本不能选择演化的方向。生物演化的结果也不一定是最优解，只是恰好适应环境所以能生存下来。因此，无论是昆虫从无翅到有翅的演变，还是其与植物间长期的协同进化，都与各类环境存在紧密关系。

一、昆虫从无翅到有翅的演变

翅的产生是昆虫进化史上最为重要的事件。虽然昆虫的祖先、起源时间、起源地点等问题一直存在争议，但昆虫是从原始无翅昆虫（primitive wingless insect）进化成为有翅昆虫（pterygote insect）的假说，一直以来都得到各国专家学者的认可。著名的莱尼埃（Rhynie）燧石层（苏格兰，古生代早泥盆世，3.96亿～4.07亿年以前）曾发现了最古老的昆虫化石：一种无翅的内颚纲（Entognatha）弹尾目（Collembola）昆虫（Rhyniella praecursor）。最早的有翅昆虫是在石炭纪晚期出现的，那是大约3亿年前，当时地球上生长着高大稠密的蕨类植物，为了适应在高大的羊齿植物上生存，更为了促进种族的繁衍，以及为了躲避鸟类天敌，昆虫逐渐演化而长出了翅膀。

翅产生和发展的前提条件是胸部的分化和发展，这也是昆虫起源进化的关键。比较形态学研究表明：多足类昆虫在个体发育过程中，调节基因和信息调控系统的变化，抑制了胴部除前三节以外的其他各节上足的发育和生长，以保持仅3节具足的特点，这导致了整个虫体的头、胸、腹3体段的分化，为翅的发生建立了必要条件。背侧叶学说认为，昆虫的翅是胸部的背板和侧板延伸愈合并发展的结果。这已从化石记录上查到依据：在2.7亿～3.5亿年前的泥盆纪末期和石炭纪初期，昆虫生存环境为温暖湿润的沼泽并伴有繁茂、高大的蕨类植物，此时昆虫胸部的背板和侧板向两侧延伸成为不能折叠的滑翔器官，如石炭纪的一种石蜓化石，其翅展达76 cm。经过长期的演变，从量变到质变，滑翔器官逐渐变为飞行器官，成为真正的翅。

有翅昆虫在进化过程中，为适应环境条件，出现了不同特点的变态类型，原变态为比较原始的类型，如蜉蝣。翅的产生使昆虫的胸部构造、肌肉系统，以及整个有机体都发生了很大的变化，促使了神经系统的发展，也意味着昆虫行为的复杂化。由于获得了翅膀，昆虫能够适应更为多种多样的环境，从而打开了更加广阔的生活空间。

二、昆虫与植物的协同进化

昆虫与植物作为陆地生物群落的重要组成部分，二者之间有着较强的相互作用，其相互作用是由多方面所构成的，首先是昆虫将植物作为主要的食物来源及栖息场所，昆虫又能够帮助植物传粉繁殖（图4-1）。

a. 食蚜蝇；b. 红翅长标弄蝶（*Telicota ancilla*）。

图4-1　传粉中的蝇类和蝶类

从进化角度看，昆虫与植物存在着相互依存、相互制约、关联并协同进化的关系。协同进化是1964年Ehrlich和Raven在研究某些蝶类与其寄主植物的关系时提出来的，是指两个相互作用的物种在进化过程中发展的相互适应的共同进化。协同进化的核心是选择压力来自生物界（分子水平到物种水平），而不是非生物界（比如气候变化等）。一对一协同进化（pairwise coevolution）现象在植物与昆虫的关系中很少，对于昆虫来说，只有寡食性甚至单食性的种类才有可能通过寄生、共生（mutualism）、共栖等形式与其寄主产生一对一协同进化，如黑燕尾蝴蝶（*Papilio polyxenes*）与具伞花序的胡萝卜类植物之间的关系。因此人们更多地倾向于研究扩散的协同进化（diffuse coevolution），主要包括昆虫的行为变化及植物的防御体系。

在距今0.7亿～1.35亿年的中生代白垩纪及更后的一段时间里，随着现代昆虫区系（insect fauna）的出现，有花植物也逐渐演变和发展起来。由原始的裸子植物进化到被子植物，必然要实现由"孢子叶球"转变成花的过程，该过程的关键环节是大孢子叶把胚珠包被起来形成雌蕊，其中昆虫的传花授粉起到了促进作用。比如原始的异花授粉的苏铁，其胚珠未被鳞片包被，常常被授粉昆虫吞食，从而使种子不能形成。这样就促进了被子植物在自身进化中，产生了由大孢子叶形成的雌蕊用来包被胚珠，保障了种子的形成。昆虫帮助被子植物实现异花授粉并促进虫媒植物的繁荣发展，而植物供给昆虫花粉食用。被子植物中有80％为虫媒植物，只有在寒冷地区或沙漠等特殊的昆虫少的区域，才以风媒植物为主。从白垩纪开始一直到新第三纪，植物花的进化与昆虫的进化始终是平衡并协同发展的。植物由异花授粉（cross-pollination）转变为自花授粉（self-pollination），主要是受花粉不足（pollen limitation）驱动的（Lloyd，1979），而Lucas-Barbosa（2016）认为食草动物的取食活动是影响花演化的重要因素，食草动物可能通过降低植物对传粉昆虫的吸引力来间接地影响植物受精方式（Johnson et al.，2015）。Ramos和Schiestl（2019）的研究表明：传粉昆虫和食草昆虫的行为协同驱动花的演化，如在没有粉蝶幼虫的情况下，由熊蜂（*Bombus* sp.）授粉的植物，花比人工授粉的大（实验证明更能吸引熊蜂），但粉蝶幼虫的存在会削弱这种差异，不同环境因素（传粉昆虫的选择和食叶幼虫的有无）对花的形态、抗虫性和授粉受精方式等存在协同影响，且彼此之间不是简单的叠加效应。

第二节　环境变化的指示器

昆虫是对环境变化最敏感的生物，尤其是蝴蝶作为气候变化早期指示生物得到广泛的关注，气候胁迫会使蝴蝶发生分布区的改变（Pamesan et al.，1999），甚至引起蝴蝶种群的生存危险及灭绝（Thomas et al.，2004；Chris et al.，2008）。生境是决定蝴蝶种群结构最重要的因素（Krauss et al.，2003），生境的各种环境因素一旦发生变化，昆虫便会做出相应的响应。

一、昆虫对温度的响应

温度是对昆虫影响最显著的一个环境因子，昆虫是变温动物（poikilothermal animal），其体温随环境温度的变化而变化，昆虫的生命活动和行为是在一定的温度范围内进行的，这个范围称为昆虫的适宜温区（8～40 ℃）（表4-1）。

表4-1　昆虫在不同温区的响应*

温区			昆虫对温度的响应
45～60 ℃	致死高温区		短时间内死亡，不可复苏
40～45 ℃	亚致死高温区		热昏迷，可复苏
30～40 ℃	高适温区	适宜温区	随温度增高，死亡率增加
22～30 ℃	最适温区		消耗能量小，死亡率最低
8～22 ℃	低适温区		随温度降低，死亡率增加
-10～8 ℃	亚致死低温区		冷昏迷，可复苏
-40～-10 ℃	致死低温区		短时间内死亡，不可复苏

注：*表示少数昆虫（如具过冷现象的昆虫）除外。

昆虫完成一个世代或一个虫期所需的有效温度总量，即发育历期与该历期内有效温度的乘积，称为有效积温（effective accumulated temperature）。因其为一常数，故又称昆虫积温常数，见公式（1），而这一规律则称为有效积温法则。该法则可应用于推测昆虫的发生期和控制昆虫（天敌）的发育进度。

$$K = N（T - C）\cdots\cdots\cdots\cdots\cdots\cdots\cdots\cdots\cdots（1）$$

式中：C为发育起点温度；T为发育历期内的温度；N为完成某虫期发育所需天数；K为该虫期发育间的有效积温。

当温度发生变化时，一些社会性昆虫常做出一些迁徙行为，如小蜜蜂（*Apis florea*）在降温后就会迁飞到野外草丛中（图4-2-a），长脚胡蜂（*Polistes okinawansis*）在冬季来临、气温逐渐降低时与蜂王结伴一起寻找过冬巢穴（图4-2-b）。

昆虫行为对极端温度（高温和低温）的响应，后文有专门论述。

a. 降温后小蜜蜂迁飞到野外草丛中；b. 降温后长脚胡蜂寻找过冬巢穴。

图4-2　当温度变化时进行迁徙行为的社会性昆虫

二、昆虫对水分的响应

水是昆虫进行生命活动的介质，昆虫体内含水量一般为昆虫体重的46%~92%。当面对水分胁迫时，昆虫为适应不利的环境，逐渐形成了主要通过马氏管（Malpighian Tubules）实现的对体内水分的多种调控机制：跨膜转运、穿细胞转运、逆向转运、缝隙转运和共同转运。其中起调控作用的成分主要为水分调节蛋白［尤其是水通道蛋白（Aquaporins）］、水分调节激素。另外，昆虫还形成周期性活动习性以适应干燥的环境（徐文彦 等，2015）。昆虫对水分（降水、土壤湿度、空气湿度）变化反应灵敏也体现在相应的昆虫行为上，如昆虫的趋泥行为和吸水行为（图4-3）。又如，昆虫行为对干旱情况的应对策略和方式包括滞育和迁飞，夜间和季节性活动和代谢减退（Benoit，2010；Cohen，2012）。一些水生昆虫通过休眠来应对干燥环境，当无水时，通过不活动来度过干旱季节，一旦有水则会交配产卵，保障卵及幼虫顺利生长发育（颜忠诚 等，2004）。

图4-3　橙翅方粉蝶（*Dercas nina*）群聚吸水

三、昆虫对光的响应

昆虫对光环境（光强度和光质）变化的反应也很强烈。按照昆虫对光强度变化做出的不同行为，将昆虫分为日出型（蝶类、蜻蜓等）、夜出型（夜蛾类、金龟子类等）、昼夜型（蚂蚁、天蛾等）、弱光型（蚊子等）。不同昆虫针对不同波长的光（即光质）存在差异性反应，如图4-4所示，多数昆虫对330~400 nm的紫外线光有较强趋性，所以夜晚引诱昆虫的黑光灯一般设计为散发出360 nm的光；而蜜蜂的视觉光区为297~640 nm，与人眼可见光波长范围（400~750 nm）有较多重叠。

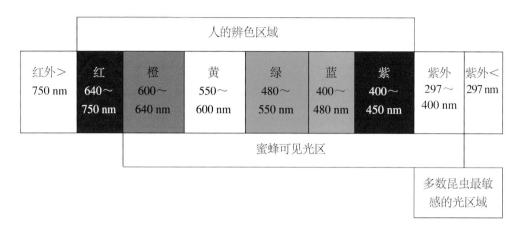

图4-4　蜜蜂可见光区和多数昆虫最敏感光区

昼夜明暗相互交替,形成了稳定的序列变化,即光周期(photoperiod)的日变化。一年中,白昼和黑夜的长短变化即光周期的年变化。昆虫适应光周期而形成了自己的"生物钟"。光周期影响昆虫的发生规律和习性,如滞育、世代交替及多型现象。

四、昆虫对气候和环境变化的行为预示

昆虫是名副其实的"气象预报员",中国有许多昆虫预报天气变化的谚语,如"蜜蜂窝里叫大雨来,蜜蜂出窝风雨快梭""蚊子集堂明朝戴斗篷,蚊子乱咬人久雨来临,蚊虫咬得凶雨三日"等,昆虫行为对气候和环境变化起指示作用的范例如下。

1. 昆虫活动与季节变换

《诗经·七月》篇中有:"五月斯螽动股,六月莎鸡振羽,七月在野,八月在宇,九月在户,十月蟋蟀,入我床下。"意思是五月螽斯(斯螽)开始用腿行走;六月"莎鸡"(纺织娘)的两翅摩擦发出鸣声,同时也可飞行;七月在乡间田野;八月到了住户的屋檐之下;九月进到屋里;十月蟋蟀就得钻到热炕下了。

2. 众多蜻蜓低飞捕食行为

这预示几小时后将有大雨或暴雨降临。其原因是降雨之前气压低,一些小虫飞得低,蜻蜓为了捕食小虫飞得也低。

3. 蚂蚁的不同行为预示未来天气的不同变化

①晴天。小黑蚂蚁外出觅食,巢门不封口,预示24小时之内天气良好。②阴雨天。4—6月各种蚂蚁17:00仍不回巢,黄蚂蚁含土筑坝,围着巢门口,预示未来连续4天以上为阴雨天气。③冷空气侵袭。出现大黑蚂蚁筑坝、迁居、封巢等现象;小黑蚂蚁连续4天筑坝。④大雨/暴雨。4—9月出现大黑蚂蚁间断性筑坝3天以上,并有爬树、爬竹现象;黄蚂蚁含土筑坝。⑤干旱。蚂蚁从树上搬迁到阴湿地方,并将未孵化的卵或蛹一起搬走(图4-5)。

4. 环境污染与昆虫行为

东方巨齿蛉(图4-6)为水生昆虫,在产卵和幼年阶段生活在水中,到成年时回归陆

地，成年巨齿蛉不会产卵于污染水域，水质变坏时幼年巨齿蛉就会离开或者死亡，因此人们也把巨齿蛉称为"水质检测员"，水质不好的河流通常不会有巨齿蛉的身影。另外，蜉蝣幼虫也是"水体质量监测仪"。还有，蜻蜓目（Odonata）昆虫的栖息地和产卵水域都要求有良好的水质与生境，被视为环境保护的一种昆虫学指标。

图4-5　蚂蚁搬运蛹　　　　　图4-6　东方巨齿蛉（*Acamhacorydalis orientalis*）

第三节　气候变暖与昆虫行为变化

　　全球气候变暖是一种和自然及人类活动有关的现象，由于人类活动加剧，温室效应不断积累，地气系统吸收与发射的能量不平衡，能量不断在地气系统累积，从而导致温度上升，造成全球气候变暖。联合国政府间气候变化专门委员会（Intergovernmental Panel on Climate Change，IPCC）第六次评估报告显示，全球的平均增温在逐年增加，尤其是近百年来增幅几乎是直线上升（IPCC，2021）（图4-7）。气候变暖对全球各类生态系统将产生各种严重的影响，为此，2015年12月，巴黎气候大会通过了《巴黎协定》（2016年4月22日，《巴黎协定》由175个国家正式签署），其长期目标：将21世纪全球平均气温升幅控制在2 ℃以内，努力限制在1.5 ℃。

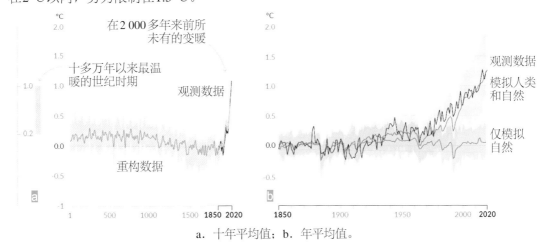

a. 十年平均值；b. 年平均值。

图4-7　全球温度变化历史及近期变暖原因

一、昆虫地理分布格局改变

物种的地理分布主要受温度控制（Simberloff，2000），而物种总是倾向于分布在气候条件最适宜的区域。气候变暖拓宽了昆虫的适生区域，从而导致昆虫地理分布区域扩大。根据马春森团队在《自然通讯》发表的研究论文的测算结果，气候变暖使全球小菜蛾的越冬分布面积扩大了240万 km²。

气候变暖导致昆虫向两极和高海拔地区扩展。蝴蝶是全球变暖的敏感指示物种之一，研究发现，生活在北美洲和欧洲的蛱蝶（*Euphydryas editha*）的分布区在27年中不断向北迁移，最多向北迁移达200 km（Parmesan et al.，1999）。斑蝶每年在美国加利福尼亚北部到加拿大之间的分布区度过夏季，冬季到墨西哥越冬，由于气候变暖，斑蝶在南部的分布区正在消失，其分布区向北部和高海拔地区扩展。1967—2004年西班牙中部16种蝶类的海拔分布范围在30年内平均上升了212 m。这些变化意味着这些蝴蝶种类的生境面积平均减少了1/3。而扩散能力较弱的物种和高海拔种类，却几乎没有机会去适应气候转变。如全球气候变化会导致一些蝴蝶（如*Euphydryas editha*）分布区缩减，甚至局部灭绝（Mclaughlin et al.，2002）。温度是影响蝴蝶分布的关键因素之一。我们在南岭中段的南坡（广东南岭国家级自然保护区）和北坡（湖南莽山国家级自然保护区），对不同海拔区域的蝴蝶进行了多年的监测，结果显示：由于南北坡的温湿热条件不一致，南坡温度明显高于北坡（尤其冬季），有利于蝴蝶的发育和安全过冬，弄蝶区系的比较说明南坡种数和种群密度明显高于北坡（王旭 等，2021），灰蝶也有相似现象（谢国光 等，2015），并呈现出中等海拔物种多样性显著（图4-8）。这也间接证明了气候（尤其温度）变化能改变蝴蝶的地理分布格局。

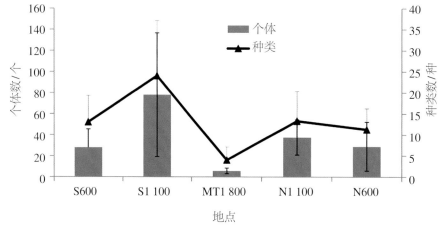

图4-8　南岭南北面不同地点弄蝶的种数和个体数

注：S 为南坡；N 为北坡；MT 为山顶；数字为海拔（单位为米）。

熊蜂也是对气候变化敏感的类群，它是典型的适应高山和低温的类群。Kerr 等（2015）对北美洲和欧洲的熊蜂分布区变迁进行预测，发现熊蜂并不会随着温度的升高而向极地迁移，但是南部的分布区不断减少，并预测熊蜂将向高海拔地区迁移。1974年以来，欧洲南部熊蜂物种的平均观测海拔上升了约300 m，且不同物种沿海拔梯度的迁移有很大的差异，高海拔地区的生境变化可能会导致山地熊蜂种类数量的大幅减少。

为适应全球气候变暖，昆虫通过迁移、扩散等方式，向高海拔和高纬度地区分布，气候变暖使昆虫地理分布格局改变的例子众多。有些害虫暴发区向北扩展了130万 km²（Williams et al.，2002）。又如1960—2000年，因升温，日本主要水稻害虫稻绿蝽（*Nezara viridula*）的分布北移了70 km。

二、昆虫生长发育和繁殖行为改变

温度是决定昆虫生长发育速率的最重要因素，气候变暖能加速昆虫各虫态的发育，如由于蝴蝶对气候变暖在物候上的响应，其会更快地度过幼虫阶段及变为成虫（房丽君 等，2010），这样，就导致昆虫首次出现期、迁飞期、种群高峰期提前。欧洲蝴蝶监测计划（Butterfly Monitoring Schemes，BMS）鉴于蝴蝶对温度的敏感性，将蝴蝶作为研究气候变化对动物区系影响的指示物种展开研究。由于春季温度升高，西班牙地中海盆地西北部最常见蝴蝶中有17种蝴蝶首次出现时间提前，琉璃灰蝶（*Celastrina argiolus*）等5种蝴蝶首次出现期提前了7～49天，暗脉菜粉蝶（*Pieris napi*）等8种蝴蝶种群高峰期提前了17～35天。

气候变暖影响昆虫发育繁殖，导致昆虫种群数量发生改变。通常，随着大气温度增加，昆虫的生长发育速率将加快，从而导致发生危害时间提前，发生世代增多，如小菜蛾（*Plutella xylostella*）在温度升高2 ℃后发生世代将增加2个（Morimoto et al.，1998）。气候变暖会导致某些低温适生种的种群逐渐萎缩，如1968—1998年，英国春季温度逐年升高，豹灯蛾（*Arctia caja*）种群密度逐渐缩小。而对于高温适生昆虫，气候变暖会使其种群密度增加，如意大利北部摩德纳近15年的冬季均温都超过5 ℃，茶色缘蝽（*Arocatus melanocephalus*）的越冬存活率增加，春季温度升高又导致越冬代成虫的生殖力增强，促进其种群密度增加。

气候变暖可延后昆虫在冬前进入滞育的时期，如稻绿蝽（*Nezara viridula*）成虫在日本大阪通常9月中旬进入滞育，温度升高使部分雌成虫在秋季继续产卵，孵化后的后代无法发育进入成虫期而死亡（Musolin，2007）。

三、昆虫和寄主植物物候的同步性改变

植物和昆虫的生命活动、各种行为及新陈代谢与环境温度息息相关，寄主植物为植食性昆虫提供其生长发育和繁殖所必需的营养物质和栖息环境，周围其他物种以捕食、寄生、竞争、共生等方式与昆虫种群形成各种关系。气候变暖对植物、昆虫和其他物种均产生影响，不同种类的昆虫和寄主植物对温度升高的适应性反应不同，导致昆虫与寄主植物及周围其他昆虫的原有关系发生变化。植物与传粉昆虫任何一方在空间或时间上的改变，都会导致传粉关系的错配或丢失，并可能导致植物与传粉昆虫双方的功能性状及其耦合的改变。昆虫和寄主植物物候（phenology）同步性改变或错配，将影响昆虫的正常取食并进一步影响其种群发展。如气温升高导致冬尺蠖蛾（*Operophtera brumata*）、云杉芽卷蛾（*Choristoneura occidentalis*）

幼虫提前孵化，后因无嫩芽可取食而死亡。但有些昆虫对寄主植物同步性的削弱现象有很强的适应能力，如美国北部云杉色卷蛾（*Choristoneura fumiferana*）、新西兰冬尺蠖蛾分别通过延长幼虫越冬休眠时间和推迟卵的孵化期来恢复与寄主植物物候的同步性。

气候变暖对植物和传粉昆虫产生影响的主要表现：在空间上影响植物和传粉昆虫的地理分布，时间上造成植物花期和果期提前或推后，以及改变传粉昆虫的活动期（Hegland et al.，2009），进而改变双方互作的时空和性状匹配（施雨含 等，2021），影响其传粉网络的结构和功能（Menéndez et al.，2007）。

四、昆虫种间关系变化

昆虫种间关系主要有如下几个类型（表4-2）。而针对农业生态系统中的"植物—害虫—天敌"的种间关系来说，全球气候变暖必然会对其产生直接或间接的影响。姚凤銮和尤民生（2012）综述和分析了全球气候变暖对昆虫及其相关营养层物种的物候变化、地理分布、种间关系等方面的影响，阐明了气候变暖对昆虫的影响不是孤立的，而是可以通过对营养级联（trophic cascade）相关物种产生直接或间接的作用，影响生物群落的组成和结构，以及生态系统的服务功能。

表4-2　种间关系各类型的特点

类型	种 A	种 B	特点
竞争	−	−	彼此相抑制
捕食	−	−	种 A 杀死或吃掉种 B
中性	0	0	彼此互不影响
共性	+	+	彼此有利，分开后不能生活
合作	+	+	彼此有利，分开后能独立生活
附生	+	0	对种 A 有益，而对种 B 无影响
偏害	−	0	对种 A 有害，对种 B 无利也无害
寄生	+	−	对种 A 有利，对种 B 有害

注："+""−""0"分别表示有利、有害和无影响。

Zhu等（2021）的最新研究阐明了气候变暖通过影响天敌的种群结构和功能从而改变害虫—天敌种间关系的新机制。目前大多研究平均温度升高对生物及其相互关系的影响，而自然界气候变化呈现显著的昼夜不对称性，夜间温度升高幅度显著高于白天，这一不对称的升温与平均温度升高，对农业生态系统中典型的捕食性天敌（瓢虫）—植食性害虫（蚜虫）产生截然不同的生物学效应。平均温度升高对瓢虫存活、繁殖和寿命有显著的负面影响，进而抑制了瓢虫的种群增长，导致其总捕食量降低，减弱了对蚜虫的控制作用；相反，等量的夜间温度升高则对瓢虫的重要性状无影响或有正面作用，促进了瓢虫的种群增长。这导致其总捕食量趋于稳定，有利于维持对蚜虫的控制作用。因此，夜间变暖通过对天敌本身的种群动态和天敌对害虫的捕食作用两方面产生影响，决定了气候变化下的害虫—天敌种间关系。

第五章　极端气候与昆虫行为

世界气象组织规定，当某个（些）气候要素达到25年一遇时，或者与其相应的30年平均值的差超过了2倍均方差时，才称之为极端气候（extreme weather）。极端气候包括干旱、洪涝、高温/热浪和低温冷害等。全球气候变化十分严峻是不争的事实，成为21世纪全球环境发展的研究热点和难点之一。全球气候变化导致的极端气候事件增多（Schiermeier，2006），如2000—2009年全球发生4 000次极端事件（亚洲占38%）（IFRC et al.，2010），在造成巨大人员伤亡和财产损失的同时也对森林生态系统产生诸多影响（Easterling，2000；Reichstein，2013）。气候变化一方面通过气候的平均变化对昆虫产生影响，另一方面通过极端气候事件对昆虫产生影响，极端气候变化能够对昆虫种群造成严重威胁，而这方面的国内外研究相对薄弱。

第一节　极端高温/热浪与昆虫行为

全球平均温度升高导致极端高温事件发生幅度、频率和持续时间增加（Meehl et al.，2004；Seneviratne et al.，2014；Horton et al.，2015），对生物和生态系统造成显著影响，已成为世界备受关注的问题（Easterling et al.，2000）。图5-1（Ma et al.，2015）展示了全球气候变化背景下极端高温出现频率与平均温度变化之间的关系：左图为温度正态分布

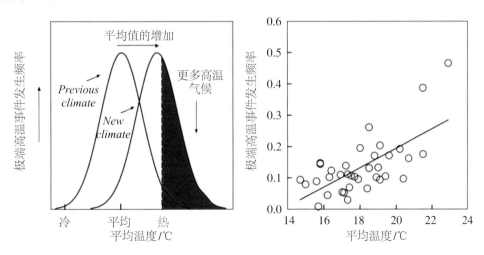

图5-1　平均温度变化与极端高温出现频率之间的关系

的理论下，极端高温事件（extreme high temperatures，EHTs）发生频率与平均温度（mean temperature）之间的关系；右图为全球不同小麦种植区极端高温事件发生频率与平均温度之间的关系。

针对极端高温定义，Ma等（2021）提出了一种新的定义方法，即以高温天和非高温天的日最高温度和日最低温度，高温天出现的频率及其与非高温天的交替关系，来解析发生在任一时间尺度的极端高温事件。

同一虫态的昆虫在不同温度范围中，呈现不同行为。如家蝇（*Musca domestica*）在4～7 ℃时仅能爬动；10～15 ℃时能够起飞，但不能取食、交配和产卵；20 ℃以上比较活跃；30～35 ℃为其最适温度；35～40 ℃时静止不动；45～47 ℃为其致死温度。面对频繁发生的极端高温事件，昆虫通过各种行为的改变来适应，如昆虫可以通过逃逸、迁徙行为去寻找更适合的环境生存，或通过体温调节行为、避热行为、发育进程改变、进化性适应等多种方式在一定程度上缓解极端高温对其造成的不利影响。

一、迁徙扩散行为

在极端高温下，耐热性较差的物种常向高海拔或高纬度地区扩散分布，如Battisti等（2006）研究发现，在2003年，西欧发生的持续热浪导致松异舟蛾（*Thaumetopoea pityocampa*）迅速向阿尔卑斯山更高海拔的地区迁徙，其当年分布海拔界限的变化相当于过去30年扩张高度的1/3。而某些耐热性较强的物种会向低纬度地区迁移和扩张，如Hill等（2013）通过实验研究，以28 ℃为起点，用0.1 ℃/min的升温速率来测量赤足夜螨（*Halotydeus destructor*）的移动温度上限（heat movement threshold，HMT）和热昏迷温度（heat coma temperature，HCT）发现：赤足夜螨从南非入侵澳大利亚后，其HMT和HCT均显著升高，因此其在澳大利亚的地理分布范围扩大了，向更低纬度地区扩散分布。

由于不同昆虫临界耐受最高温度（critical thermal maximum）和热耐受安全范围（thermal safety margin）不同，当面对极端高温或热浪时，其迁移、扩散的方向和速度等存在差异。甚至，有些种会即时死亡，如2002—2012年，欧洲地区的热浪事件导致黄蜂种群出现区域性灭绝或者出现慢性致死现象（Bürgi et al.，2012）。极端高温下昆虫的迁徙和扩散行为直接改变了昆虫的地理分布格局，同时昆虫扩散行为的改变，将显著影响其在新栖息地的定殖、栖息范围的扩张及基因漂流的时空动态变化。

二、体温调节和爬行避热行为

体温调节行为是昆虫应对极端高温的重要策略（Mitchell et al.，2010；Ma et al.，2012a，2012b）。马罡等（2007）发现，麦长管蚜（*Sitobion avenae*）、禾谷缢管蚜（*Rhopalosiphum padi*）和麦二叉蚜（*Schizaphis graminum*）在热压力下具有爬行避热的行为。当环境温度超过其热逃逸温度（heat-escape temperature，HET）时，蚜虫为寻找温度较低的微环境，其爬行行为将更加频繁；当环境温度超过其热跌落温度（drop-off temperature，DOT）时，蚜虫的跌落行为也是一种主动的缓解极端高温胁迫的体温调节行为。

三、取食行为

极端高温还影响并改变昆虫的日常取食行为，如高温胁迫下昆虫的取食部位发生转移，趋嫩性较强的棉蚜有向下取食危害老叶的现象（刘向东 等，2000）。Cerda 等（1998）指出：地中海地区夏季的极端高温限制了该地区多种蚂蚁的觅食行为，夏季出现 37～42 ℃的极端日最高温，改变了小收获蚁（*Messor barbarus*）、*Aphaenogaster senilis*、迅捷箭蚁（*Cataglyphis velox*）和 *C. rosenhaueri* 几种蚂蚁的昼夜觅食行为节律，使这些种类蚂蚁的觅食行为由昼夜觅食转变为夜间觅食，或由日间单峰型转变为晨昏双峰型以避开中午的极端高温时段。

四、发育、繁殖和抗性行为

极端高温可通过影响昆虫生殖系统、神经系统、内分泌系统、免疫系统，以及生物大分子合成对昆虫产生影响（杜尧 等，2007；Karl et al.，2011）。如极端高温可造成多种雄性果蝇（*Drosophila* sp.）不育（David et al.，2005），破坏偏瞳蔽眼蝶（*Bicyclus anynana*）的免疫系统并导致其对病菌的抵抗力降低（Karl et al.，2011）等。Jeffs 等（2014）、Chiu 等（2015）和 Ma 等（2015）的研究指出，热浪最高温度分别为31 ℃和37 ℃的极端高温抑制麦长管蚜和桃蚜（*Myzus persicae*）的发育、生殖和存活，进而阻碍了蚜虫种群增长。在40 ℃高温下甜菜夜蛾（*Spodoptera exigua*）交配行为明显受到抑制，从而使生殖力降低（王竑晟 等，2006）。

五、表型改变行为

表型的改变包括各种生理、形态、生长、生活史上的变化等。表型可塑性（phenotypic plasticity）可定义为同一基因型受环境的不同影响而产生不同表型，是生物对环境的一种适应。以前，表型可塑性一直被认为违背孟德尔遗传法则而被人们所忽视，直到20世纪80年代，表型可塑性才被生物学家所接受，它反映了生物与环境之间的关系，越来越受到生态学家和遗传学家的关注。

昆虫可通过表型可塑性来提高自身的耐热性，昆虫经历热击（heat shock）、热锻炼（heat hardening）、室内/外驯化（acclimation / acclimatization）、跨代驯化（transgenerational acclimation）后均能提高耐热性。昆虫在不同的虫态和发育阶段的耐热性存在差异，世代重叠的昆虫可利用这一发育过程中耐热性的差异来避免种群在极端高温下全军覆没。

第二节　极端低温与昆虫行为

自然界最低温度在南极，达到惊人的-89.2 ℃。随着全球气候变化，不仅极端高温事件发生幅度、频率和持续时间增加，极端低温事件也频繁发生。如2016年1月20—25日，强冷空气自北向南影响我国大部地区（中国天气网，2016年12月29日）。全国过程降温超过6 ℃的面积达到786万 km²，529县（市）过程降温超过12 ℃，16县（市）超过18 ℃。23站连续降温幅度突破历史极值，67县（市）日最低气温突破历史极值。25日，广州出现中华人民共和国成立以来首场降雪。此次强冷空气过程造成广东、江苏、浙江等13省（区、市）254.3万人受灾，直接经济损失12.4亿元。

　　低温是影响昆虫地理分布和季节活动规律的主要环境制约因素之一。当极端低温出现时，昆虫采取各式各样的行为方式来抵御或应对，主要有以下5种。

一、逃逸与迁徙

　　迁徙是指昆虫为了获取食物、繁殖或避免极端环境的伤害，从一个地区或气候区迁移到另一个地区或气候区的现象。这也是昆虫面对极端低温采取的适应性策略。例如近年受到国人喜爱的紫斑蝶所聚集成的紫蝶幽谷，其实就是昆虫避寒行为所形成的一种现象。在台湾，每年秋末冬初吹起东北季风时，紫斑蝶就会从全台湾各地南下避冬，由于在台东县茂林乡过冬的紫斑蝶群聚数量相当多，所以形成了迷人的紫蝶幽谷。

二、利他行为

　　一个功能完备、发展成熟的蜜蜂群，其最外围的蜂窝巢片主要用于储存蜂蜜及花粉，中心部分则用于饲育卵及幼虫，外围用于储存食物的巢片可隔绝低温，当巢内气温更低时，工蜂会聚成一团，然后同时振翅使得体温升高，进而提升蜂巢内的气温，简单来说就是工蜂把自己变成一个加热器，就像工蚁聚成一球救蚁后一般。这是蜜蜂应对极端低温时采取的利他行为。

三、忍耐行为

　　温度低于一定数值，生物就会因低温而受害，这个数值就是临界温度。而冻害是指冰点以下的低温使生物体内（细胞内和细胞间隙）形成冰晶而造成的损害。昆虫对低温的耐受极限（临界温度）随种而异，如双翅目摇蚊（Chironomidae）在-25 ℃的低温下经过多次冻结还能存活，昆虫的这种耐受极端低温行为是其避免低温伤害的适应方式。Hanson等（1995）认为不同地理起源的伊蚊卵的耐寒性显著不同。

四、构建过冷体液

　　昆虫体液的过冷现象（supercooled phenomena）是昆虫避免低温伤害的另一种适应方式。液体的过冷现象是指在一定压力下，液体的温度已低于该压力下液体的凝固点，而液体仍不凝固的现象（图5-2）。当昆虫体温降到冰点以下时，体液并不结冰，而是处于过冷状态，此时出现暂时冷昏迷但并不出现生理失调，如果环境温度回升，昆虫仍可恢复正常活动。当温度继续下降到过冷却点（临界点）时体液才开始结冰，但在结冰过程中释放出的潜热又会使昆虫体温回跳，当潜热完全耗尽后，体温又开始下降，直至温度降到过冷却点以下使体液完全结冰时，昆虫才会死亡。

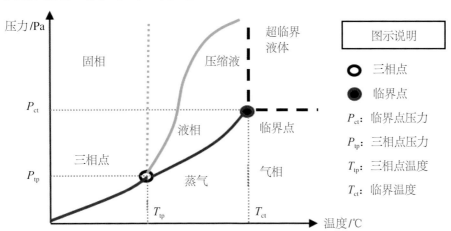

图5-2　过冷现象图解

　　昆虫的过冷却点因昆虫种类、虫态、生活环境和内部生理状态而有所不同，如小叶蜂越冬时可在-30～-25 ℃的过冷温度中不死，并可借助分泌甘油使体液冰点进一步下降。一种寄生性茧蜂（*Bracon cephi*）在冬季体内甘油浓度能达到30%，可使体液冰点降至-17.5 ℃，甚至可过冷到-47.7 ℃仍不结冰。王志英等（1991）研究指出：分布于哈尔滨地区的兴安落叶松鞘蛾（*Coleophora obducta*）幼虫过冷却点最低为-41.09 ℃，分布于红花尔基地区的红松实小卷蛾（*Retinia resinella*）、松梢小卷蛾（*Rhyscionia pinicolana*）、广肩小蛾幼虫的过冷却点最低分别为-49.22 ℃、-42.50 ℃、-42.23 ℃。栖息于同一地区的红松实小卷蛾、曲姬蜂和广肩小蜂幼虫，由于各自的越冬场所不同，过冷却点也有差异。红松实小卷蛾的幼龄幼虫、老龄幼虫和蛹的过冷却点分别为-45 ℃以下、-36.2 ℃和-17.17 ℃，说明同种昆虫的不同发育时期对低温的忍耐能力具有明显差异。研究发现卷叶蛾（*Adoxophyes orana*）的滞育和非滞育的幼虫过冷却点分别为-20.7 ℃和-17.2 ℃；Sjursen等（2000）认为螨类的过冷却点在1月为-35.3 ℃，而7月则为-9.4 ℃。

　　Bale（1996）在研究昆虫耐寒性和抗寒策略时，根据昆虫死亡的时间将耐寒性分为5类：①耐结冰型（freeze-tolerance）。②避免结冰型（freeze-avoidance）。它的特点是有很强的超冷却能力，从而避免结冰；能够在超冷状态存活很长时间；在过冷却点（super-cooling point）以上的死亡率很低或可以忽略。③耐受寒冷型（chill-tolerance）。它的特点是能降低过冷却点从而避免结冰；能在超冷状态存活3～6个月；随着在过冷却点以上、0 ℃以下温度环境中暴露时间加长，其死亡率增加。④寒冷敏感型（chill susceptible）。它的特点是可能有强的过冷却能力；能在0～5 ℃环境中存活；在-15～-5 ℃环境中短暂的冷暴露会增加其死亡率；耐寒性和冬季死亡率与过冷却点无关。⑤机会主义型（opportunistic survival）。

五、蝴蝶对极端冰雪灾害的响应

　　2008年中国南方发生了百年罕见的极端气候事件，即特大冰雪灾害（极端低温+雨雪），产生了巨大的影响（Stone，2008；Zhou et al.，2011）。研究表明，2008年1月10日至2月2日，全国许多省份的气温低于往年同期2～4℃，贵州、江苏、山东温度达到近50年最低，河南、陕西、甘肃、青海为近百年来最低。通过对冰雪灾害的成因分析（高辉 等，2008；Zhou et al.，2011；王旭，2021），发生灾害主要是由于大气环流异常，拉尼娜现象强烈，引起蒙古高压和阿留申低压产生"西高东低"的局面，南支低压槽活跃，副热带高压位置偏北，有利于孟加拉湾暖湿水汽在我国南方和长江中下游区域产生丰富的降水。500～850 hPa出现逆温层现象，高层的降雪经过气温高于0℃的中层融化成液态水，在下落途中经过逆温层，使降雪变成了冻雨，在地面上产生覆冰。简单来说，就是来自西北方的冷气团和来自南海和孟加拉湾的暖湿气团在长江中下游相遇，并长久相持（Zhou et al.，2011）（图5-3），造成了持续的低温和降雪，进而发生灾害。

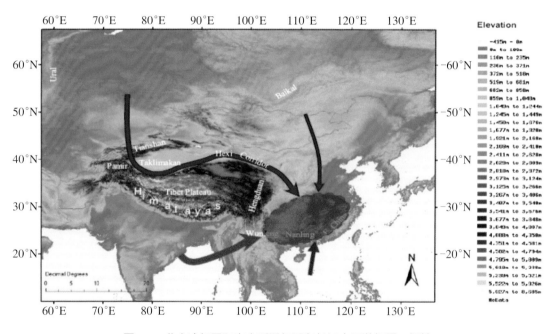

图5-3　北方冷气团和南方暖湿气团在长江中下游相遇、相持

在2008年的南方特大冰雪灾害中（图5-4-a），森林受损面积达13%，而南岭是此次灾害中受损最严重的区域，海拔450～1 100 m的森林整体受到毁灭性破坏（图5-4-b），连片森林被毁损（王旭 等，2009；Wang et al.，2016）。通过冰雪灾害前后多年的长期监测研究，我们发现蝴蝶对此次的极端事件有强烈的响应：冰灾使热带蝴蝶种多度下降了88%，非热带种下降了55%（Wang et al.，2016）（图5-4-c），冰灾后蝴蝶种类和个体数量逐渐恢复原有水平。

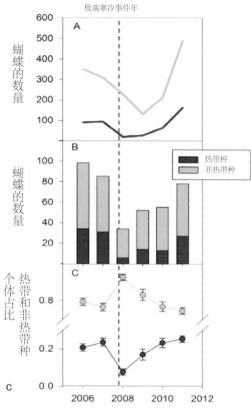

a、b. 对森林的损害；c. 灾后蝴蝶丰度、种类的变化。

图5-4　冰灾影响

第三节　极端干旱与昆虫行为

极端干旱（extreme drought）通常定义为土壤含水量小于2%、同时表层（0～5 cm）土壤温度高于45 ℃的干旱条件（Acosta-Martinez，2014）。联合国政府间气候变化专门委员会报告指出，相较于过去，全球近50年来干旱事件发生的频度、强度和持续时间显著增加，并且这种趋势在未来有进一步扩大的迹象（IPCC，2013）。

在中国，历史上曾发生过多次极端干旱事件，Hao等（2020）利用801—1910年的历史文献分析了中国东部地区极端干旱/洪涝等级格局，指出整个东部区域极端干旱出现比较频繁的时段是801—870年，1031—1230年，1481—1530年和1581—1650年，华北、江淮和江南3个亚区的极端干旱和大涝事件多发时段存在差异。刘威和杨煜达（2021）以历史文献为主要资料，采用百分位阈值法重建了过去600年（1400—2000年）中国西南地区发生概率为10%的极端旱涝事件序列，发现1700年是西南地区极端旱涝事件的转折点，1700年之前极端干旱年份多于极端洪涝年份，之后极端洪涝年份多于极端干旱年份；现代暖期，极端旱涝事件发生频率与强度偏高，但皆未超过历史时期的峰值。Zhang等分析了1961—

2015年中国极端干旱时间演变特征，指出从1961—1987年到1988—2015年，两个时段平均年极端干旱频率（frequency of extreme drought，FED）沿着一个从西南向东部的带而增加；其最高值出现在春季，然后是冬季、秋季和夏季（Zhang et al.，2019a）。

干旱对昆虫的生长发育和繁殖不利，特别在高温下，更为不利。极端干旱导致的树木死亡，有时伴随着昆虫的驱动（insect-driven）（Seaton et al.，2015）。如樟子松的死亡率可用寄主树和小蠹种群的气候适宜性来解释（Jaime et al.，2019）。昆虫缺乏寄主植物，将影响昆虫各种行为。极端干旱对陆地生态系统将产生严重的影响（周贵尧 等，2020），对昆虫也会产生直接或间接的影响（Filazzola et al.，2021）。当极端干旱出现时，昆虫行为将发生一系列变化，主要体现在如下几个方面。

一、传粉和取食行为

Arroyo 等（2020）研究指出，极端干旱影响智利中部严重依赖蜂鸟授粉的一种植物物种的蜂鸟访问量。蚜虫取食植物汁液越多，分泌的蜜汁就会更多。Bari 等（2018）测定了水分胁迫条件下不同芥菜品种上蚜虫的取食性能，控制实验显示：蚜虫取食和产蜜与水分胁迫呈现明显的负影响，与对照组相比，中等干旱和严重干旱条件下，芥菜蚜虫分泌蜜汁的量分别减少了13%和25%。蜜蜂在干旱胁迫环境下，会把气味物质释放在植物的花上以避免蚂蚁的干扰（Sidhu et al.，2016）。

又如，蜜罐蚁（Langley，2019）（图5-5）生活在全球各地的干旱环境中，比如澳大利

图5-5　一只蜜罐蚁展示其充满花蜜、汁液和蜜露的柄后腹

亚、非洲南部和墨西哥。在干旱和旱季期间，有些蜜罐蚁会通过蜜罐来支持自己的群体。这些被称为蜜罐蚁的特殊蚂蚁用花蜜、汁液和名为蜜露的含糖物质喂饱自己，蜜露是由另一种昆虫——蚜虫分泌的。蜜罐蚁会一直进食直到柄后腹填满含糖的物质。之后，这些蚂蚁会悬吊在地下蚁穴的顶部，把吸食的液体倒流出来喂食饥饿的同伴。

二、与发育及生殖相关的行为

如极端干旱将影响网蛱蝶（*Melitaea cinxia*）的产卵（oviposition）和卵巢存活（Salgado et al.，2020），影响美洲蓝凤蝶（*Battus philenor*）的产卵行为并使单株寄主植物的幼虫数量和单个雌幼虫产卵数量显著增加（Papaj et al.，2007），影响蝴蝶幼虫生长并使得地中海蝴蝶减少（Carnicer et al.，2019）。但有些昆虫会采取不同行为来应对这种极端事件，如蜂的滞育（Minckley et al.，2013）、步甲的世代更迭（Šustek et al.，2013）等。

蝗虫繁殖行为的变化是昆虫对极端干旱响应的典型范例。因为蝗虫将卵产在土壤中，干旱的环境对蝗虫的繁殖、生长发育和存活有许多益处，土壤比较坚实，含水量在10%～20%时最适合它们产卵。干旱使水位下降，土壤变得比较坚实，含水量降低，且地面植被稀疏，蝗虫产卵数大为增加，多的时候可达每平方米土中4 000～5 000个卵块，每个卵块中有50～80粒卵，即每平方米有20万～40万粒卵。蝗虫大量繁殖，迅速生长，酿成灾害。

三、聚集和扩散行为

Jovem-Azevedo等（2019）认为双翅目昆虫聚集行为是极端干旱的功能性指示（功能丰富度减少，而功能均匀度增加），说明极端干旱产生较大的生物同质化现象。Palma等（2017）亦指出英国1995年极端干旱事件使得蝴蝶种群出现频度有显著增加趋势，并伴随群落组成质的变化，群落趋向从特化、敏感种转变为大众的广泛分布种，而在1996年又恢复平衡。干旱条件下，寄主植物生境恶化，食料缺乏使得昆虫处于饥饿状态，而饥饿可明显抑制昆虫咽侧体分泌保幼激素，使卵巢发育停滞而引起昆虫迁飞（张孝羲，1980）。

蝗虫的暴发性迁徙是其应对极端干旱的重要行为——由干旱地方成群迁至低洼易涝地方，因此俗话说："大旱之后必有蝗灾。"如2020年以来，从非洲到南亚，沙漠蝗虫灾害侵袭全球多地；2020年7月，南亚国家印度再遭蝗灾袭击，部分城市进入警戒状态。这些与气候干旱关系紧密。又如，20世纪80年代后第3次特大暴发的厄尔尼诺事件，在此次极端干旱中，白蚁的迁徙行为表现得更加频繁（Ashton et al.，2019）。此次事件造成我国稻飞虱的境外虫源基地（越南、老挝等国家）出现前所未见的特大干旱，而我国华南、江南、江淮和华北等地则出现了大范围、长时间的强降水，这使得稻飞虱发生不同寻常的变化（李袭杰 等，2017）。

同时，干旱常会引起一些昆虫（尤其一些迁徙性蝴蝶）大暴发，从分布中心向更大范围扩展，而有些昆虫面对极端干旱时只发生小尺度的迁徙，不发生大尺度的暴发和扩散。如1992年瑞典一场不寻常的干旱使草地减少，导致生活在群岛松林中草地斑块生境中的灌丛螽蟀（*Metrioptera bicolor*）不得不利用其他生境如松林，这有效阻止了其扩散（Kindvall，1995）。关于物种沿海拔上移方面，Peterson 等（2020）的实验表明：向高海拔地区的物种迁移与物种生活史性状的强选择有关。

面对极端干旱，昆虫还有许多其他行为的改变，如沙漠蝗虫在极端干旱时呈现表型可塑性（Tobback et al.，2013），绿脉菜粉蝶（*Pieris napi*）也有相似的表型属性（Carnicer et al.，2019）。

第四节 台风（飓风）与昆虫行为

台风（typhoon），属于热带气旋（tropical cyclone）的一种。热带气旋是发生在热带或副热带洋面上的低压涡旋，是一种强大而深厚的"热带天气系统"。我国把南海与西北太平洋的热带气旋按其底层中心附近最大平均风力（风速）大小划分为6个等级，其中，中心附近风力达12级或以上的，统称为台风，主要分为以下几类。

1. **热带低压**（tropical depression）

最大风力6～7级，风速10.8～17.1 m/s。

2. **热带风暴**（tropical storm）

最大风力8～9级，风速17.2～24.4 m/s。

3. **强热带风暴**（severe tropical storm）

最大风力10～11级，风速24.5～32.6 m/s。

4. **台风**（typhoon）

最大风力12～13级，风速32.7～41.4 m/s。

5. **强台风**（severe typhoon）

最大风力14～15级，风速41.5～50.9 m/s。

6. **超强台风**（super typhoon）

最大风力≥16级，风速≥51.0 m/s。

台风和飓风（hurricane）最大的区别就是生成地和活动区域不同。台风主要是指在西北太平洋和南海的生成及活动的热带气旋，而飓风是指在中东太平洋和北大西洋上生成及活动的热带气旋。

对昆虫来说，台风（飓风）是一种极端气候干扰。一般来说，台风会对昆虫产生直接的影响（损伤、死亡等），造成昆虫多样性、丰度甚至种类组成减少（Cabrera-Asencio et al.，2021）。如台风使同翅目昆虫丰度直线下降（Schowalter et al.，1999），蜂的种类减少40%（Ramirez et al.，2016）。而热带气旋后沿海盐沼地昆虫的α多样性和物种组成立即减少，然后快速增加，一年内即可恢复到先前状态（Chen et al.，2020）。另外，这类干扰也会影响昆虫—植物间的互利（惠）共生关系（Piovia-Scott，2011）。如Novais 等（2018）的研究指出：飓风过后的数月里，植食性昆虫和捕食性甲虫的种密度和丰富度相比之前是增加的，并认为对吸液昆虫而言，这种正响应可能与飓风后产生的新萌条和有效的树叶分生组织有关，同时，飓风造成的死木量和多样性似乎正向影响甲虫类昆虫。Su 等（2016）的监测研究亦显示：飓风后的3年中，白蚁活动更加频繁。当台风（飓风）来临前或发生后，昆虫因种种原因发生了各种行为变化，主要有迁飞行为和聚集行为。

一、迁飞行为

飞虱具有长距离迁飞的特性，迁飞距离长达上千千米。每年冬季、春季，褐飞虱（*Nilaparvata lugens*）在我国仅局限在两广南部、台琼诸岛和云南南部的热带地区存活与为害农作物，春夏之交开始北迁并陆续降落与为害江南大部，盛夏北迁至江淮流域及以北地区，夏末秋初开始向南回迁（包云轩 等，2000）。褐飞虱在我国东部地区一年中能如此南、北往返迁飞，与我国所处东亚地区的季风环流有密切关系，其在中国迁入的时间和空间基本与中国夏季风来临的时间和空间是一致的，因此大气环流形势（尤其热带气旋的形成与发展过程）是影响褐飞虱降落最重要的背景机制。褐飞虱在台风系统中具动态迁飞特点，受到不同季节褐飞虱虫源位置变化及不同台风路径的影响，褐飞虱的南、北迁飞具有很大的时空不均匀性（王翠花，2013）。Moskowitz 等（2001）发现在飓风来临时黑脉金斑蝶（*Danaus plexippus*）和蜻蜓有大量迁飞的行为，并推测可能是天气给昆虫发出了迁移信号。

二、聚集行为

Tozier（2005）发现，日落前，当飓风产生的暴风雨即将来临时，数百对竹节虫聚集一起，一个个紧靠排成两行，停在矮棕榈叶上休息，空气也特别平静；然后，它们似乎接收到了某个看不见的信号，开始颤动它们的腿并击打/振动矮棕榈叶；且只有成对雄性竹节虫有这种行为，而成对的雌虫和单身雄虫没有这种连续敲击行为。这种行为持续了2 min后，就基本停止了，然后过了10～15 min，飓风产生的首场降雨就下落该区域。Landry（2013）亦发现，飓风后红树林中出现传粉昆虫的聚集现象。

2013年，超强台风海燕（Super Typhoon Haiyan，国际编号：1330）于11月10日16时许擦过海南岛西南部沿海，移入北部湾海面，11月12日3时许台风完全消散。2013年11月14—15日，研究员顾茂彬等在位于海南西南部的中国林科院热带林业研究所试验站站区内进行常规蝴蝶调查，发现有2万多只蝴蝶聚集的现象（图5-6）。聚集的蝴蝶主要为白纹紫斑蝶海南亚种（*Euploea leucostictos minorata*）和啬青斑蝶（*Tirumala septentrionis*），他们分别约占85％和15％，其他种类极少，占比小于1‰。是什么使这些斑蝶聚集？它们是从哪里迁徙来的？聚集是受繁花吸引还是其他原因？这些仍然是谜。

a. 蝴蝶聚集；b. 啬青斑蝶；c. 白纹紫斑蝶海南亚种。

图5-6　台风海燕过后2万多只蝴蝶聚集访花

第六章　昆虫行为产生的机制

　　机制（mechanism）是指各要素之间的结构关系和运行方式，就是在现象（phenomena）产生的过程中由那些决定性影响因素所构成的一个因果关系逻辑网。人们可以清晰地看到或感触到自然界中的一些现象，这些现象对应的机制却很难被直接观察到，所以，只能通过对现象进行全面了解和分析，找出所有的"元件"、规律和因果关系之后才能找到相应的机制。

　　要想科学而客观地揭示昆虫行为产生的机制，就必须对昆虫行为各个过程及其相关环境因素进行细致观察、调查和研究，剖析和了解昆虫生物体的各种结构（外表和内部构造；宏观与微观结构）特征，测试和分析各种化学物质（包括激素等）、遗传物质（DNA和蛋白质等）及其他物质，同时分析昆虫行为与各种影响因子的关系，这些需要昆虫学、生态学、遗传学、生理学等多个学科的专家们的长期研究。

　　虽然昆虫的行为受外部环境条件的刺激与内部生理状态的综合影响，但在行为的产生、行为的调控等过程中，总会由以某个学科（物理学、化学、遗传学、生理学等）为主的相关原理起决定性或关键作用，并以此来解释行为的因果关系。因此，可以把昆虫行为产生的机制分为物理机制、化学机制、遗传机制、生理机制，以及多学科融合的机制等。如：王方海等（2004）从神经内分泌的角度综述分析了蝗虫多型性的生理机制，重点介绍了保幼激素、蜕皮激素和脑神经肽［His7］-corazonin在蝗虫多型性中的主要作用和机制；而Anstey等（2009）认为沙漠蝗虫从独居型向群居型转变，是一种神经化学物质在起调控作用，这种物质叫血清素/五羟色胺。昆虫的不同行为会有不一样的机制，同一种昆虫行为可能存在多种机制。

第一节　昆虫行为的物理机制

　　以昆虫发声行为和趋光行为为例来简述昆虫行为产生的机理。

一、昆虫发声行为的物理机制

　　发声现象在昆虫中普遍存在，据报道，昆虫纲的34个目中有16个目的昆虫能发声，有的不仅仅成虫能发声，其幼虫甚至蛹也能够发声。例如，蝉的高亢叫声实际上是雄蝉发出的求偶声，蝉鸣是一种昆虫间声音交流的行为方式，而且蝉的每个物种都有自己独特的叫声，这种声音只吸引自己同类的雌性（图6-1）。帝王蝉（*Pomponia imperatoria*）是世

图6-1　丽蝉（*Salvazana mirabilis*）

界上最大的蝉，其翼展可以达到20 cm，体长约7 cm，不同蝉发出声音的频谱存在差异，所以不同的蝉种可以在同一时间段共存，也避免了异种间的杂交。昆虫发音机制可归纳为五类。

1. 虫体与基质相击发声

窃蠹（Anobiidae）昆虫的成虫能以额的下部与各种不同基质相击而发声，此行为多在交尾季节出现。白蚁等许多昆虫都以类似的方式发声。其声音为一连串的叩击声和电脉冲，其中一部分能量以声波形式由空气传播，另一部分能量则引起基质的振动，以固体振动方式传播，传播速度远快于由空气传播，易引起同种类的反应。

2. 空气运动直接发声

鳞翅目的一种天蛾，其主要发声器官为内唇，当咽及其肌肉收缩时，形成气流通过喉出入，经内唇与咽底部时受阻，造成气流的旋转而发出如同吹哨一般的声音。咽是空气泵；喉是放大器，并不直接参与发声。

3. 膜振动发声

半翅目蝉的鼓膜器即属此类型，鼓膜通常略向外突，膜内中央部分生有鼓膜肌。肌肉收缩时，鼓膜向内陷入发出声音；肌肉松弛时，鼓膜恢复原状又发出声音。蝉类鼓膜肌的收缩频率为170～480 Hz，发出的声音频率为4 000～6 000 Hz。

4. 摩擦发声

摩擦发声是直翅目、膜翅目、鳞翅目和鞘翅目昆虫最常见的发声方式。发音器通常由音锉和摩擦器组成。如猎蝽的音锉坐于腹部，长的喙为摩擦器，二者摩擦发声。其声音是连续的，由20～30个音节组成，每个音节又由80～100个小音节组成，其频率为500～1 100 Hz。

5. 翅振动发声

没有专一发声器官的昆虫，仅仅是飞行时由于翅的上下振动而发声，其频率与翅的振动频率有关。如某些蝶类翅振动频率为5～10 Hz，其中粉蝶为6 Hz；蜜蜂为220～250 Hz；埃及伊蚊（*Aedes aegypti*）为587 Hz；蠓（*Ceratopogouidae*）为2 000 Hz。

二、昆虫趋光行为的物理机制

昆虫趋光（性）行为的机理一直是昆虫学研究的难点问题，围绕昆虫的趋光性，虽然科学家们做了大量研究，也提出了一些假说，但昆虫的趋光行为纷繁复杂，受到内在和外在多种因素的影响，因而没有一种假说能够被大家完全认同。目前，比较成熟的假说有光定向行为假说、生物天线假说和光干扰假说（靖湘峰 等，2004）。

1．光定向行为假说

光定向行为假说认为昆虫的趋光行为是由其光罗盘定向造成的，夜间活动的昆虫以某一发光天体作为参照，以身体纵轴垂直于天体与昆虫躯体的连线进行活动，但昆虫在夜间误将比天体距离近得多的火光或灯光当作参照物，导致昆虫无法正确导航，飞行轨迹发生偏移，螺旋向灯飞行。

2．生物天线假说

昆虫的触角有各种各样的突起、凹陷及螺纹，这些结构类似现代使用的天线装置，使昆虫可以感受信息素分子的振动而被吸引。Callahan（1965）据此提出了生物天线理论，认为昆虫趋光是由于光谱中某些波长光线的频率与信息素分子的振动频率相近，能被昆虫触角上的信息素感受器所捕获，使昆虫误将光源当作求偶对象，趋向光源运动。Eldumiati 和 Levengood（1971）的研究也证实了该观点。

3．光干扰假说

光干扰假说认为夜行性昆虫适应暗区的环境，一旦进入亮区中，亮区中的高亮度光的刺眼作用干扰了昆虫的正常行为，使昆虫无法回到低亮度的暗区，导致昆虫继续活动而扑灯。在灯诱过程中，距离灯数米处，大型蛾类和金龟甲突然跌落地面，腹部朝上，一坠不起的现象经常发生。有的昆虫扑灯动作更加猛烈，甚至出现撞灯死亡现象。这都是由于昆虫复眼在灯光刺激下观察环境所需亮度高于近旁环境明亮程度，而复眼内色素无法合适调整，导致正常行为活动受到强光干扰（陈宁生，1979）。

另外，还有一些其他的假说，如桑文等（2016）提出了昆虫趋光行为的光胁迫假说：昆虫的正负趋光行为是昆虫在光胁迫下产生生理应急后的被动行为反应。

第二节　昆虫行为的生物化学机制

以萤火虫发光行为为例来简述昆虫行为产生的生物化学机制。

萤火虫为萤科（Lampyridae）昆虫的通称，全世界约2 000种，分布于热带、亚热带和温带地区。萤火虫的卵、幼虫、蛹、成虫均能发光（图6-2），这属生物体自发荧光（bioluminescence）的现象。萤火虫自发荧光的生化机制已经十分清楚，并广泛应用于生物环境和医药研究中。

萤火虫是目前将化学能转化为光能最高效的昆虫，其生理结构十分特殊，它腹部末端发光器部位充满了含磷的发光质和发酵素。萤火虫在发光器上有一些气孔，由气孔引入空气后，发光质就会通过发酵素的催化与氧进行氧化作用而发光。萤火虫生物发光的过程包含荧光素（LH_2）催化氧化生成高能中间体、高能中间体解离生成发光体、发光体发出可见光和荧光素分子的再生4个阶段（于沫涵 等，2020），这也得到了详细的理论研究和机理阐释，如荧光素氧化生成高能中间体的反应可以细化为两个半反应，即腺苷化反应和加氧反应（Branching et al.，2011）（图6-3）。腺苷化反应过程为LH_2在荧光素酶的催化下与腺苷三磷酸-镁离子复合物（ATP-Mg^{2+}）发生S_N2亲核取代反应，由亲核试剂进攻ATP的α位点，脱去焦磷酸–镁离子复合物（PPi-Mg^{2+}），生成荧光素–腺苷–磷酸复合物（LH$_2$-AMP），其中ATP为萤火虫闪烁发光提供能量，Mg^{2+}用于稳定构象和屏蔽ATP中的负电荷。加氧反应的大致过程为LH$_2$-AMP复合物与O$_2$发生加氧反应，伴随AMP的离去，生成四元环结构的高能中间体即萤火虫1，2-二氧环丁酮。

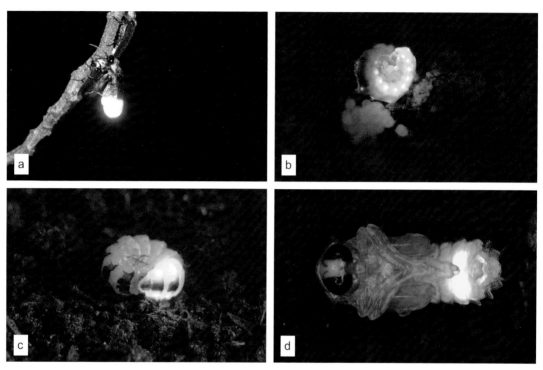

a. 穹宇萤（*Pygoluciola qiugyu*）成虫；b. 凹眼萤（*Rhagophthalmus* sp.）在产卵；

c. 垂须萤（*Stenocladius* sp.）幼虫；d. 屈翅萤（*Pteropty* sp.）蛹。

图6-2　萤火虫不同虫态的发光现象

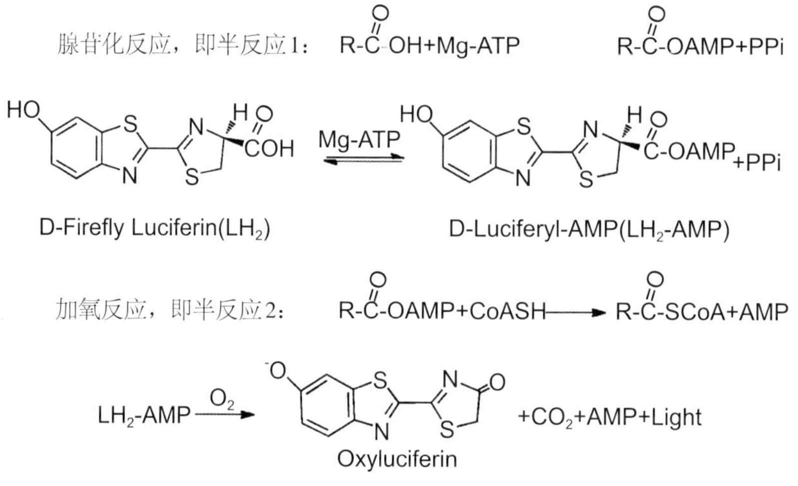

腺苷化反应，即半反应1：

$$R-\overset{O}{\underset{}{C}}-OH + Mg\text{-}ATP \quad R-\overset{O}{\underset{}{C}}-OAMP + PPi$$

D-Firefly Luciferin(LH$_2$) $\quad\overset{Mg\text{-}ATP}{\rightleftharpoons}\quad$ D-Luciferyl-AMP(LH$_2$-AMP)

加氧反应，即半反应2：

$$R-\overset{O}{\underset{}{C}}-OAMP + CoASH \longrightarrow R-\overset{O}{\underset{}{C}}-SCoA + AMP$$

LH$_2$-AMP $\xrightarrow{O_2}$ Oxyluciferin $+ CO_2 + AMP + Light$

图6-3　荧光素酶催化氧化反应阶段的两个半反应

不同种的萤火虫发光的频率、亮度、方式和颜色也不一样，可以说这是萤火虫的语言，就像人类的莫尔斯电码一样，萤火虫在求偶、警戒、诱捕，以及和同类之间的沟通等方面，都是通过这种方式进行交流的。萤火虫幼虫、卵、蛹发光的生物学意义推测为光是一种防御信号，防御天敌或者捕食者。萤火虫成虫发光的生物学意义被证实为多个方面的功能，主要有以下几个：①交配信号。即两性交配中的信号交流（Lloyd，1971；Ohba，1983），利用特有的闪光信号来定位并吸引异性。②捕食信号（付新华 等，2005）。即少数种类的萤火虫成虫利用光信号捕食异种萤火虫，比如美洲 *Photuris* 属一些种类的雌萤，它们能"破译"某些异种萤火虫如 *Photinus* 属的特异性闪光信号，进而模拟异种雌萤的回应信号来吸引并捕食雄萤，这种现象称为"侵略性拟态"或"捕食应答"（Lloyd，1980；Vencl et al.，1994）。③警戒防御信号（董平轩 等，2009）。使捕食者在捕食萤火虫成虫后导致厌食甚至致死的现象（Sivinski，1981），并且生物荧光也可以作为萤火虫的群体防御（group defense）信号。

第三节　昆虫寄主植物选择行为的化学感受机制

一、寄主植物选择行为过程

昆虫寻找和选择寄主植物作为取食或产卵对象的行为过程有固定的顺序，一个接着一个，直至接受某一寄主植物并做标记为止。一旦发现某植物（或植物某一部分）不适合，昆虫就会返回到先前的某一行为，再按顺序进行行为过程，直到找到合适的寄主植物或产卵场所，这被称为"反应行为链"（reaction chain）。整个行为过程分为如下4个阶段。

1. 搜寻阶段的随机运动过程

植物的信息在昆虫能感受的范围之外时，昆虫运动属随机运动。这种随机运动是由中枢神经决定的，感受器官接受不到足够的刺激时，这种搜索方式可能是最合适的。昆虫利用视觉或嗅觉对寄主植物信息进行捕捉，对植物信息进行处理及反应促使昆虫与植物的距离缩小。

2. 寄主植物定位和定向运动过程

当昆虫的感觉系统能定向感觉到植物的信号时，昆虫就有可能做定向运动，朝寄主植物所在地运动。这种情况下的定向取决于外部刺激，但仍然受到中枢神经的影响。昆虫在定向运动阶段，主要受植物的光学和气味特点的影响。

3. 接触寄主植物并评价取食或产卵部位的过程

昆虫发现植物后，通过触碰、攀登及降落与植物发生接触，然后评价植物的物理和化学性质，这时昆虫的足、触角、口器或产卵器会反复接触植物表面，直接感觉植物的物理和化学性质（包括基本代谢产物和次生代谢产物）。植物体的糖分、蛋白质、氨基酸是基本的取食刺激因素，但专食性和寡食性昆虫会将植物次生物质作为选择寄主植物的"标志性刺激物"。

4．接受或拒绝寄主植物过程

在此过程中，植物基本代谢或次生代谢产物的刺激作用和阻碍作用相互影响、相互抵消，最终平衡的结果决定着昆虫接受某一植物作为取食或产卵对象（图6-4），或者拒绝该植物而离开。

a．成虫取食；b．卵及幼虫。

图6-4　报喜斑粉蝶（*Delias pasithoe*）

二、寄主植物选择行为过程中的化学感受机制

昆虫对食物有一定的选择性，用以识别和选择食物的方式多种多样，但多以化学刺激作为决定择食的最主要因素。昆虫的化学感受机制分为味觉和嗅觉2种，通过这些化学感受机制，昆虫可感知环境中的各种化学信息，并由此作出相应的行为反应。

1．嗅觉感受机制

昆虫的嗅觉感受器多分布于触角上，不同昆虫嗅觉感受器的大小、分布与数量差异很大。昆虫的嗅觉感受器腔中存在一种蛋白，该蛋白能够结合外界挥发性的小分子化合物，并运送这些外界信号分子到达受体分子，这种气味受体被认为是一种G蛋白偶联受体，胞外化学信号到达受体后，将化学信号转变为神经元内电信号，最后将冲动传到神经中枢，调控昆虫的行为。植食性昆虫通常以植物的次生物质作为信息化合物或取食刺激剂，而捕食性昆虫则多以猎物的气味为刺激取食的因子。昆虫对气味分子的识别，包括气味分子的质（不同分子）、量（不同浓度），以及释放间歇等方面，依赖于昆虫整个嗅觉系统中各级神经元（neurons）对气味分子的信息编码，即在各级神经元素中的分子图像。昆虫能够感知并识别性信息素或性气味、植物挥发物、动物气味等化学信号分子，并借此进行各种行为活动（Zwiebel et al.，2004；Brito et al.，2016）。昆虫对寄主植物选择行为过程中的第一阶段（搜索）和第二阶段（定位），受控于寄主植物释放出的化学信息物质的类型和浓度，引诱不同昆虫的挥发性物质不同（表6-1），不同寄主植物释放的挥发性物质成分和浓度也不同。

表6-1 常见农林害虫对产卵寄主植物选择的偏好性及其挥发性引诱物质

昆虫种	偏好寄主植物	挥发性引诱剂物质	优先产卵部位
棉铃虫（*Helicoverpa armigera*）	棉花、灰藜、玉米	β-水芹烯、桧烯、乙酸苯甲酯、苯乙醛	棉花蕾铃
棉蚜（*Aphis gossypii*）	木槿、黄瓜、西葫芦、棉花	α-蒎烯、莰烯、β-蒎烯、2-蒈烯、α-水芹烯等	叶片背面
B型烟粉虱（*Bemisia tabaci*）	棉花、烟草、蔬菜、花卉等	1，8-桉树脑、月桂烯、芹烯、里那醇及丁子香酚	幼嫩部位（中上部分叶片）
草地螟（*Loxostege sticticalis*）	苜蓿、灰菜、狗尾草、稗草	顺-3-己烯乙酯、乙酸己酯、顺-3-己烯-1-醇、反-2-己烯醛	较小植株底层叶片背面
茶蚜（*Toxoptera aurantii*）	茶树、油茶、咖啡、栀子花等	青叶醇、青叶酯、芳樟醇、反-2-己烯醛、水杨酸甲酯	茶丛上部芽梢叶背
分月扇舟蛾（*Clostera anastomosis*）	杨柳树	反-2-己烯醇、苯甲醇	叶片背面
红缘天牛（*Asias halodendri*）	四合木、沙棘、梨等	2，3-丁二酮、正辛烷、正十一烷、正庚烷	韧皮部
华山松大小蠹（*Dendroctonus armandi*）	华山松	α-蒎烯、β-蒎烯、莰烯、3-蒈烯等	枝干
橘小实蝇（*Bactrocera dorsalis*）	番石榴、杧果、阳桃等	乙酸异丁酯、癸醛、γ萜品烯、β-石竹烯、α法尼烯、莰酮、邻苯二甲酸二异丁酯	寄主果实表皮下
梨小食心虫（*Grapholita molesta*）	桃、油桃等	乙酸叶醇酯、1-十一烷醇	近顶端的叶片上植物组织
绿盲蝽（*Apolygus lucorum*）	Bt棉花、枣树、苹果等	间二甲苯、丙烯酸丁酯、丙酸丁酯、丁酸丁酯、α-法呢烯、α-葎草烯、α-蒎烯等	叶面
甜菜夜蛾（*Spodoptera exigua*）	甜菜、玉米、黄瓜等	α-月桂烯、反-2-己烯-1-醇	—
马铃薯块茎蛾（*Phthorimaea operculella*）	马铃薯、烟草	α-蒎烯、β-蒎烯、α-石竹烯、β-石竹烯等	块茎
云斑天牛（*Batocera lineolata*）	杨树、柳树、女贞等	(E)-2-辛烯醛、(Z)-3-己烯-1-醇	韧皮部
黄曲条跳甲（*Phyllotreta striolata*）	白菜、卷心菜、油菜等	异胡薄荷醇、壬醛	植株周围的土缝中或细根上

资料来源：董子舒，张玉静，段云博，等，2017a，《植食性昆虫产卵寄主选择影响因素及机制的研究进展》，《南方农业学报》第48期第5卷。

虽然寄主植物挥发物含量甚微，但昆虫依然能够利用触角等部位嗅觉感受器内的气味结合蛋白（OBPs）感知味源，气味结合蛋白的结合功能是运输脂溶性分子穿过水溶性的淋巴液，到达嗅觉神经元的膜结合受体，从而完成对信息的识别。在化学信息识别中，昆虫嗅觉系统的协调互作至关重要，从外周感受器感知外界环境中的化学信号开始，通过外周嗅觉系统（peripheral olfactory system）将信号传递到触角叶（antennal lobe）进行加工，最后传递到脑，脑对嗅觉系统及其他感觉系统传来的信号进行综合分析处理，促使昆虫产生相应的行为反应（Leal，2013；莫建初 等，2019）。可以说昆虫对寄主植物选择行为中的搜寻和定位寄主植物行为过程是寄主植物体挥发性化学信号刺激与昆虫嗅觉系统协调互作的结果。

2. 味觉感受机制

相对于昆虫的嗅觉机制，对昆虫味觉感受机制的研究较少。昆虫的味觉感受器，主要存在于口器、尾须、触角、产卵器等部位；此外，在大多数昆虫的翅上亦存在少量的味觉感受器。不同昆虫味觉感受器的分布和数量存在很大差异，直翅目昆虫的味觉感受器遍布身体的各个部位（Bemays，1994）。

味觉感受器通过与植物体的直接接触来感知植物体所含的非挥发性物质的性质，最典型的特征是感受器顶端开口，神经元以不分枝的树突伸入其中，允许外界非挥发性物质从顶孔进入感觉腔内刺激受体神经元（Kvello et al.，2006）。感受器内味觉神经元中的味觉受体也属于G蛋白偶联受体（Clyne et al.，2000），它能够编码外界化学物质的刺激信息，Miyamoto 等（2012）在果蝇大脑神经元中发现一种味觉受体（Gr43a），其可作为营养感受器感受血淋巴中果糖含量，并促使饥饿果蝇取食或抑制饱食果蝇取食。同时，昆虫可通过味觉感受系统辨别促进取食的营养化合物和抑制取食的有毒化合物以确认和评估潜在食物。当然，味觉在植食性昆虫的选食过程中也能发挥关键作用（王鹏 等，2021）。因此，昆虫在评价取食或产卵部位的过程、确定接受或拒绝寄主过程中，寄主植物体非挥发性物质的特性和味觉神经元中的味觉受体起到决定性作用。

第四节　昆虫行为的遗传机制

大量研究表明，个体间的遗传差异可以导致行为的差异，其原理主要是在进化期间，自然选择将促使个体采取能使其基因最大限度地对未来世代作贡献的策略。成年动物的最优生存和生殖方式取决于生活环境、食物条件，以及同它有关的竞争者和捕食者。一个个体的生存和生殖主要依赖于它的行为。

一、蝗虫体色改变行为的分子机制

中国科学院动物研究所康乐院士团队领衔完成的"飞蝗两型转变的分子调控机制研究"的成果获得2017年度国家自然科学奖二等奖。团队将基因组学研究和生态学问题有机结合，以飞蝗为研究对象，围绕种群暴发成灾和适应性机制等世界难题进行研究，取得一系列重大突破性进展，成为国际上生态基因组学研究的主要开拓者。成果解析了飞蝗两型差异基因表达谱，阐明飞蝗型变涉及复杂的分子调控网络；发现嗅觉途径、多巴胺、肉碱、可溶性模式识别蛋白等多类飞蝗型变关键调控分子，揭示了飞蝗两型转变的启动和维持机制，以及群居型生态免疫的适应性机理；发展了miRNA和piRNA等小RNA的预测和鉴定新方法，开拓了飞蝗型特征的表观遗传调控机制研究领域。

在东亚飞蝗中，独居的小群体蝗虫通常呈现绿色，而群居的大群体蝗虫则呈现出明显的黑色/棕色。Yang等（2019）通过研究，发现了蝗虫通过改变身体颜色来适应不同环境的分子机制；揭示了蝗虫体内一种新的"调色板效应"：一种红色素复合物充当开关，协调了蝗虫的体色。蝗虫的这种变色机制（β-胡萝卜素结合蛋白携带红色素调节飞蝗绿色和黑色体色之间的转变）与物理三原色规则一致（图6-5）。

通过对群居蝗虫和单独饲养或在拥挤的环境中饲养的独居蝗虫的遗传分析，发现这两种类型的蝗虫体内一种叫作βCBP的蛋白质含量不同，这种蛋白质在色彩过渡中起着关键作用。当群居的蝗虫成熟时，它们皮肤上的黑色会随着βCBP水平增加而增加，而独居蝗虫的βCBP含量则保持不变。在蝗虫的皮肤中，βCBP会与红色素——β-胡萝卜素（β-carotene）结合并增加其含量。通过研究这个分子的活动，研究人员发现群居蝗虫的β-胡萝卜素含量比独居蝗虫高出近1/3，这表明βCBP，以及相关β-胡萝卜素的水平直接关系到群居蝗虫的体色。

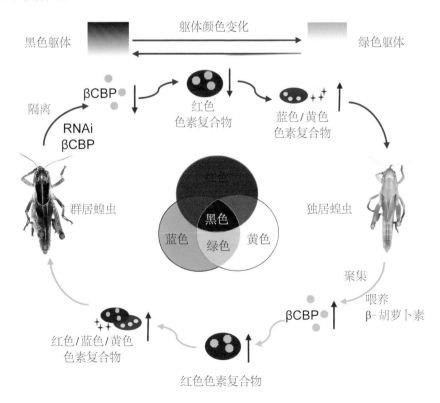

图6-5　蝗虫变色新机制与物理三原色规则一致

由βCBP和β-胡萝卜素蛋白质复合体引起的蝗虫体色的改变的试验（Yang et al.，2019）
（图6-6）证明：用含有β-胡萝卜素的食物喂养独居蝗虫，并将它们饲养在拥挤的环境中，
结果发现其βCBP的水平显著增加，几乎一半的蝗虫完全变成了黑色/棕色，而其余蝗虫
的皮肤上则出现了类似于群居蝗虫着色的黑色区域。群居蝗虫RNA干扰β-胡萝卜素结合
蛋白后，阻止该蛋白质的作用逆转了这一效果，会使蝗虫的颜色从黑色变为绿色。

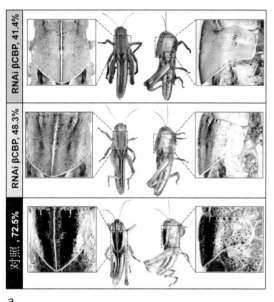
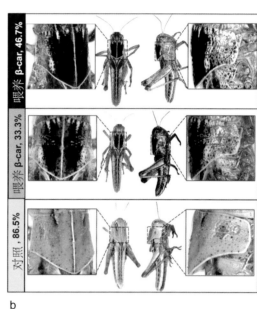

a. 群居蝗虫RNA干扰β-胡萝卜素结合蛋白后，体色由黑色转变成绿色；

b. 散居蝗虫饲喂β-胡萝卜素后体色由绿色转变成黑色背板/棕色腹面的群居体色。

图6-6   βCBP和β-胡萝卜素促进蝗虫体色转变

二、蚂蚁分工行为的遗传机制

蚂蚁是属节肢动物门昆虫纲膜翅目蚁科（Formicidae）的一类昆虫。要注意的是，白
蚁不属于蚂蚁。蚂蚁为典型的社会性群体，具有社会性群体的3大要素：同种个体间
能相互合作照顾幼体；具明确的劳动分工；在蚁群内至少2个世代重叠（overlapping of
generations），且子代能在一段时间内照顾上一代。

1. 蚂蚁社会分工

蚁群的社会分工主要有如下类型。

（1）蚁后（或称母蚁）

蚁后在群体中体型最大、生殖器官发达，多数种只有蚁后负责产卵。

（2）雌蚁（俗称"公主"）

有生殖能力的雌性交尾后脱翅成为新的蚁后。

（3）雄蚁（或称父蚁，俗称"王子"）

雄蚁有翅且头圆小，有发达的生殖器官和外生殖器，其主要职能是与蚁后交配，交配后不久即死亡。

（4）工蚁（职蚁）

工蚁为无翅且无生殖能力的雌性，个体最小但数量最多，善奔走；其主要职责是建造和扩大巢穴、采集食物、饲喂幼虫及蚁后等。

（5）兵蚁

兵蚁头大，上颚发达，可粉碎坚硬食物，其主要职责是保卫群体。

2. 分工行为的遗传机制

遗传因素在社会性昆虫的行为中起着重要作用（Fitzpatrick et al.，2005）。

（1）基因决定蚁后数量

如入侵性红火蚁（*Solenopsis invicta*）具有单蚁后型（monogyne）和多蚁后型（polygyne）两种社会组织形态（Keller et al.，1998），其气味结合蛋白基因 Gp-9 的基因型决定蚁巢中蚁后的数量。单蚁后型蚁巢中工蚁的基因型为 Gp-9BB，只允许有一只基因型相同的蚁后存在；多蚁后型蚁巢中大部分工蚁的基因型为 Gp-9Bb，能够接受外来的基因型相同的多只蚁后（Valles et al.，2003；Lucas et al.，2015）。

（2）不同劳动分工蚂蚁的 DNA 甲基化程度存在差异

如佛罗里达弓背蚁（*Camponotus floridanus*）不同劳动分工的个体之间形态差异明显，且行为比较固定，一旦分化成特定品级，将不能再转化成其他品级；不同品级间的 DNA 甲基化程度差异显著（$P < 0.05$），且甲基化程度高的基因大部分为"管家基因"（housekeeping genes）（Bonasio et al.，2010）。因此，Chittka 等（2012）认为：基因的甲基化很可能参与社会性昆虫蜂王与工蜂、蚁后与工蚁之间的形态分化，以及工蜂或工蚁间的社会分工。但也有例外，如印度跳蚁（*Harpegnathos saltator*）的蚁后和工蚁形态及寿命均差异不明显，而且行为的可塑性较强（Bonasio et al.，2010）。又如毕氏粗角猛蚁（*Cerapachys biroi*）在蚁后阶段（产卵）和工蚁阶段（外出觅食），其大脑 DNA 甲基化并无显著差异（Libbrecht et al.，2016）。

第五节　社会性昆虫行为的生理机制

昆虫行为的生理机制是指昆虫行为过程中其内部组织系统的机能，尤其神经系统和内分泌系统发生变化的过程和调控规律。

一、昆虫行为的信息素通信机制

信息素，也称为外激素（ectohormone），是一种由昆虫外分泌腺体分泌、可引起同种其他个体生理和行为发生定向改变的化学物质（Karlson et al.，1959），营群居生活的社会性昆虫个体间的交流是通过挥发性或半挥发性的信息素来实现的（邹国岳 等，2017）。信息素不仅对单个昆虫个体有效，而且作用于整个巢穴即超个体（superorganism）（Alaux et al.，2010）。

信息素分为2类：释放型信息素（releaser pheromone）和先导型信息素（primer pheromone）。

1. 释放型信息素

释放型信息素具有触发效应（releaser effect），促使同伴或异性立即改变行为。例如受到攻击时释放报警信息素（alarm pheromone）告知同伴进行集体防御；踪迹信息素（trail pheromone）能够标记自己的行踪，以及食物场所，引导同伴及时发现猎物，如细足捷蚁（*Anoplolepis gracilipes*）一旦发现食物，就通过释放信息素的方式召集同伴来共享美食（图6-7）；个体死亡后体表散发的尸葬信息素（funeral pheromone）诱导同伴将尸体搬运至巢外；幼虫体表释放

图6-7　细足捷蚁通过释放信息素召集同伴取食

的信息素（brood pheromone）促使工蚁（蜂）哺育幼虫，以及调控哺育蚁（蜂）和觅食蚁（蜂）比例分配；表皮碳氢化合物（cuticular hydrocarbons）用于同巢和它巢个体识别等。

2. 先导型信息素

先导型信息素能产生激发效应（primer effect），即通过诱发信息素接收者的生理发育状态变化而逐渐改变其行为，属较长期的作用。例如，蜂王上颚腺释放的信息素能够诱导工蜂卵巢的变化，抑制其发育及产卵行为（Wilson et al.，1963）。

二、昆虫行为的神经调节机制

1. 觅食行为的神经调节

与前所述的昆虫对寄主植物选择行为过程中的化学感受机制一样，社会性昆虫在觅食过程中也要经历化学信息的嗅觉感受，外界的化学信号只有转化成电生理信号后才能引发个体特定的行为（Mizunami et al.，2010）。社会性昆虫信息素通过嗅觉器官传导至大脑并通过大脑进行调配的过程一般为气味分子首先进入位于触角上的气味感受器，位于气味感受器淋巴液中的气味结合蛋白（odorant binding proteins）将气味运送至气味感受神经元（olfactory receptor neurons），气味感受神经元投射到昆虫大脑内的第一级神经纤维网即触角叶。昆虫触角叶类似脊椎动物的嗅球（olfactory bulb），两者处理气味的过程相似。相同类型的气味感受神经元的树突集结到触角叶中的单个神经纤维球（glomeruli），即触角叶的功能单位区，再经位于触角叶外围的投射神经元（projection neuron）的轴突投射到更高级的大脑中心——前脑的蕈状体（mushroom body）和侧前脑处的侧角（lateral horn）。

蜜蜂觅食过程中，太阳是重要定向信号，蜜蜂寻找或指示蜜源的方向主要借助太阳的方位，还可以将来自太阳罗盘和地面标志物的视觉信号结合起来构成一个综合的导航信号（Wehner et al.，1996），借此实现精确导航（Esch et al.，1996；Riley et al.，2003）。

Brockmann 等（2007）研究了蜜蜂"8"字舞传递的信息在同伴大脑中的神经投射通路，发现蜜蜂小眼区域的感觉神经元能感受太阳紫外光区的偏振光信息，并投射到大脑背末端的髓质（medulla），而在蜂巢内的工蜂能通过颈毛板的机械感觉神经元将太阳罗盘信息转化为重力感应信息并投射到咽下神经节，还能通过触角结节处的感觉毛，以及舞蹈蜂腹部摆动的方向和翅的振动频率来感知食物的方向和距离，并将这些信息分别转化成电生理信号投射到中脑的背叶、咽下神经节和前脑。

2. 遇袭报警行为的神经调节

Mizunami 等（2010）研究了蚁酸和正十一烷在弓背蚁大脑内的信号传递路径，发现对报警信息素敏感的投射神经元密集于其侧角的特定区域，而其他处理一般气味的神经元没有密集现象，说明这些处理一般气味的神经元与报警信息不相关。

三、昆虫行为的内分泌调节机制

1. 社会分工行为的内分泌调控

虽然昆虫DNA甲基化程度对社会性昆虫的分工影响很大，但其社会行为被广泛分布于淋巴液中的内分泌激素所调控（Dong et al.，2009；Sasaki et al.，2012），保幼激素和蜕皮激素是调控昆虫行为和卵巢发育的内分泌激素（Dolezal et al.，2012）。如保幼激素参与工蜂的劳动分工行为（Bloch et al.，2000），以及猛蚁（*Streblognathus peetersi*）工蚁间的劳动分工行为（Brent et al.，2006）。外出采集蜂的保幼激素含量比巢内哺育蜂高，用保幼激素处理哺育蜂后，会促使哺育蜂提前外出采集（Amdam et al.，2006），蚂蚁中亦存在该现象（Aonuma et al.，2012）。

2. 生殖行为的内分泌调控

发育良好的卵巢是欧洲熊蜂（*Bombus terrestris*）蜕皮激素的主要来源（Bloch et al.，2000）。哺育蚁的蜕皮激素含量高，具有发育比较完好的卵巢，能够产生营养卵；而觅食蚁蜕皮激素含量低，卵巢退化，丧失产卵功能。生物胺是存在于无脊椎动物大脑的神经系统中的一类非肽类神经激素，主要包括组胺（histamine）、五羟色胺（serotonin）、章鱼胺（octopamine）、酪胺（tyramine）和多巴胺（dopamine），参与神经激素或神经调质，调控昆虫能量代谢、学习记忆、肌肉收缩等多种生理和行为过程（Aonuma et al.，2012）。章鱼胺在蜜蜂和蚂蚁的同伴识别中发挥重要作用（Robinson et al.，1999；Vander Meer et al.，2008），且蜜蜂大脑内的章鱼胺刺激咽侧体分泌保幼激素（Kaatz et al.，1994）。而Sasaki等（2001）研究认为多巴胺能促进社会性昆虫的求偶和交配行为，以及生殖器官的发育。处女蚁后交配后营造新的蚁巢，和交配前相比，其大脑内五羟色胺、章鱼胺和多巴胺含量均显著降低，而酪胺含量显著升高，这些生物胺含量的变化可能与蚁后的产卵行为有关（Aonuma et al.，2012）。然而生物胺对昆虫内分泌的影响及对生殖、分工等社会行为的调控机制还有待进一步研究。

第六节　昆虫行为机制与害虫防治

昆虫行为的机制各式各样，不同行为的机制不同，一种行为可能受多种机制的控制。我们知道，反射是指在中枢神经系统参与下，人和动物对内外环境刺激的规律性应答，是神经系统调节机体各种功能活动的基本方式。实现反射活动的结构基础是反射弧（reflex arc）（图6-8），每个反射都有各自的反射弧，因此反射弧即是昆虫行为的基础。

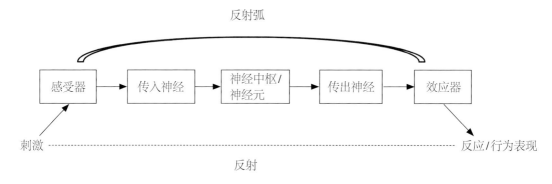

图6-8　昆虫受刺激后的反射过程

一旦对某种昆虫行为机制了解通透，人类就能轻松地对昆虫行为进行有效控制，尤其对各类害虫进行有效防治。人们可找出其中可供利用的昆虫行为特性，采用物理、化学和生物方法来防治害虫。物理防治是利用不同器械（如高压汞灯等）或引诱剂来诱杀害虫，或者根据昆虫的行为习性在适当时机人工捕捉害虫；化学防治主要是利用化学药剂来防治害虫；生物防治是利用害虫的天敌进行防治，如利用瓢虫防治蚜虫等。

以植食性有害昆虫为例，根据害虫取食行为规律和机制，人类利用一些药剂（驱避剂、拒食剂等）对害虫进行控制。

1. 驱避剂

昆虫驱避剂是能使昆虫无法识别和发现要取食或产卵的目标，从而使其远离潜在目标的物质。避蚊胺（DEET）是最著名的驱避剂。

2. 拒食剂

印楝素（azadirachtin；分子式$C_{35}H_{44}O_{16}$）是目前公认的活性最强的拒食剂。其作用机理主要是印楝素直接或间接地通过破坏昆虫口器上的化学感受器，刺激其特异性抑制型感觉细胞，或者阻断对食物刺激物的信号输入，从而抑制昆虫取食行为。

3. 昆虫口针阻断剂

如吡啶酰胺类（昆虫生长调节剂类杀虫剂），具有触杀和胃毒作用，还是一种神经毒剂，并有快速拒食作用。刺吸式口器害虫取食后，会被迅速阻止吸汁，最终害虫因饥饿而死亡，达到害虫治理控制的目的。

因此，昆虫行为机理研究对有害昆虫的管理至关重要。

第二部分
昆虫行为各论

昆虫行为类型繁多，本书只针对可直观感觉到、看到的一些主要行为进行阐述。

第七章　昆虫的取食行为

昆虫的取食行为指昆虫摄取食物及与之相关的一切活动，是昆虫接收到信息刺激后，由神经系统和肌肉系统综合反应的结果。取食行为取决于昆虫从化学感受器感觉信号的输入，其化学感受机制见第六章第三节。昆虫取食行为的方式取决于它的口器类型，昆虫的口器有咀嚼式口器（biting mouthparts 或 mandibulate mouthparts）、嚼吸式口器（chewing-lapping mouthparts）、虹吸式口器（siphoning mouthparts）、刺吸式口器（piercing-sucking mouthparts）、舐吸式口器（sponging mouthparts）五种类型，不同的口器体现了对不同食性的适应。昆虫取食行为多样，但取食过程基本相似。植食性昆虫的取食一般经历发现、兴奋、试探和选择、进食、清洁等过程，而捕食性昆虫的取食要经历发现、兴奋、试探和捕抓、麻醉或咬死猎物、进食、抛弃吃剩猎物、清洁等过程。

第一节　不同口器型昆虫的取食行为

一、具咀嚼式口器的昆虫

咀嚼式口器是最原始的口器，适合取食固体食物。广翅目（Megaloptera）、蛇蛉目（Rhaphidiopetra）昆虫成虫为捕食性昆虫，具有很发达的上颚，而为争夺雌性而好斗的锹甲科雄虫多具有异常发达的上颚。代表性种类列举如下。

（1）夔花萤（*Malachius* sp.）（图7-1）

它是微型杀手，分布于我国广东、湖南。

（2）黄头蛛蜂（*Leptodialepis bipartitus*）（图7-2）

主要分布于我国广东、海南，专门捕食蜘蛛。蜘蛛捕食各种昆虫，是一类昆虫天敌。但蛛蜂又专门捕蜘蛛，所以，生态系统中的食物链十分复杂而有趣。我们曾观察过，通过

图7-1　夔花萤正在大口嚼着肥嫩多汁的蚜虫

图7-2　黄头蛛蜂捕食蜘蛛

控制蛛蜂的方法，使蛛蜂刚捕到的蜘蛛逃走，待蜘蛛在草丛中走了3 m远的距离后停止控制蛛蜂，此时蛛蜂以极快的速度沿着蜘蛛走过的路线重新将该蜘蛛捕获。可见蛛蜂的嗅觉和行动十分敏锐。

（3）螳螂目昆虫（图7-3）

通称螳螂，属中型至大型昆虫，其成虫和若虫均为捕食性昆虫，人们熟知"螳螂捕蝉"，以为螳螂只捕食蝉，其实不然，我们在野外观察到螳螂的食谱很广，包括蝗虫、苍蝇、蚊子、竹节虫等成虫，以及昆虫的幼虫和若虫，它可捕食40余种害虫（顾茂彬 等，2011），是著名的天敌昆虫。

图7-3　广斧螳（*Hierodula petellifera*）捕食蝉

1. 螳螂捕食昆虫成虫行为

螳螂一旦发现捕食目标，会缓慢爬行靠近猎物，头部随猎物的运动而左右转动，当猎物不动时，螳螂也处于静止状态；即使猎物在身边（包括竹节虫），只要猎物不动，螳螂就不会抓捕它。这说明螳螂对运动中的生物感兴趣而对不动的生物"视而不见"。一旦感觉到猎物运动，螳螂就会迅速用其前足的跗节和胫节将其夹住，撕咬并啃食（图7-3）。螳螂抓住竹节虫后，先啃食竹节虫翅膀的基部，把翅膀咬断后再回头啃食猎物头部，慢慢往下啃；如果竹节虫太长，螳螂会从翅膀基部咬断其身躯而将其分成两段，先把猎物下段腹部外层吃完，再从另一段头部开始吃。我们也发现螳螂有时会同时捕获2只昆虫，把2只猎物抓住不放，啃食完一只后再吃另一只。

2. 螳螂对黄野螟（*Heortia vitessoides*）幼虫的捕食行为

（1）捕食的行为过程

通过控制试验发现（肖宁 等，2021），螳螂刚进入养虫盒时，会先缓慢爬行，逐渐适应后，大部分时间都喜欢在盒的上部或顶部静止不动。螳螂暂停爬行时其触角上下摆动，头部也会转动，配合搜寻食物；当接触黄野螟幼虫时，触角停止摆动，捕捉式前足前伸并试探性接触虫体，幼虫随之有蠕动、蜷缩、爬行等逃避反应，螳螂会迅速用其前足的跗节和胫节将其夹住，任幼虫抵抗、挣扎也不放松；待黄野螟幼虫停止反抗或反抗不那么激烈时，螳螂用其咀嚼式口器取食虫体（图7-4），最终不留剩余。黄野螟1～2龄幼虫体型太小，因捕食不便螳螂很少接触；螳螂喜接触正在取食的3～4龄黄野螟幼虫；5龄老熟幼虫逐渐进入预蛹期，取食活动大大减少甚至停止，活动不活泼，因此螳螂很少接触。

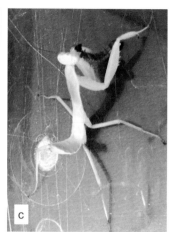

a、b. 广斧螳成虫捕食黄野螟幼虫；c. 广斧螳若虫捕食黄粉虫。

图7-4　广斧螳捕食幼虫

（2）捕食量

广斧螳的平均日捕食量显著大于棕静螳（*Statilia maculata*）、中华大刀螳（*Tenodera sinensis*）、云眼斑螳（*Creobroter nebulosus*）、壮菱背螳（*Rhombodera valida*），而后4种螳螂之间的捕食量差异不显著，广斧螳的捕食量是后4种螳螂捕食量的2倍。

用咀嚼式口器捕食的昆虫有许多，如黑蚂蚁（*Polyrhachis vicina*）（图7-5-a）、亮红大头蚁（*Pheidole fervida*）（图7-5-b）、蝎蛉（*Neopanorpa* sp.）（图7-6）（主要分布于我国广东等地）、黄花蝶角蛉（*Libelloides sibiricus*）（图7-7）（分布于我国东北、华北地区）、红痣草蛉（*Italochrysa uchidae*）（图7-8）（分布于我国广东、海南、云南等地，看上去瘦弱，但捕食时非常凶残）、猎蝽类（图7-9）、步甲类（图7-10）［艳边步甲（*Carabus igmitella*）分布于我国广东、湖南、湖北等地］等。

a. 黑蚂蚁捕食昆虫；b. 亮红大头蚁取食鲜嫩植物体。

图7-5　蚂蚁取食

图7-6 蝎蛉取食植物

图7-7 黄花蝶角蛉

图7-8 红痣草蛉

a. 红股小猎蝽（*Vesbius sanguinosus*）；b. 彩纹猎蝽（*Euagoras plagiatus*）。

图7-9 猎蝽

图7-10　艳边步甲（*Carabus ignimitella*）

二、具嚼吸式口器的昆虫

嚼吸式口器主要为蜂类昆虫所有，兼有咀嚼和吸收2种功能。该类昆虫的取食行为过程以蜜蜂为例来做解说。蜜蜂取食花粉、花蜜的行为过程如下（图7-11）。

①寻花。开花植物会在花的花蕊里分泌甜甜的花蜜，吸引蜜蜂前往授粉；蜜蜂的嗅觉感受器主要分布在触角鞭节前端，蜜蜂利用嗅觉感受机制能闻出各种花的香味，找到花蜜源。②择花。一般含苞待放或刚开放的花，蜜蜂是不会进行采集的，盛开的花因花蜜或分泌物比较丰富，是蜜蜂采集的对象。③吸蜜。蜜蜂采蜜时，通过一根柔软多节、生满细毛、前端有唇瓣的长吻，像抽水机一样将蜜汁吸入体内的蜜囊中。蜜囊如同能够伸缩的气球，是临时贮存蜜汁的仓库。平时蜜囊的容积只有13～16 mm³，吸满蜜汁后可以扩大5～6倍。④采花。蜜蜂不仅吸（采）蜜，而且采集花粉，采花过程中其脚起到关键作用。蜜蜂后脚跗节格外膨大，在外侧有一条凹槽，周围生长着长而密的绒毛，组成一个"花粉篮"；当蜜蜂在花丛中穿梭往来采集花粉、花蜜时（这也是传粉过程），那毛茸茸的脚就沾满了花粉，然后由后脚跗节上的"花粉梳"将花粉梳下，收集到"花粉篮"中，最后用蜜将花粉固定成球状。⑤回巢。蜜蜂的蜜囊和"花粉篮"装满后，蜜蜂就靠自己的记忆功能飞回蜂箱。⑥储藏食料。工蜂采集花粉、花蜜回巢后，花粉、花蜜不会直接被存入储藏室，而是由羽化4天左右的小蜂用长舌接着，再储存到蜂房中，然后由蜂箱里的内勤蜂进行细致酿造，小工蜂用这些食料哺喂幼蜂并照料蜂王和雄蜂。其他种如分布于我国海南、广东的黑盾壁泥蜂（*Sceliphron javanum*）等取食花蜜（图7-12）的过程与蜜蜂相似。

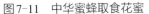

图7-11　中华蜜蜂取食花蜜

图7-12　黑盾壁泥蜂取食花蜜

三、具虹吸式口器的昆虫

虹吸式口器为鳞翅目成虫（除少数原始蛾类外）所特有，其显著特点是具有一条能弯曲和伸展的喙，适用于吸食花管底部的花蜜（图7-13、图7-14）。

图7-13　黑长喙天蛾（*Macroglossum pyrrhosticta*）取食花蜜

a. 曲纹袖弄蝶（*Notocrypta curvifascia*）取食花蜜；b. 长标弄蝶（*Telicota colon*）取食花蜜。

图7-14　曲纹袖弄蝶和长标弄蝶取食植物花管底部花蜜

四、具刺吸式口器的昆虫

刺吸式口器是取食植物汁液或动物血液的昆虫所具有的既能刺入寄主体内又能吸食寄主体液的口器，为半翅目、蚤目（Siphonaptera）及部分双翅目昆虫[如食虫虻（robber fly）]所具有，虱目（Anoplura）昆虫的口器也基本上属于刺吸式。具刺吸式口器的昆虫的取食行为，是以其上下颚口针交替刺入植物体（树干、树叶、花）的组织内吸吮汁液，或插入动物体内吸取自己所需要的营养（图7-15、图7-16）。

图7-15　水黾（*Aguarius* sp.）在水面捕获猎物并用刺吸式口器插入猎物体内吸取营养

一些种类如蚜虫、叶蝉类昆虫会先把唾腺分泌液注入植物体以分解植物细胞壁，保证取食过程植物液汁流动的畅通。对植物来说，这种伤害一般不使植株残缺、破损，而是使叶片的被害部分形成细小的退绿斑点，有时随着叶片生长而出现各种畸形，如卷叶、虫瘿、瘤等。从植食性昆虫方面来看，无论是体型较小的蜡蝉（图7-17）还是个体较大的龙眼鸡（*Pyrops candelaria*）（图7-18-a）、蝉科（Cicadidae）昆虫（图7-18-b），它们的取食行为方式是相似的。其他种还有许多这样的昆虫，如叶蝉（图7-19）、沫蝉（图7-20）等。

图7-16　食虫虻（robber fly）捕食蜻蜓

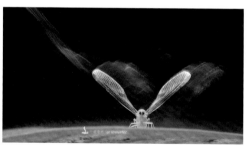

图7-17　甘蔗长袖蜡蝉（*Zoraida pterophoroides*）

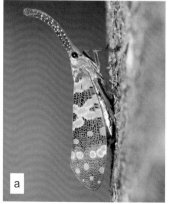

a. 龙眼鸡；b. 黑丽宝岛蝉（*Formotosena seebohmi*）。

图7-18　体型较大的具刺吸式口器的昆虫

a. 钩凹大叶蝉（*Buthrogonia hamata*）；b. 橙带突额叶蝉（*Gunungidia aurantiifasciata*）。

图7-19　叶蝉类

a. 白带丽沫蝉（*Cosmoscarta exulfans*）；b. 三红带沫蝉（*Cosmoscarta* sp.）；

c. 中脊沫蝉（*Mesoptyelus decoratus*）。

图7-20　沫蝉类

五、具舐吸式口器的昆虫

舐吸式口器是双翅目蝇类特有的口器，家蝇的口器是其典型代表。蝇的主要部分为头部和以下唇为主构成的吻，吻端是下唇形成的伪气管组成的唇瓣，用以收集物体表面的液汁。蝇类以花蜜为食（图7-21），也取食动物眼泪。

图7-21　食蚜蝇（*Syrphidae*）取食花蜜

第二节　昆虫取食的不同食物类型

昆虫取食的食物类型五花八门，除植物活体组织和树液、花粉和花蜜等外，还有受伤树体流出的树液、果汁、腐臭物、有毒植物、其他生物体（捕食性昆虫）等。

一、取食受伤树体流出的树液

取食受伤树体流出的树液的金龟类代表种有阳彩臂金龟（*Cheirotonus jansoni*）（图7-22-a），分布于我国海南、广东、广西、湖南等地；东方艳星花金龟（*Protaetia orientalis*）（图7-22-b），分布于我国广东、云南、贵州、四川等地。

a. 阳彩臂金龟；b. 东方艳星花金龟。

图7-22　金龟类取食

取食受伤树体流出的树液的蝶类代表种有大紫蛱蝶（*Sasakia charonda*）（分布于我国浙江、广东、湖南、台湾和东北、华北地区，以及朝鲜）、黑紫蛱蝶（*Sasakia funebris*）（分布于我国广东、湖南、浙江、四川、福建）、素饰蛱蝶（*Stibochiona nicea*）（分布于我国广东、湖南、浙江、四川、云南、福建、西藏等地，以及南亚、东南亚等）、纹环蝶（*Aemona amathusia*）（分布于我国广东、湖南、江西、浙江、四川、云南、福建等地，以及印度等）等（图7-23、图7-24）。

a. 大紫蛱蝶；b. 黑紫蛱蝶。

图7-23　蝶类取食受伤树体流出的树液

图7-24　素饰蛱蝶取食受伤树体流出的树液

二、取食果汁

昆虫很是喜欢取食各类果汁，如黑脉蛱蝶（*Hestina assimilis*）（分布于我国华南、华中、西南、华北、东北地区，以及朝鲜、日本）、月纹矩环蝶（*Enispe lunatus*）（分布于我国海南、云南、四川）等及一些蜂类（图7-25）。

a. 黑脉蛱蝶；b. 月纹矩环蝶和蜂。

图7-25　昆虫取食果汁

2012年5月，蝴蝶繁殖及鉴赏专家吴云在澳门举办了我国规模最大、国内外蝴蝶种类最多的活体蝴蝶屋展览，他把橘子放在园屋供蝴蝶吸食，观众能看到阿齐闪蝶（*Moroho achilles*）、君子斑蝶（*Danaus plexippus*）、褐丽蛱蝶（*Parthenos aspila*）、幻紫斑蝶（*Hypolimnas bolina*）、波纹眼蛱蝶（*Junonia atlites*）、直带黛眼蝶（*Lethe lanaris*）在果盘上吸食果汁（图7-26）。

图7-26　蝴蝶取食橘子汁

三、取食腐臭物

许多昆虫常以腐臭物为食。金黄指突水虻（*Ptecticus aurifer*）（分布于我国华南、西南、华中、华北地区）、窄斑凤尾蛱蝶（*Polyura athamas*）（分布于我国华南、西南地区，以及东南亚）喜食腐烂和臭味食物（图7-27、图7-28）。蝶类中的许多物种对各类动物的粪便有偏好，如二尾蛱蝶（*Polyura narcaeus*）（分布于我国华南、华中、华北地区，以及南亚、东南亚）取食动物粪便或在腐臭土堆中取食（图7-29）。另外，分布于我国华南、西南地区，以及越南、老挝、印度、泰国等地的箭环蝶（*Stichophphthalma howqua*）与电蛱蝶（*Dichorragia nesimachus*）（图7-30）；分布于我国广东、浙江、福建、四川、河南、陕西、甘肃、黑龙江等地的黄帅蛱蝶（图7-31）；分布于我国广东、浙江、福建、四川、云南等地的大伞弄蝶（图7-32）；分布于我国江西、浙江、广东、海南、四川、云南，以及尼泊尔、缅甸、印度等的半黄绿弄蝶（*Choaspes hemixanthus*）（图7-33）；等等都具有相似的取食腐臭物的习性。

图7-27　金黄指突水虻　　　　　　　图7-28　窄斑凤尾蛱蝶吸食污水

a. 二尾蛱蝶取食动物粪便；b. 二尾蛱蝶在腐臭土堆中取食。

图7-29　二尾蛱蝶取食

图7-30　箭环蝶与电蛱蝶取食动物粪便　　　　图7-31　黄帅蛱蝶取食动物粪便

图7-32　大伞弄蝶在腐臭堆取食　　　　图7-33　半黄绿弄蝶取食腐臭物

四、取食有毒植物

有些昆虫会取食有毒植物，如海芋（*Alocasia macrorrhiza*）是有毒植物，锚阿波萤叶甲（*Aplosonyx ancora*）取食海芋叶片时有"咬圈行为"（图7-34），我们推测：昆虫首先把计划啃食的那部分叶片咬一个圈，这样不仅能阻断有毒叶汁进入要啃食的叶片，还能使圈内叶片的毒叶汁不断从圈边缘流出，

图7-34　锚阿波萤叶甲取食海芋叶

一定程度上降低毒素含量，然后锚何波萤叶甲就啃食圈中的叶片。

五、取食动物血液和动物排泄物

蜜蜂、汗蜂（*Lisotrigona cacciae*）和无刺蜂（*Pariotrigona klossi*）等昆虫取食汗液和动物眼泪；蚊子叮食动物（含人）的血液等。

六、捕食其他昆虫

如猎蝽科（Reduviidae）昆虫捕食其他昆虫时，用针一般的口器刺入虫体，吸取自身需要的营养物质（图7-35）。

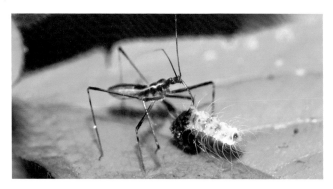

图7-35　猎蝽捕食其他昆虫

七、寄生于其他昆虫体内取食营养

某种昆虫寄生于其他昆虫体内的例子有许多。如在南岭区域，蚜灰蝶（图7-36-a）大多寄生在蚜虫（图7-36-b）和介壳虫体内；有些寄生蜂将卵产于蝶类幼虫旁边并寄生于其体内（图13-14）或寄生于蝶类的卵体中（图13-15）。芫菁［如广泛分布于我国的红头芫菁（*Epicauta ruficeps*）］喜产卵于蝗虫［如广泛分布于东南亚的棉蝗（*Chondracris rosea*）］的卵块中（图7-37），其卵孵化后取食蝗卵直至化蛹并羽化。

a．蚜灰蝶；b．蚜虫。

图7-36　蚜灰蝶常寄生于蚜虫的体内

a. 红头芫菁；b. 棉蝗。

图7-37　红头芫菁喜产卵于棉蝗的卵块中

八、取食菌类

许多昆虫常取食菌类尤其是大型真菌类（图7-38）。

a. 尼科巴弓背蚁（*Camponotus nicobarensis*）；b. 叶甲科（Chrysomelidae）昆虫。

图7-38　昆虫取食真菌

第三节　影响昆虫取食行为的因素

一、昆虫自身因素

1. 种类

如前所述，具不同口器的昆虫，其取食行为的方式方法、取食对象等存在差异。同类型口器的不同种昆虫也因其身体结构、对食物的喜好程度不同，而在取食行为上存在差异。如不同种螳螂对黄野螟日捕食量不同（肖宁 等，2021）。

2．发育阶段和生理状况

同种昆虫，也会因发育阶段和生理状况不同而产生不同的拒食或取食行为。如椰心叶甲（*Brontispa longissima*）1～2龄幼虫取食量少、取食形成的斑痕细小，而3～5龄幼虫取食形成的斑痕宽，易引起大的病斑，成虫取食虽然斑痕细但深而密，也易引起大病斑（周荣 等，2004）。

3．自身的行为经历

昆虫自身先前经历（学习行为）影响其取食行为（Barron，2001），昆虫幼虫期和成虫期对寄主的取食经历可以改变该虫态取食和产卵的寄主偏嗜行为（王争艳 等，2011），杂食性斑潜蝇对寄主植物的取食经历影响其对寄主植物的偏好（Radžiut et al.，2013）。

二、寄主植物的理化因素

1．植物物理性状

寄主植物通过长期的进化选择，产生有利于保护自己或有利于寄主植物种群扩散的物理性状，以应对昆虫的取食行为，这些性状包括植物的颜色、形状、硬度等。如，Colares 等（2013）发现小菜蛾 *Plutella xylostella* 偏好绿色卷心菜多于红色卷心菜，植物表面蜡质的物理结构和数量能够影响植食性昆虫的行为（王美芳 等，2009），等等。

2．植物化学性状

植物可产生多种不同的挥发性物质影响昆虫的活动，如葱属（*Allium*）植物挥发出的含硫化合物可作为葱蚜（*Neotoxoptera formosana*）嗅觉定位寄主植物的线索（Hori，2007）；很多凤蝶的幼虫以气味浓烈的芸香科（Rutaceae）植物为食，它们对沾有此种植物精油的滤纸有咬合的反应（钦俊德，1962）。植物也可产生大量的次生性化学物质，这类物质对前来取食的昆虫有拒避或拒食作用（李欣 等，2003），如马郁兰、薰衣草、薄荷、迷迭香等植物的精油对葱蓟马（*Thrips tabaci*）有明显的拒食作用（Koschier et al.，2002）。在昆虫食料植物中，分布最广的味觉物质是糖类，含糖量较低对很多昆虫的取食有助长作用，含糖量过高对昆虫取食有抑制作用（如植物体蔗糖浓度过高会抑制叶蝉取食），但对于蜂、蝇、蛾、蝶等昆虫，则是糖类含量越高其取食量越大。

三、环境因素

环境因子（光环境、温度、湿度等）的改变会影响植物的代谢，并影响植物挥发性物质的释放量和释放速率，从而间接影响昆虫的取食行为。昆虫的取食总量和取食速率又与温度密切相关（陈瑜 等，2010）；土壤氮、磷、钾对美洲斑潜蝇（*Liriomyza sativae*）寄主选择性有影响（戴小华 等，2002）。第四章和第五章叙述的气候变暖及极端气候等因素对昆虫取食行为也有较大的影响。

第八章　昆虫的访花与传粉行为

传粉（pollination）是成熟花粉从雄蕊花药或小孢子囊中散出后，传送到雌蕊柱头或胚珠上的过程。传粉是高等维管植物特有的现象。开花植物进行有性生殖必须依赖一定的媒介来传递花粉，传粉媒介主要有昆虫（包括蜜蜂、甲虫、蝇类和鳞翅目昆虫等）和风，而昆虫传粉占所有动物传粉的 80%～85%（Richards，2001）。

第一节　昆虫传粉行为的生物生态学意义

传粉昆虫作为生态系统的重要组成部分，其种类组成、传粉对象、数量变化直接或间接反映生态环境状况及其发展趋势；同时，传粉昆虫为生态系统提供了重要的生态服务功能（张立微 等，2015）。昆虫传粉行为的生物生态学意义主要体现在如下三个方面。

一、维持植物遗传多样性

同种植物不同植株之间的花粉传播会导致等位基因的相互交流和等位基因之间的多种遗传组合，促进基因流动，实现了遗传物质的转移，提高了物种的稳定性，从而产生更显著的遗传多样性。异花传粉可使植物保持高水平的遗传多样性（Ramanatha et al.，2002），如果没有传粉者，许多野生植物遗传多样性的维持将面临威胁（Kearns et al.，1998）。因此，昆虫传粉行为保证了植物的异花授粉，在维持自然界植物的遗传多样性方面意义重大。

二、维持生态系统平衡和稳定

传粉昆虫多样性减少不仅影响植物授粉，降低作物产量，破坏生态系统传粉服务功能，还会影响生态系统平衡（Watanabe，1994；谢正华 等，2011）。作为生态系统中的重要组成部分，植物与传粉者（昆虫等）通过一定的媒介直接或间接地联系起来，一同构成了复杂的生态网络。Montoya 等（2002，2006）系统阐述了生态网络复杂度与生态系统稳定性的关系、传粉昆虫对生态系统平衡与稳定的维持作用。传粉昆虫所在传粉网络的特征之一是高度嵌套（Vázquez et al.，2009；方强 等，2012），传粉网络的嵌套结构对生态网络的稳定性有重要意义。

三、促进昆虫和植物的协同进化

一方面，昆虫通过异花传粉携带的异质基因可以进一步增强植物后代的变异性，有利于植物的演化，甚至快速进化，如瑞士苏黎世大学（University of Zurich）的进化生物学家发表在 *Nature Communication* 上的一篇文章研究指出：传粉昆虫可以在短期内加速野芥菜（*Brassica rapa*，油菜的近亲）的进化，而且进化的方向取决于传粉昆虫的种类。另一方面，为适应植物的演变或进化，昆虫也需要做出改变，进而推动昆虫种本身的进化（Gervasi et al.，2017）。

第二节　进行访花与传粉行为的昆虫种类及分布

传粉昆虫指的是习惯于花上活动并能传授花粉的昆虫。主要的传粉昆虫多属于膜翅目（43.7%）、双翅目（28.4%）、鞘翅目（14.1%），此外还有些属于鳞翅目、直翅目、半翅目、缨翅目。常见的传粉昆虫有蜂、甲虫、蜻、蝇、蛾、蝶等。一些主要的传粉昆虫种类及分布如下。

一、蜂类

1. 中华蜜蜂（*Apis cerana*）（图7-11）

中华蜜蜂分布较广，我国浙江、福建、江西、湖北、湖南、广东、广西、海南、重庆、四川、贵州、云南、陕西、辽宁、吉林、河北、江苏、安徽、山东、河南、西藏、宁夏、甘肃、黑龙江、青海等地均有分布。

2. 大蜜蜂（*Apis dorsata*）（图8-1）

大蜜蜂分布于我国海南、广西、云南，以及日本、泰国、缅甸、老挝、柬埔寨、孟加拉国、印度、斯里兰卡、印度尼西亚、菲律宾等。

3. 花无垫蜂（*Amegilla florea*）（图8-2）

花无垫蜂分布于我国河北、山东、江苏、浙江、安徽、江西、福建、台湾、广东，以及日本。

图8-1　大蜜蜂　　　　　　　　　　　图8-2　花无垫蜂

4. 紫木蜂（*Xylocopa valga*）（图8-3）

紫木蜂分布于我国内蒙古、甘肃、新疆、西藏，以及西古北界的中部及南部。

5．绿芦蜂（*Ceratina smaragdula*）（图8-4）

绿芦蜂分布于我国云南、青海、甘肃、贵州、江苏、广东、福建、湖北、湖南，以及南亚和东南亚。

图8-3　紫木蜂　　　　　　　　　　　　图8-4　绿芦蜂

6．瓜芦蜂（*Ceratina cucurbitina*）（图8-5）

瓜芦蜂分布于我国浙江，以及南欧。

7．毛跗黑条蜂（*Anthophora plumipes*）（图8-6）

毛跗黑条蜂分布于我国辽宁、青海、新疆、河北、北京、陕西、江苏、浙江、安徽、江西、湖北、福建、广东、广西、四川、贵州、云南、西藏，以及日本、欧洲、北非。

图8-5　瓜芦蜂　　　　　　　　　　　　图8-6　毛跗黑条蜂

8．油茶地蜂（*Andrena camellia*）（图8-7）

油茶地蜂分布于我国内蒙古、黑龙江、河北、甘肃、青海，以及北欧、伊朗、俄罗斯。

9．冠蜾蠃（*Eumenes coronatus*）（图8-8）

冠蜾蠃分布于我国江苏、江西，以及芬兰、波兰、意大利。

图8-7　油茶地蜂

图8-8　冠蜾蠃

10. 突眼木蜂（*Proxylocopa* sp.）（图8-9）

突眼木蜂分布广泛。

11. 蠊泥蜂（*Ampulex* sp.）（图8-10）

蠊泥蜂分布于我国广东等地。

图8-9　突眼木蜂

图8-10　蠊泥蜂

二、甲虫类

1. 东方星花金龟（*Protaetia orientalis*）（图8-11）

东方星花金龟分布于我国黑龙江、吉林、辽宁、内蒙古、河北、陕西、山西、山东、河南、安徽、江苏、浙江、四川、湖北、江西、湖南、广西、贵州、福建、新疆、台湾、澳门、香港，以及蒙古国、朝鲜、日本、俄罗斯等。

2. 绿豆象（*Callosobruchus chinensis*）（图8-12）

绿豆象分布于中国大部分地区，在世界上广泛分布。

图8-11　东方星花金龟

图8-12　绿豆象

3. 四纹花天牛（*Leptura quadrifasciata*）（图8-13）

四纹花天牛分布于我国辽宁、黑龙江、吉林、北京、天津、内蒙古、山西、河北、陕西、青海、新疆、四川，以及欧洲。

4. 畸腿半鞘天牛（*Merionoeda splendida*）（图8-14）

畸腿半鞘天牛分布于我国广东、广西、浙江等地。

图8-13　四纹花天牛

图8-14　畸腿半鞘天牛

5. 七星瓢虫（*Coccinella septempunctata*）（图8-15）

七星瓢虫广泛分布于北美洲、欧洲、亚洲。在我国分布于东北、华北、华中、西北、华东和西南地区。

6. 花蚤（*Mordellidae*）（图8-16）

花蚤在世界上广泛分布。

图8-15　七星瓢虫　　　　　　　　　　　图8-16　花蚤

三、蝽类

1. 点蜂缘蝽（*Riptortus pedestris*）（图8-17）

点蜂缘蝽分布于我国浙江、江西、广西、四川、贵州、云南等。

2. 宽棘缘蝽（*Cletus schmidti*）（图8-18）

宽棘缘蝽分布于我国陕西、河北、山东、安徽、浙江、江西、广东，以及日本、朝鲜。

图8-17　点蜂缘蝽　　　　　　　　　　　图8-18　宽棘缘蝽

3. 横纹菜蝽（*Eurydema gebleri*）（图8-19）

横纹菜蝽分布于我国黑龙江、吉林、辽宁、内蒙古、甘肃、新疆、河北、陕西、山东、江苏、安徽、湖北、四川、贵州、云南、西藏，以及朝鲜、俄罗斯、欧洲。

4. 中国螳瘤蝽（*Cnizocoris sinensis*）（图8-20）

中国螳瘤蝽分布于我国北京、天津、河北、山西、内蒙古、浙江、陕西、甘肃。

图8-19　横纹菜蝽　　　　　　　　　　图8-20　中国螳瘤蝽

四、蝇类

1. 丝光绿蝇（*Lucilia sericata*）（图8-21）

丝光绿蝇分布于我国黑龙江、吉林、辽宁、内蒙古、河北、北京、天津、山西、山东、河南、陕西、宁夏、甘肃、青海、新疆、安徽、江苏、上海、浙江、江西、湖北、湖南、四川、贵州、福建、台湾、广东、海南、广西、云南、西藏，以及俄罗斯、蒙古国、朝鲜、韩国、日本、巴基斯坦、印度、斯里兰卡、沙特阿拉伯、阿尔及利亚、南非、欧洲。

2. 骚花蝇（*Anthomyia procellaris*）（图8-22）

骚花蝇分布于我国黑龙江、辽宁、山西，以及朝鲜、日本、意大利、英国、美国等。

图8-21　丝光绿蝇　　　　　　　　　　图8-22　骚花蝇

3. 黑带食蚜蝇（*Epistrophe balteata*）（图8-23）

黑带食蚜蝇分布于我国山东、江苏、河北、江西、北京、上海、浙江、四川、福建、广西、云南、广东、吉林、辽宁、黑龙江、西藏，以及日本、印度、欧洲、北非、澳大利亚。

图8-23　黑带食蚜蝇

五、蛾类

1. 咖啡透翅天蛾（*Cephonodes hylas*）（图8-24）

咖啡透翅天蛾分布于我国北京、江苏、上海、四川、重庆、云南、湖南、广西、广东、香港、海南、江西、台湾、浙江，以及日本、韩国、俄罗斯、印度、尼泊尔、缅甸、斯里兰卡、印度尼西亚、菲律宾。

2. 烟夜蛾（*Heliothis assulta*）（图8-25）

烟夜蛾分布于我国北京、上海、重庆、河北、山西、辽宁、吉林、黑龙江、江苏、浙江、安徽、福建、江西、山东、河南、湖北、湖南、广东、海南、四川、贵州、云南、陕西、甘肃、青海、台湾、内蒙古、广西、西藏、宁夏、新疆，以及日本、朝鲜、印度、缅甸、印度尼西亚等。

图8-24　咖啡透翅天蛾

图8-25　烟夜蛾

3. 甜菜白带野螟（*Spoladea recurvalis*）（图8-26）

甜菜白带野螟分布于我国黑龙江、吉林、辽宁、内蒙古、宁夏、青海、陕西、山西、北京、河北、山东、安徽、江苏、上海、浙江、江西、福建、台湾、湖南、湖北、广东、广西、贵州、重庆、四川、云南、西藏、香港等地。

4. 茶柄脉锦斑蛾（*Eterusia aedea*）（图8-27）

茶柄脉锦斑蛾分布于我国江苏、陕西、安徽、浙江、福建、江西、湖南、四川、贵州、广西、广东、云南、香港，以及日本等。

图8-26　甜菜白带野螟　　　　　　　　　　图8-27　茶柄脉锦斑蛾

六、蝶类

1. 玉带凤蝶（*Papilio polytes*）（图8-28）

玉带凤蝶分布于我国湖北、安徽、福建、湖南、广东、江苏、浙江、江西、贵州、海南、云南、台湾、香港，以及泰国、缅甸、越南、印度、马来西亚、新加坡、菲律宾、印度尼西亚、日本等。

2. 小红蛱蝶（*Vanessa cardui*）（图8-29）

小红蛱蝶分布于北美洲、欧洲、非洲西北部，在亚洲广泛分布。

图8-28　玉带凤蝶　　　　　　　　　　　　图8-29　小红蛱蝶

3．金斑蝶（*Danaus chrysippus*）（图8-30）

金斑蝶分布于我国海南、广东、福建、台湾、江西、四川、湖南等地，以及欧洲、非洲、南亚、东南亚。

4．檗黄粉蝶（*Eurema blanda*）（图8-31）

檗黄粉蝶分布于我国福建、云南、湖南、广西、广东、海南、西藏、台湾、香港，以及印度、斯里兰卡、菲律宾、马来西亚、越南、印度尼西亚。

图8-30　金斑蝶　　　　　　　　　　　图8-31　檗黄粉蝶

5．隐纹谷弄蝶（*Pelopidas mathias*）（图8-32）

隐纹谷弄蝶分布于我国辽宁、北京、陕西、河南、山东、湖北、江西、福建、甘肃、浙江、广东、云南、贵州、四川、海南、台湾、香港等地。

6．酢浆灰蝶（*Pseudozizeeria maha*）（图8-33）

酢浆灰蝶分布于我国广东、浙江、湖北、江西、福建、海南、广西、四川、台湾、香港，以及朝鲜、巴基斯坦、日本、印度、尼泊尔、缅甸、泰国、马来西亚。

图8-32　隐纹谷弄蝶　　　　　　　　　图8-33　酢浆灰蝶

七、其他类访花和传粉的昆虫

其他类访花和传粉的昆虫还有许多，如分布于我国福建、河北、江苏、安徽、湖北、浙江、广东、广西、四川、台湾、香港，以及越南、印度等地的眼斑芫菁（图8-34）等。蚂蚁通常被认为是"盗蜜者"，一些植物甚至能产生驱赶蚂蚁的挥发物（Willmer et al.，

2009），但是在特定的环境中或者特定的时间内，蚂蚁也可作为主要传播者。2007年在四川省黄龙寺自然保护区，细胸蚁（*Leptothoras* sp.）和立毛蚁（*Paratrechina* sp.）成为高山鸟巢兰（*Neottia listeroides*）最有效的传粉者（王淳秋，2008）；澳大利亚山龙眼科（Proteaceae）的 *Conospermum undulatum* 的花粉进化出了抵抗蚂蚁分泌物对花粉颗粒负面影响的能力，蚂蚁为这种濒危物种提供了有效的授粉服务（Delnevo，2020）。

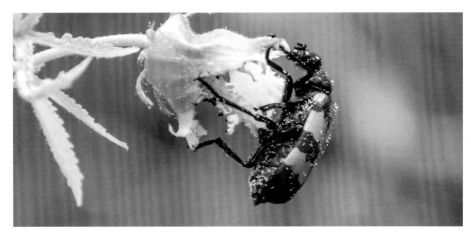

图8-34　眼斑芫菁

第三节　昆虫访花节律

昆虫访花日夜节律与异花授粉植物开花的节律密切相关。

需要蜜蜂、蝴蝶等昆虫帮助授粉的白天开放的花朵，其花朵会一次在白天开放。同一天中，昆虫访花活动的节律与光照和温度关系比较密切。随着温度升高及光照增强，昆虫变得活跃，访花次数和频率明显增加。昆虫通常晴天8：00开始活动，11：00—14：00达到活动高峰，16：00以后昆虫访花的积极性降低。不同类群昆虫访花的习性也不同。多数蜂类昆虫群集访花（图8-35），而熊蜂（*Bombus vagans*）属于单个行动派（图8-36），它们经常觅食到黄昏（Sébastien，2012）。

图 8-35　蜂类昆虫群集访花

图 8-36　熊蜂

晚间开放的花朵则是以夜间活动的蛾类作为授粉的媒介。如夜香紫茉莉（*Mirabilis nyctaginea*）的主要传粉者有鳞翅目苜蓿银纹夜蛾（*Autographa falcifera*）、瘦银锭夜蛾（*Macdunnoughia confusa*）（图8-37）、小地老虎（*Agrotis ipsilon*）（图8-38）等，这些昆虫通常从21:30开始授粉直到午夜，如果气候条件允许还能更晚。

图8-37　瘦银锭夜蛾　　　　　　　　　图8-38　小地老虎

大帛斑蝶（*Idea leuconoe*）雌雄蝶均于羽化后第2天开始出现少量的访花行为。在一天中，10:00前的访花行为最少，其后蝴蝶访花活跃，一直持续到16:00（王翻艳，2015）。成虫访花时，有的用足攀附于花瓣上，翅膀合拢向上，头部向花冠内探伸，有的则将身体悬空，通过扇动翅膀来保持平衡，同时将细而长的喙管伸进花内吸食花蜜。

王翻艳（2015）的观察研究也发现：大帛斑蝶在羽化后至产卵前的8天中，雌蝶访花53次，总访花时间258.87 min，平均每天访花约7次，日均访花时间32.36 min，单次访花时间4.88 min；雄蝶访花40次，总访花时间344.41 min，平均每天访花5次，日均访花时间43.05 min，单次访花时间8.61 min。大帛斑蝶访花次数占飞行次数的比例在20%～40%，随着生长发育成熟，访花次数占飞行次数的比例逐步提高；当气温较低时，雄蝶的飞行与访花次数均高于雌蝶，可能是因为雄蝶对温度的适应性比雌蝶强。

第四节　影响昆虫访花与传粉行为的因素

影响昆虫访花与传粉行为的因素很多，每种因素的改变都能够对昆虫的访花与传粉行为产生影响。

一、花的性状对昆虫访花与传粉行为的影响

与传粉有关的性状有花色、花味、花蜜、花粉、花形，以及植物次生产物等。

1. 花的颜色

访花昆虫接近植物时，其视觉器官感受到花色，并能被一定颜色的花吸引而降落到花

上，然后由花瓣上的斑点条纹等引导至花蜜处。不同的昆虫之所以被不同的花色吸引，是由于它们对不同花色的感受程度不同。例如蜜蜂能区别黄酮、黄酮醇对紫外光吸收的差别，紫外光吸收的机制存在于黄色花中，也见于白色或青蓝色花中。蜜蜂对红色不敏感，但它们也访问某些红花如罂粟花，因为这些花中存在吸收紫外光的黄酮类化合物。花瓣中含有的色素的种类及浓度的不同，可以直接刺激传粉昆虫的视觉器官。不同花瓣颜色，对访花及传粉昆虫吸引力不同（Harborne，1988；Matthew，2001；李绍文，2001）。主要访花昆虫对花色的偏好如下：蜜蜂、熊蜂偏爱黄色、蓝色、白色，对红色不敏感；蝶类及日出性蛾类喜好红色或紫色等较鲜艳的花色；夜间活动的蛾类偏好白色、淡红色或红色；双翅蝇类偏好暗色、褐色或绿色；甲虫偏好暗色、淡黄色或草绿色。

2. 花的气味

昆虫除了通过视觉追寻花朵外，也常常通过花的气味进行定位，尤其是夜间开花植物，或者非常原始的植物，其花朵往往不具备鲜艳的色彩来吸引传粉者，但它们的花具有强烈的气味，访花者可以通过这些气味找到它们。花的气味主要由单萜、倍半萜、酚类，以及简单的醇类、酮类、酯类等组成，大多数花的气味由1个或多个化学成分组成。访花昆虫能精确地识别其中特定的气味成分，蜜蜂可以精确地感受到向日葵花香的144个成分中的至少28个组成成分（Knudsen et al.，1993）。不同的化学物质组成的花的气味差异很大，蜂类和蝶类对令人愉快的挥发性精油更敏感。但是，也有些花朵释放令人厌恶的气味，吸引不同口味的访花者，这些花的气味主要是由胺类、异丁酸等组成的腐臭味，可以招引蝇类和腐食性的甲虫（Kaiser，1993；Wright，2002）。

3. 花蜜与花粉

花蜜和花粉含有丰富的营养物质，可以为传粉昆虫提供实物回报。花蜜中含有大量的蔗糖、葡萄糖和果糖，除糖外花蜜中还有氨基酸、蛋白质和脂类物质，这些物质能满足传粉者对营养和能量的需求，从而吸引传粉者采集。中等浓度的花蜜可以吸引长舌类昆虫，浓度更高的花蜜更利于短舌类昆虫（如蝇等）取食。花粉比花蜜更易采集，虫媒花的花粉常含有胡萝卜素和黄酮类化合物等色素，给传粉者以视觉信号，从而使传粉者可以通过颜色来选择花（Wright，2002）。

4. 花的构造

花的外形也对昆虫的访花有导向作用。花的外部结构、形态，如花瓣的形态、柱头的形状、花瓣表面粗糙程度及其表面结构、花倾斜的角度等表型特征都成为昆虫访花的识别信号。不同构造决定了传粉者获得花蜜的难易程度和传粉者的类型，蝶类如长喙天蛾（*Macroglossum corythus*）（图8-39）等昆虫更容易从细长的筒状花里获得花蜜；而蜂类的喙较短，适合取食浅层花冠的花蜜（Teixeira，2004）。

5. 植物挥发性物质

植物在代谢过程中产生的一些短链的碳氢化合物及其衍生物，有些具有高度特异性，可以为访花者提供特殊标记。许多兰科（Orchidaceae）植物的挥发物具有雌蜂信息素成分或者与雌蜂的信息素完全相同，从而迷惑雄蜂为其传粉（Johnson，2004）。

图 8-39　长喙天蛾

二、昆虫的器官构造及生理对访花与传粉行为的影响

1. 昆虫的外部结构对访花的适应

为了适应不同花部结构，各类访花昆虫有着不同类型的口器。例如膜翅目昆虫的口器较短，常取食浅层花冠的花蜜；鳞翅目昆虫的口器一般较长，能取食深层花冠的花蜜。蜜蜂的携粉足也是其适应访花而进化出的特殊结构；熊蜂体大、多毛，更易携带花粉（Wright，2002）。

2. 昆虫的嗅觉感受器官

昆虫触角上的嗅觉感受器对花的气味、分泌的激素和其他挥发物都有很高的敏感性，借此可以找到所需要的食物，如菜粉蝶根据芥子油的气味可以找到十字花科（Brassicaceae）植物。昆虫的嗅觉感受器有许多孔，气味分子吸附在表面后，通过孔道扩散至感觉神经细胞树突，树突膜上的受体细胞与气体分子结合，膜通导性发生变化，产生静息电位下降，从而产生神经冲动，传到中枢神经系统后产生嗅觉。受体细胞对气体分子的识别取决于气体分子与受体细胞的结合，其亲和性与气体分子的化学结构有关。气味分子与嗅觉受体神经细胞树突膜上的受体结合而产生神经脉冲，通过轴突直接传至中脑。访花昆虫先由嗅觉器官引导靠近花源，再由视觉器官发现花源，昆虫靠着这些感受器找到和选择各自喜好的花（周琼 等，2003）。

3. 昆虫的内部系统

为了适应食物类型，昆虫的消化道进化出相应的类型。取食固体食物的昆虫消化道较短，而取食液体食物的昆虫消化道较长。昆虫的消化酶包括胰蛋白酶、酯酶、淀粉酶、纤维素酶等。消化道中pH决定酶的活性、营养物质的溶解度、渗透压等，并且不因取食食物的酸碱度不同而改变（叶淑香，1997）。

4．特殊的专性传粉关系

昆虫与被访花的种类都不是一对一的关系，大多数昆虫都可以访多种花。如蜜蜂访问的花就有豆科、十字花科、菊科（Compositue）等。但也有例外情况，如榕小蜂只访问无花果等。最典型的是丝兰蛾科（Prodoxidae）昆虫与丝兰属（*Yucca*）植物的密切关系。丝兰的花是晚间开放，开放时放出奇香以吸引丝兰蛾，丝兰蛾用啄管收集花粉（图8-40）。雄蛾在夜间四处飞行寻找雌蛾时，就可以把花粉传到其他花朵上；雌蛾有一长的产卵器可作刺穿子房的组织，交尾后的雌蛾爬到花药上

图 8-40　丝兰蛾

采集花粉，然后携带花粉飞到另一朵花中，产卵于子房室中，产卵后爬到柱头上将花粉球压在柱头上。丝兰的胚珠因为得到了丝兰蛾的传粉而受精，而丝兰蛾的幼虫也可以以丝兰的胚球为食料而存活，这显示出了两种不同的生物在非常复杂而细致的适应法则下过着和谐的生活。当丝兰的种子成熟时，丝兰蛾的幼虫也成熟了，它们就咬穿果壁（果为蒴果或稍肉质）吐丝下垂至地面，然后在土中结茧成蛹。等到下年度丝兰开花时，丝兰蛾破茧而出，再为生育和传粉而工作。丝兰和丝兰蛾（Pronuba）的互相适应是生物界中昆虫与植物相互依存的稀少的情形之一（Althoff，2004）。

第九章　昆虫的趋光行为

2 000多年前，我国劳动人民就观察到飞蛾扑火行为，即昆虫趋光现象，并将此应用于生产实践中。趋光性是生物对光刺激的趋向性，为许多昆虫固有的基本行为。与趋光性相反的即负趋光性，负趋光性昆虫指喜欢在荫蔽的环境中生长、发育、活动的昆虫，如蝇类的幼虫，库蚊、按蚊、臭虫、蟑螂、夜蛾等昆虫的成虫，以及丽金龟甲等，常在黑暗的夜间活动，只有在避光的环境中才能生存。

昆虫对不同波长光的识别主要取决于对不同光波起反应的视色素，不同昆虫有不同的敏感波谱范围和趋光反应峰。如对黄色敏感的有温室粉虱（*Trialeurodes vaporariorum*）、美洲斑潜蝇（*Liriomyza sativae*）、蓟马类、叶蝉类等。桃蚜（*Myzus persicae*）对黄色有极强的敏感性，其次是红色，对黑色趋性最弱；小菜蛾（*Plutella xylostella*）成虫对绿色趋性最强，对黑色和蓝色趋性最弱。昆虫的趋光行为受波长、光强、光谱及其自身性别和发育状态等多种因素的影响（范凡 等，2012）；而昆虫的趋光行为复杂多样，其行为的机理仍是昆虫学研究的一大难点。

第一节　趋光昆虫种类

Yang等（2020）研究认为夜行性昆虫在黄昏或夜间活动，视觉受光线限制，远距离上利用嗅觉分辨寄主植物，短距离上主要依靠亮度进行觅食和决定产卵时机。

昆虫不能识别长波段的红外光，但对紫外光特别敏感。于是在夜晚，我们用能发紫外光的黑光灯或高压汞灯引诱昆虫，其效果很好，许多昆虫飞向光源处。其中无月光的夜晚、无风闷热的夜晚诱虫效果好，若有微风且下着细雨，用450 W高压汞灯诱虫，各种昆虫扑灯的效应可用铺天盖地来形容。通过多年野外拍摄或灯光诱导，我们诱集到的靓丽趋光性昆虫图片部分展示如下。

一、鳞翅目昆虫

1. 宽铃钩蛾（*Macrocilix maia*）（图9-1）
宽铃钩蛾分布于我国海南、广东，以及日本、东南亚。
2. 哑铃钩蛾（*Macrocilix mysticata*）（图9-2）
哑铃钩蛾分布于我国海南、广东。

图9-1 宽铃钩蛾

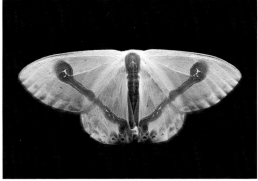

图9-2 哑铃钩蛾

3. 闪光玫灯蛾（*Amerila astrea*）（图9-3）

闪光玫灯蛾分布于我国海南、云南、广东、广西、台湾，以及印度。

4. 黄灯蛾（*Rhyparia purpurata*）（图9-4）

黄灯蛾分布于我国黑龙江、吉林、辽宁、新疆、内蒙古、甘肃，以及朝鲜、日本、法国、瑞士、德国。

图9-3 闪光玫灯蛾

图9-4 黄灯蛾

5. 长尾王蛾（*Actias dubernardi*）（图9-5）

长尾王蛾分布于我国云南、广东等。

6. 红尾大蚕蛾（*Actias rhodopneuma*）（图9-6）

红尾大蚕蛾分布于我国云南。此蛾是十分珍稀的大型蛾类。

7. 宁波尾大蚕蛾（*Actias ningpoana*）（图9-7）

宁波尾大蚕蛾分布于我国吉林、辽宁、河北、河南、江苏、浙江、江西、湖北、湖南、福建、广东、海南、广西、四川、香港、台湾。

8. 华尾大蚕蛾（*Actias sinensis*）（图9-8）

华尾大蚕蛾分布于我国广东、江西、湖南。

9. 微斑蚕蛾（*Loepa microocellata*）（图9-9）

微斑蚕蛾分布于我国华南、西南地区，以及印度。

10. 藤豹大蚕蛾（*Loepa anthera*）（图9-10）

藤豹大蚕蛾分布于我国广东、福建，以及印度等。

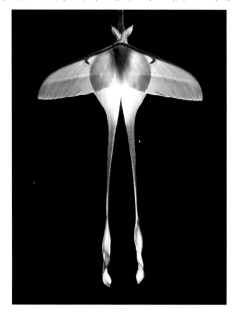

图9-5　长尾王蛾

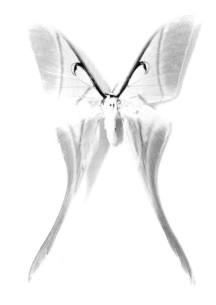

图9-6　红尾大蚕蛾

图9-7　宁波尾大蚕蛾

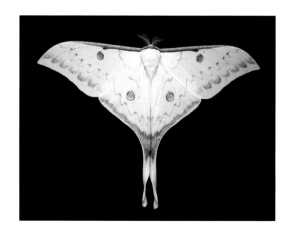

图9-8　华尾大蚕蛾

图9-9　微斑蚕蛾

图9-10　藤豹大蚕蛾

11．钩翅大蚕蛾（*Antheraea assamensis*）（图9-11）

钩翅大蚕蛾分布于我国广东、云南，以及印度。

12．绿带闭目天蛾（*Callambulyx rubricosa*）（图9-12）

绿带闭目天蛾分布于我国海南、云南。

图9-11　钩翅大蚕蛾　　　　　　　　　　图9-12　绿带闭目天蛾

13．杧果天蛾（*Amplypterus panopus*）（图9-13）

杧果天蛾分布于我国海南、云南、广东、湖南、福建，以及印度尼西亚。

14．嘎彩尺蛾（*Eucyclodes gavissima*）（图9-14）

嘎彩尺蛾分布于我国海南、广东。

图9-13　杧果天蛾　　　　　　　　　　图9-14　嘎彩尺蛾

15．象形文夜蛾（*Baorisa hieroglyphica*）（图9-15）

象形文夜蛾分布于我国海南，以及泰国。

16．红点枯叶蛾（*Alompra roepkei*）（图9-16）

红点枯叶蛾分布于我国海南，以及南亚、东南亚。

图9-15　象形文夜蛾

图9-16　红点枯叶蛾

二、金龟子类昆虫

1. 五指山牙丽金龟（*Kibakoganea fujiokai*）（图9-17）

五指山牙丽金龟分布于我国海南。

图9-17　五指山牙丽金龟

2. 格彩臂金龟（*Cheirotonus gestroi*）（图9-18）

格彩臂金龟分布于我国广东、湖南、台湾。

3. 朱肩丽叩甲（*Campsosternus gemma*）（图9-19）

朱肩丽叩甲分布于我国广东、海南、湖南、台湾、四川、贵州等地。

图9-18　格彩臂金龟　　　　　　　　　　图9-19　朱肩丽叩甲

三、其他类昆虫

具趋光行为的昆虫还有许多。如天牛类（黄咏槐 等，2014）、吉丁类（卡德艳·卡德尔 等，2020）、瓢虫类（闫海燕 等，2006；徐练 等，2016）、蟏类（赵俊玲 等，2011；李耀发 等，2011；冯娜 等，2015）、蓟马类（范凡 等，2012）、木虱类（李超峰 等，2019；袁楷 等，2020）等。另外，2019年6月，我们在广东南岭国家级自然保护区八宝山保护点（海拔1 000 m）于晚上进行灯诱时，发现一只金斑喙凤蝶（*Teinopalpus aureus*）从山坡上的树冠上飞向亮光区域，这是我们第一次发现蝶类的趋光行为，也可能是一种偶然。

第二节　影响昆虫趋光行为的因素

一、光强

光强是影响昆虫趋光行为的重要因素，不同光强下昆虫趋光反应存在明显差异。如当光强低时华山松木蠹象（*Pissodes punctatus*）趋光反应增强，当光强高时其趋光反应下降（Chen et al.，2012）；棉铃虫、斜纹夜蛾（*Spodoptera litura*）和鳃金龟都表现出趋光率随光强增大而增高的趋势（杨洪璋 等，2014）；随着光照强度的增大，柑橘木虱（*Diaphorina citri*）雄成虫趋光行为逐渐增强，但雌成虫趋光行为变化不明显（王飞凤 等，2020）。蚊子可以感受到距离很远的光并向光源飞去，但当靠近光源时却因光强过高而飞离亮区（Bidlingmayer，1994）。光强对柑橘木虱成虫的趋光行为有显著影响（$P < 0.05$），柑橘木虱对不同光强的趋光反应趋势呈近似倒"V"形，即随着光强的增加，其趋光反应逐渐增强，达到峰值后又逐渐减弱（袁楷 等，2020）。西花蓟马（*Frankliniella occidentalis*）雌虫随光强增大其趋光反应逐渐增强，对380 nm 和524 nm光源光强趋光行为反应呈倒"L"形式样（范凡 等，2012）；光强对烟青虫（*Helicoverpa assulta*）成虫作用呈"S"形曲线关系（丁岩钦，1978）。这也说明不同虫种对光强的响应不同。

二、波长

波长对昆虫趋光行为的影响较大。黏虫趋光行为主要受波长影响，且雌、雄成虫敏感波长不同（张杰 等，2021）。储粮昆虫锈赤扁谷盗（*Cryptolestes ferrugineus*）和长角扁谷盗（*Latheticus oryzae*）对红、黄、绿、紫及蓝色光都表现为较明显的趋光行为，玉米象（*Sitophilus zeamais*）光趋避指数随着波长的减弱而降低（姚渭 等，2005）。徐练等（2016）研究指出：异色瓢虫（*Harmonia axyridis*）成虫最喜好的光波波长为500 nm、605 nm、550 nm，而异色瓢虫成虫最忌避的光波波长则为473 nm、407 nm。

不同虫种最敏感的波长存在较大差异。大草蛉（*Sympetrum croceolum*）对562 nm、524 nm和460 nm的光波敏感（闫海霞 等，2007），龟纹瓢虫（*Propylea japonica*）成虫对340 nm、483 nm、524 nm的光波敏感（陈晓霞 等，2009），苹果绵蚜蚜小蜂（*Aphelinus mali*）在波长为440 nm、380 nm、340 nm的光波处趋光性较强（李刚，2009），绿盲蝽（*Apolygus lucorum*）在400 nm、450 nm的光波处趋光性最强（李耀发 等，2011），棉铃虫对波长为562 nm、483 nm、400 nm的光波敏感（魏国树 等，2002），果蝇对波长为560 nm的黄绿光具有明显的趋光性（刘小英 等，2009），草地螟成虫对波长为360 nm、400 nm的单色光敏感（江幸福 等，2010），黑尾叶蝉（*Nephotettix cincticeps*）对波长为520 nm、740 nm的光波较敏感（Wakakuwa et al.，2014），而西花蓟马（*Frankliniella occidentalis*）雌成虫的趋光反应在波长为498~524 nm的光波处有明显峰值（范凡 等，2012）。波长为474 nm的光波对亚洲玉米螟（*Ostrinia furnacalis*）雌虫诱集率最高（杨桂华 等，1995），波长为483 nm的光波对棉铃虫蛾诱集率最高（魏国树 等，2002），波长为405 nm的光波对几种金龟子有较强诱集率（鞠倩 等，2010），白背飞虱（*Sogatella furcifera*）对波长为470 nm的蓝光敏感（赵俊玲 等，2011），灰飞虱（*Laodelphax striatellus*）对波长为65 nm的蓝光敏感（朱锦磊 等，2014），果蝇（*Drosophila melanogaster*）对波长为350 nm、430 nm、508 nm的光源也具有显著的趋性（Yamaguchi et al.，2010），柑橘木虱成虫对波长为400 nm左右的紫光和波长为520 nm左右的绿光趋性最强（Paris et al.，2015；王飞凤 等，2020），等等。

三、性别

许多夜行性昆虫的趋光行为存在明显的性别差异现象，这主要是由雌雄成虫飞行能力差异导致其飞行距离与高度的不同、雌雄成虫复眼结构差异导致其对光源反应不同，以及雌雄成虫对光源和环境刺激的敏感性不同等造成的（程文杰 等，2011）；而且在成虫期，光并不是雄虫用于寻找交配对象的主要信号（Harris et al.，1991）。如雌性大黑鳃金龟（*Holotrichia oblita*）和暗黑鳃金龟（*H. parallela*）的趋光性强于雄虫（鞠倩 等，2010）；华山松大小蠹（*Dendroctonus armandi*）成虫的感光系统存在一定的性别差异，雄虫对光强变化更为敏感（查玉平 等，2019）；黑森瘿蚊（*Mayetiola destructor*）的雌成虫对光的敏感性远高于雄性（Schmid et al.，2017）；东亚小花蝽（*Orius sauteri*）成虫、黑绒鳃金龟甲虫（*Maladera orientalis*）成虫也都是雌虫对光更加敏感（Altermatt et al.，2009；冯娜 等，2015；

吕飞等，2016）；从草地螟成虫光波行为响应曲线（spectral behavior response curve）看，对于波长为340～498 nm的单色光，雌性成虫较雄性成虫的趋光反应率高（江幸福等，2010）（图9-20）。然而，在鳞翅目昆虫蛾类的上灯试验中，大多是雄虫上灯数多于雌虫，这说明多数蛾类的雄虫对光的敏感性高于雌虫（Garris et al.，2010）。

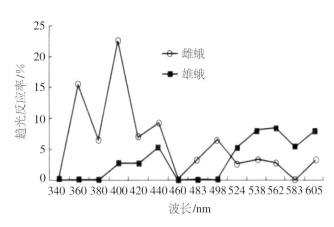

图9-20　不同性别草地螟成虫对不同波长单色光行为反应

四、虫龄和虫态

江幸福等（2010）研究指出：草地螟初羽化（1日龄）成虫趋光反应较不明显，随着蛾龄的增加，成虫趋光反应率明显升高。不同虫态和性别的2代褐飞虱趋光性略有差异，不同虫态的雄性褐飞虱均比雌性表现出对最佳波长（360～365 nm）更强的趋光性（黄保宏等，2020）。

五、时间和环境温度

不同昆虫的夜间趋光节律不同，其光趋性高峰期在时间上存在差异，但总体上20:00—21:30为多种昆虫的趋性高峰期。整夜开灯时诱蛾量最大，在前半夜不开灯，而后半夜0:00—6:00开灯时蛾的上灯数量明显减少（刘俊，1997）。又如，棉铃虫、斜纹夜蛾和鳃金龟都在19:30—20:30和22:45至次日7:00两个时间段内趋光率最高（杨洪璋等，2014）。另外，环境温度也会

图9-21　华南农业大学教授王敏带领弟子们在南岭国家级自然保护区八宝山管理站进行蛾类昆虫的专项调查

影响昆虫的光性能，如异色瓢虫成虫的趋光行为对环境温度具有较强的选择性，其在室内温度处于26 ℃时的趋光反应率显著高于其在室内温度处于7 ℃和32 ℃时的趋光反应率（徐练等，2016）。

总之，影响昆虫趋光行为的因素众多，因此在野外进行有目的性专项调查时，可根据需要设定诱灯的光波长（即光源的类型）、光强等，以及选定合适的时间段进行灯诱（图9-21）。

第十章　昆虫的趋泥与吸水行为

　　昆虫的趋泥行为不同于单纯的取食或吸水行为，它具有一定的规律性和特殊性，是某些昆虫（尤其鳞翅目）共同具有的、目的是补充营养的一种特殊行为或习性。吸水是每种生物（包括昆虫）都具有的一种行为，但我们发现蝶类具有一些特殊的吸水方式。本章重点针对蝶类昆虫的趋泥行为与吸水行为进行阐述。

第一节　趋　泥　行　为

一、趋泥行为及其特征

1. 趋泥行为的定义

　　1936年，Norris将一些蝴蝶成虫趋向并聚集于湿润的泥沙或浅水洼周围吸食的现象定义为"趋泥"行为（张威 等，2018），之后虽然有大量关于昆虫趋泥行为的报道，但少有学者再对其进行专门的定义。我们通过多年观察研究，将趋泥行为定义为昆虫成虫为了获取自身生理所需的特殊物质（如纳素、氮素等），以个体或成群形式趋向富含这些特殊物质的地面（泥质、泥沙质、含泥石质等类型）的现象。这些特殊物质常与水分、泥土、沙石等混合在一起，对于具吸收式口器（虹吸式、刺吸式或嚼吸式）的昆虫而言更易获取。因此趋泥行为几乎是吸收式口器昆虫的特有行为，也是鳞翅目（蝶类和蛾类）昆虫的一种较为常见的成虫行为。蝇类吸食动物眼泪、蜂类取食动物汗液和眼泪（Bänziger et al.，2009）、夜蛾嗜食动物眼泪（Downes，1973）、蝗虫成虫对汗液和发酵尿液的趋性或取食偏好（程佳 等，2009；Shen et al.，2009；舒金平 等，2013；张威 等，2018）、一些蚂蚁偏好含盐食物（Kaspari et al.，2008）、蜣螂和无刺蜂属的一些种及蝇类对粪便和腐败物的取食（Roubik，1982；Hendrichs et al.，1991，1993）等现象，只能称为取食行为。

2. 趋泥行为发生的特征

　　趋泥行为发生时具有如下几个特征。

　　（1）泥源中含有一定量的水分

　　水既是动物生存的必需物质又是许多营养物质和元素的溶剂，趋泥行为常发生在土壤潮湿的地面、泥沙土堆、浅水冲击洼周围、布满苔藓植物的石质地面等。

　　（2）泥源中必须含有某些特殊或关键的营养物质

　　盐分是表征陆生生物演化的关键物质，对植食性昆虫的发育和繁衍至关重要，但陆生植物组织中盐分含量较低，植食性昆虫仅通过幼虫阶段的取食往往无法满足成虫期生殖的需求，面临缺盐问题（Molleman et al.，2004），因而成虫需要通过趋泥行为从含盐浓度较高的泥源中摄食盐分。大量的研究表明钠盐是泥源中的共性物质（Smedley et al.，1995；Beck et al.，1999；Molleman，2010）；除钠盐外，氮化合物也是激发昆虫趋泥行为的关键物质（Beck et al.，1999；Boggs et al.，2004）。

（3）昆虫趋泥行为常出现群聚现象

在野外可以发现，昆虫个体具有趋泥行为（尤其在趋泥行为过程的开始阶段），但更常见的是以某个单种昆虫为主的群聚现象和多个种的聚集现象。趋泥行为多数情况是以雄性、年轻个体为主。大量研究和观察表明，趋泥行为是一种典型的雄虫行为，主要是年轻的雄性蝶、蛾类成虫发生趋泥行为，雌虫很少发生此行为（Sculley et al.，1996；Buttiker et al.，1997；Beck et al.，1999；Hall et al.，2000；Scriber，2002；Boggs et al.，2004；Molleman et al.，2005）。趋泥昆虫的聚集呈带状（图10-1）或块状（图10-2）。

趋泥行为的雄性现象，有两种假说对其进行了解释（张威 等，2018）。假说一即婚姻馈赠（nuptial gift giving）假说：雄虫通过趋泥行为从泥源中摄取营养物质并储存于精囊之中，在随后的交配过程中通过精囊转移给雌虫，以此来转移各种营养物质以提高精子竞争力，满足雌虫繁育的需要并有利于后代的成长（Smedley et al.，1996）。这些为交配馈赠的"礼物"有钠盐（Pivnick et al.，1987；Smedley et al.，1996）、氨基酸（Boggs et al.，1979）等有益物质。同时，雄虫发生趋泥行为也降低了雌虫因取食暴露而被鸟类等天敌捕食或病菌感染的风险（Sculley et al.，1996；Watanabe et al.，2005；Molleman，2010）。假说二即年龄阶段假说：发生趋泥行为的昆虫性别与发育阶段有关，在成虫期的前期、中期为雄性趋泥，而后期少量雌虫也会趋泥，这可能是成虫迁飞、生殖等特定行为造成的（Sculley et al.，1996；Molleman et al.，2005）。

二、趋泥行为对昆虫的影响

如前所述，昆虫趋泥行为主要是吸取泥源中的一些特殊营养物质，如钠盐和氮素等，趋泥行为对昆虫的生长发育、生理、生殖、行为等方面有一定的影响和作用。

1. 吸取钠盐的影响

钠盐显著影响昆虫的消化、排泄，以及肌肉神经系统等，在趋泥行为中摄取钠盐有助于提高雄虫的精子活性，或有助于消化系统吸收更多的氨基化合物以促进昆虫生长和发育（Peyronnet et al.，2000；Ciereszko et al.，2001；Zaspel et al.，2008）。雄虫在交配中通过精囊将获取的钠盐提供给雌虫，雌虫再转移给卵，从而提升繁殖成功率（Sculley et al.，1996；Lewis et al.，2007）；有趋泥行为的蚬蝶科（Riodinidae）昆虫躯干粗壮而翅膀较小，飞行肌发达，飞行能力强（Hall et al.，2000）等。

a. 绿凤蝶（*Graphium antiphates*）；b. 橙粉蝶（*Ixias pyrene*）；c. 玉斑凤蝶（*Papilio helenus*）；d. 网丝蛱蝶（*Cyrestis thyodamas*）；e. 碧凤蝶（*Papilio bianor*）；f. 宽带凤蝶（*Papilio nephelus*）；g. 碎斑青凤蝶（*Graphium chironides*）；h. 青凤蝶（*Graphium sarpedon*）；i. 白带螯蛱蝶（*Charaxes bernardus*）；j. 二尾蛱蝶（*Polyura narcaea*）；k. 蓝凤蝶（*Papilio protenor*）。

图10-1 蝶类昆虫多个种集聚趋泥

具趋泥行为的昆虫种类繁多，趋泥行为在鳞翅目昆虫（蝶类、蛾类）中较为普遍，迄今报道有该行为的蝶、蛾类昆虫已超过100种，主要集中于凤蝶科、蛱蝶科、弄蝶科、灰蝶科（Lycaenidae）及尺蛾科（Geometridae）、螟蛾科（Pyralidae）等21个科（Sculley et al.，1996；Buttiker，1997；Hall et al.，2000；Scriber，2002；Boggs et al.，2004）。

四、昆虫对泥源搜寻和定位的机制

我们在野外发现，趋泥行为刚开始时只有单一种类的少数个体，然后逐渐有不同种类和个体加入，最终形成了多个体的群聚现象（图10-7），那么，昆虫对泥源搜寻和定位的机制是什么？

图10-7 有3个个体（2个种）从空中飞来加入趋泥群体

植食性昆虫常通过化学感受机制（嗅觉感受和味觉感受），结合信号刺激来搜索、定位寄主植物并对寄主植物进行选择；Schoonhoven等（2005）也认为植食性昆虫主要通过植物挥发物指纹图谱来搜寻寄主植物。然而，昆虫在趋泥行为过程中如何搜寻、定位泥源到目前为止尚没有明确的结论。现有研究中，学者们提出了3种可能的机制，但都缺乏有说服力的试验证据（Molleman，2010）。其一是视觉判断机制：昆虫依据泥源周围物体或昆虫的颜色、形态等可视要素来判定"泥"源的位置（Beck et al.，1999；Otis et al.，2006）。其二是嗅觉定位机制：昆虫依据泥源所释放的挥发性气味来定位（Shen et al.，2009）。其三是听觉定向机制：昆虫依据同伴聚集或取食时发出的声音信号来定位（Schal et al.，1985；Otis et al.，2006）。

第二节　吸水行为

一、吸水行为及吸水方式

水是生命之源，任何生物都具有吸水特性。水也是所有陆生昆虫生长繁育过程中最为关键的物质之一，在炎热、干燥条件下，陆生昆虫因其相对较大的体表面积而面临着大量失水的威胁，需要从外界摄取水分以维持体内的水平衡（Yu et al., 2010）。昆虫在水分胁迫下，以不同方式从外界主动吸取水分的现象称为吸水（water uptake 或 water sucking）行为。昆虫吸水行为的方式主要有如下3种。

1. 通过趋泥行为获得水分

如前所述，一些昆虫（尤其是雄虫）具有趋泥习性，它们在趋泥行为过程中既获得了所需的各种营养物质（尤其是钠盐、氮素和氨基酸等），同时也获得了水分，从而起到调节身体温度的作用，以此来应对环境温度变化对自身生长发育的不利影响（Chown et al., 2010）。

2. 从露水中吸取水分

Frey 等（2002）研究发现黑脉金斑蝶（*Danaus plexippus*）吸食露水后体内水分含量明显升高。

3. 主动到浅水滩（坑）、缓流小溪中吸水（图10-8、图10-9）

图10-8　各种昆虫从不同方向来到浅水坑吸水

a. 碎斑青凤蝶；b. 蓝凤蝶；c. 玉斑凤蝶；d. 碧凤蝶。

图10-9　凤蝶在流水浅滩吸水

　　前几年，于勇在广东车八岭国家级自然保护区内的浅溪流中，拍摄到金斑喙凤蝶雌蝶趴在缓流的浅水中吸水的行为（图10-10）。

　　2021年12月，周光益在流溪河拍摄到一只断了一个触角的豹尺蛾（*Dysphania miliaris*）在温泉池边吸水的场面（图10-11），蛾吸食水分时触角朝下，喙不停地前后、左右摆动（速度约120次/min），喙的末端1.5 cm左右弯曲触碰沾有水珠的池面。

图10-10　金斑喙凤蝶雌蝶在缓流的浅水中吸水

图10-11　豹尺蛾在温泉池边吸水

二、吸水行为的驱动因子

1. 干热缺水——昆虫生理上对水分的需求

昆虫吸水行为是在干热环境胁迫下出现的主动行为，胁迫环境中，昆虫虫体面临严重失水危险时亟须对身体进行水分补充。多数关于蝶、蛾类昆虫的趋泥行为和吸水行为的报道见于干旱地区或炎热夏季（Molleman et al.，2005），这也说明了昆虫生理上对水分的需求是发生吸水行为的主要驱动力。

2. 关键元素的缺失——昆虫对水溶液中特殊营养物质的需求

如前所述，陆生植物组织中盐分含量较低，植食性昆虫成虫阶段常面临缺盐问题。钠盐、氮素等营养物质对昆虫的生长发育、生殖等具有重要作用，而水体中具有较丰富的钠、钙等离子及氮素，这也是昆虫吸水的另一原因。

3. 高温胁迫——昆虫调节自身体温的需求

昆虫的生命活动和行为是在一定温度范围内进行的，高温胁迫下，昆虫采取的重要应对策略是通过不同方式对自身体温进行调节（马罡 等，2007；Kearney et al.，2009；Ma et al.，2012b）。不论采取何种方式，吸水行为是降低体温最直接也最有效的方式。研究表明，高温条件下竹蝗成虫对水分有强烈需求（Yu et al.，2010；张威 等，2017），具较强的趋湿行为（hygropreference behaviour）。

三、独特的昆虫吸水和排水现象

1. 昆虫吸水—排水过程的"喷射"现象

昆虫为了降低体温而吸取大量水分，同时也需要排水；20世纪90年代初，医学博士吴云在马来西亚认真观察了翠叶红颈凤蝶吸水与尾端排水的全过程，并提出昆虫这种吸水和排水过程是为了降低体温。我们在野外也多次发现昆虫在吸取水分后出现喷射式排尿（urine ejecting 或 urine spraying）现象，如燕凤蝶（*Lamproptera curius*）（分布于我国海南、广东、广西、云南，以及东南亚）在吸水后的喷射式排尿（图10-12）。也有研究者认为，鳞翅目昆虫将吸收的多余水分排出体外的"蝴蝶排尿"现象，可能是为了摄取溶解在水体中的物质而非水分（Smedley et al.，1995，1996；Beck et al.，1999）。

2. 浸泡式吸水行为

在蝶类昆虫吸水行为中，我们发现最为奇特的现象是金斑喙凤蝶为降低体温将全身浸泡在水中吸水，我们称之为浸泡式吸水（immersive water-sucking）。如20世纪80年代陈述和顾茂彬在海南吊罗山白水林场开展蝴蝶调查时，发现在大雨过后的晴朗天气，水坑中似乎有蝴蝶的"尸

图10-12　燕凤蝶在吸水后的喷射式排尿

体"（图10-13-a），然而用捕虫网杆触动之，一只金斑喙凤蝶的雌蝶腾空飞越而去；又如在2010年4月底，陈一全与陈锡昌带一群人在广东车八岭国家级自然保护区做蝶类调查，在小溪见到一只金斑喙凤蝶雄蝶的躯体和一对翅膀浸泡在流水中，他们以为是死蝶，用手捞取一看才知是活的（图10-13-b）。

a. 浸泡在水中的雌蝶；b. 从水中捞取的活雄蝶。

图10-13　金斑喙凤蝶的浸泡式吸水行为

四、有吸水行为的常见蝶类展示

1. 蓝凤蝶（*Papilio protenor*）（图10-14）

蓝凤蝶分布于我国大部分地区，以及南亚、越南、日本、朝鲜。

2. 宽带青凤蝶（*Graphium cloanthus*）（图10-15）

宽带青凤蝶分布于我国广东、广西、台湾、福建、江西等地，以及南亚、东南亚。

图10-14　蓝凤蝶　　　　　　　　　　图10-15　宽带青凤蝶

3. 斜纹绿凤蝶（*Pathysa agetes*）（图10-16）

斜纹绿凤蝶分布于我国广东、云南、台湾、海南等地，以及南亚、东南亚。

4. 活泼漪蛱蝶（*Cymothoe hobarti*）（图10-17）

活泼漪蛱蝶分布于肯尼亚、乌干达等。

图10-16　斜纹绿凤蝶

图10-17　活泼潇蛱蝶

5. 始安蛱蝶（*Anaea archidona*）（图10-18）

始安蛱蝶分布于秘鲁等地。

6. 橙斑抱突蛱蝶（*Baeotus japetus*）（图10-19）

橙斑抱突蛱蝶分布于秘鲁等地。

图10-18　始安蛱蝶

图10-19　橙斑抱突蛱蝶

7. 傲白蛱蝶（*Helcyla superba*）（图10-20）

傲白蛱蝶分布于我国广东、湖南、福建、台湾、四川、浙江、江西、陕西。

8. 红斑翠蛱蝶（*Euthalia lubentina*）（图10-21）

红斑翠蛱蝶分布于我国广东、广西、云南，以及南亚、东南亚。

9. 红涡蛱蝶（*Diaethria clymena*）（图10-22）

红涡蛱蝶分布于哥伦比亚。

10. 七弦琴蚬蝶（*Lyroptectx lyro*）（图10-23）

七弦琴蚬蝶分布于厄瓜多尔。

图10-20　傲白蛱蝶

图10-21　红斑翠蛱蝶

图10-22　红涡蛱蝶

图10-23　七弦琴蚬蝶

11.萤光咖蚬蝶（*Cria lampeto*）（图10-24）

萤光咖蚬蝶分布于厄瓜多尔。

12.绿袖蝶（*Philaethria dido*）（图10-25）

绿袖蝶分布于秘鲁、巴西。

图10-24　萤光咖蚬蝶

图10-25　绿袖蝶

第十一章　昆虫的防卫与攻击行为

防卫即防御（defense），是指任何一种能够减少来自其他动物的伤害的行为。昆虫防卫行为类型繁多，秦玉川（2009）将防卫分为行为防卫、结构防卫、化学防卫、色彩防卫、拟态防卫等。我们根据多年的野外观察，针对昆虫主要的一些防卫行为进行论述，如拟态防卫、色彩防卫、行为防卫（恐吓或威吓防卫、逃遁防卫、转移攻击者攻击部位、隐藏防卫、假死防卫）等。为防卫而产生的攻击（attack）行为是一种被逼迫产生的攻击行动（aggressive behavior），比如为了保障自己的领域（占区）不被侵占所表现的驱逐、攻击等，同时也有主动攻击的行为，具体表现为了食物进行的猎捕攻击、为了获得交配权进行的搏斗等。

第一节　拟　态　防　卫

拟态（imitation 或 mimicry）防卫行为由某种生物、模拟对象和受骗者共同完成，是指一种生物在形态、行为等特征上模拟另一种生物，从而使一方或双方受益的生态适应现象。对捕食性动物来说，被"模拟"者是不可食的，而拟态动物是可食的，因而"模拟"者获得保护自身的好处。这是长期自然选择过程中动物向有利特性发展的结果，根据所拟对象可分为形状拟态（shape mimicry）、颜色拟态（color mimicry）、声学拟态（sound mimicry）、光学拟态（light mimicry）、行为拟态（behavior mimicry）和化学拟态（chemical mimicry）等，这些都属昆虫的防御。形状拟态是指昆虫模拟其他生物（如植物等）或物体来避免天敌危害的现象；颜色拟态指昆虫具有同它的生活环境背景相似的颜色，躲避捕食性动物的视线而使自己得到有效保护的现象；声学拟态指昆虫能发出让其天敌害怕的声音而保护自己，或者发出与其他昆虫类似的声音而混入其他昆虫群体寻求相关利益的现象；光学拟态在萤科昆虫中常见，指某种昆虫模仿其他种类特异性的荧光信号吸引其进入自己的伏击圈而捕食的现象；行为拟态指昆虫具有模拟与其他昆虫相同的习性和行为的现象；化学拟态指昆虫模拟其他昆虫（如社会性昆虫）的化学物质（主要是信息素）从而进入模拟对象的巢穴以获得食物或共生或受保护，或者是肉食性昆虫模拟猎物或寄主的化学物质来欺骗模拟对象的现象。以下为野外观察到的一些拟态防卫行为。

一、拟态树叶、树枝、花等植物器官

拟态植物器官使肉食性动物认为拟态昆虫是不可食的叶片、树枝或花朵等。

枯叶蛱蝶（*Kallima inachus*）（分布于我国中南、华南、西南地区和陕西，以及南亚、日本）最典型，该蝶飞起来时或展翅时（图11-1-a）是一只美丽的蝴蝶；停息时它头部向下，双翅合拢不再扇动，翅的反面似一片阔叶树的叶片，有主脉、侧脉和病斑，其他动物很难发现它（图11-1-b）。

a. 展翅的枯叶蛱蝶；b. 停息时的枯叶蛱蝶。

图11-1　枯叶蛱蝶的拟态

滇叶䗛（*Phyllium yunnanense*）（分布于我国云南）更是拟态昆虫中的高手，其形态与树叶一样（图11-2）。

图11-2　滇叶䗛的拟态

还有一些拟态树叶的昆虫，如分布于我国海南的同叶䗛（*Phyllium parum*）（图11-3）和在树枝上栖息时身体斜立，很像树枝的桑尺蠖（*Mulberry geometrid*）幼虫（图11-4）。

图11-3　同叶䗛的拟态　　　　　　　　　图11-4　桑尺蠖幼虫的拟态

　　拟态鲜花的拟皇冠花螳（*Hymenopus coronatoides*）又名兰花螳螂，分布于我国云南。一方面其拟态鲜花后保护了自己不被鸟类捕食，另一方面它在鲜花丛中捕食，静待前来吸食花蜜的昆虫，其形态如鲜花一样绚丽多彩，成为名副其实的美丽杀手（图11-5）。螳螂捕食时身体颜色变成与周围环境同色，隐藏巧妙，既能躲避危险，保全自己，又能迷惑被捕捉的昆虫，它捕捉猎物时常采用伏击的阵势，当某种昆虫接近时，它一跃而上，猛挥动镰刀状前足向猎物砍去，捕获猎物。螳螂捕虫时，虽然目不转睛地监视前方，但它只能看到动态的昆虫，看不到静物，所以螳螂只取食活的昆虫或其他小动物。螳螂大多在绿色植物丛中捕食，其体色多为绿色。雨林里有很多美丽的鲜花，但是这朵花似乎有些与众不同。其他花朵会随着微风晃动，可是这朵花没有风，也在晃动。原来这是一只拟皇冠花螳（又名兰花螳螂），它每次"赴宴"都会着艳丽的盛装出席，它也是螳螂家族中一个特殊的成员；它的外形酷似花朵，头和腿都像花瓣一样，根本不会被猎物和天敌发现，因为它俨然就是一朵鲜花，它躲在花丛中守株待兔，可以从容地捕食靠近它的猎物。拟皇冠花螳平常更喜欢趴在绿色的草丛中，因为这时它看起来更像植物盛开的花朵，还可以迷惑取食花蜜的昆虫。

图11-5　拟态鲜花的拟皇冠花螳

二、拟态蜘蛛网

　　网丝蛱蝶（分布于我国华南、西南地区，以及南亚、巴布亚新几内亚等地）的翅色近透明，其翅上布满棕色网格，模拟蜘蛛网，其他动物不敢触及（图11-6）。

三、拟态有毒动物

1. 拟态有毒蝴蝶

　　虎斑蝶（*Danaus genutia*）（分布于我国华南、西南、中南地区，以及东亚、澳大利亚）取食有毒植物马利筋（*Asclepias curassavica*）后身体带毒，鸟等取食带毒的虎斑蝶后中毒，以后看到虎斑蝶类似形态后不敢捕食，此恐惧基因会遗传。于是白带锯蛱蝶（*Cethosia cyane*）（分布于我国华南、西南地

图11-6　网丝蛱蝶拟态蜘蛛网

区，以及南亚、东南亚）模拟虎斑蝶使自己不被鸟捕食（图11-7）。

a．白带锯蛱蝶；b．虎斑蝶。

图11-7　白带锯蛱蝶模拟虎斑蝶

红珠凤蝶（*Pachliopta aristolochiae*）（分布于我国南方各地，以及南亚、东南亚）取食有毒的卵叶马兜铃（*Aristolochia tagala*）使体内带毒；玉带凤蝶的雌蝶（*Papilio polytes*）（分布于我国大部分地区，以及东南亚）模拟红珠凤蝶，鸟不会捕食之（图11-8）。

a．红珠凤蝶；b．玉带凤蝶。

图11-8　玉带凤蝶模拟红珠凤蝶

2．拟态有毒蜂

亚非马蜂（*Polistes hebraeus*）（分布于我国河北至广东，以及南亚、伊朗、埃及、毛里求斯等地）有毒针，其他天敌甚至人类都害怕被蜂蜇。黑带食蚜蝇（分布于我国各地）（图11-9-a）模拟亚非马蜂的形态（图11-9-b）。

a．黑带食蚜蝇；b．亚非马蜂。

图11-9　黑带食蚜蝇拟态亚非马蜂

第二节 色 彩 防 卫

一、利用色斑防卫

这类昆虫有猫头鹰环蝶（*Caligo eurilochus*）（图11-10）、其他眼蝶（图11-11）及部分蛾类（图11-12）等，其眼斑与脊椎动物的眼睛极为相似，可以通过突然暴露这些色斑使天敌受惊而延误捕食时机，从而让自己有足够时间逃离天敌，或以此吓退天敌。

图11-10 猫头鹰环蝶　　　　图11-11 东亚矍眼蝶（*Ypthima motschulskyi*）

a　　　　　　　　　　　　　b

a．曲线目天蛾（*Smerinthus szechuanus*）；b．猫目大蚕蛾（*Salassa thespis*）。

图11-12 曲线目天蛾和猫目大蚕蛾

二、依靠保护色与警戒色防卫

这类昆虫以其与栖息环境相似的体色来避敌求生，这种体色叫昆虫的保护色（protective coloration）；而与背景对照鲜明、鲜艳醒目的体色叫昆虫的警戒色（aposematism），可对捕食者动物产生回避作用。

有些蛾类幼虫有炫目的色彩，就是警告捕食者不要触及它。人的肌肤若被刺蛾幼虫刺到，会产生灼烧疼痛感，如桑褐刺蛾（*Setora postornata*）（分布于我国广东等地）幼虫（图11-13）。齿缘刺猎蝽（*Sclomina erinacea*）（分布于我国广东、广西等地）既有保护色又有警戒色，而且全身布满刺突（图11-14），这使天敌不敢捕食它，它却在植物上中层捕食各种昆虫与节肢动物。

图11-13 桑褐刺蛾幼虫　　　　　　　图11-14 齿缘刺猎蝽

第三节 行 为 防 卫

一、威吓防卫

　　恐吓或威吓（threating）防卫是指昆虫利用拟态或色斑或警戒色等，采取恐吓或威吓手段进行防卫，是自然界常见的昆虫防御行为。如大王蛾（*Attacus atlas*）又名蛇头蛾，既有色彩防卫的特点又有拟态防卫特点，更是威吓防卫的典范，其翅反面端部极像蛇头，使鸟等捕食者不敢靠近（图11-15）。

图11-15 大王蛾拟态蛇头

二、逃遁防卫

　　逃遁（escaping）防卫是指昆虫逃离威胁或危险地点以防止受伤害的行为，是昆虫进化过程中形成的最常见的避敌行为，许多昆虫都有这一生存本领。如中国虎甲（*Cicindela chinensis*）是昆虫世界的奔跑冠军，一旦有危险物接近，就会以快速逃走的方式避害。

　　蜻蜓发现有动物接近时都能以极快的速度飞走，其是昆虫世界的飞行冠军。如分布于我国华南地区的巨圆臀大蜓（*Anotogaster sieboldii*）和红蜻（*Crocothemis servilia*）（图11-6）等。

a. 巨圆臀大蜓；b. 红蜻。

图11-16 巨圆臀大蜓和红蜻

三、转移攻击者攻击部位

有些昆虫在长期的进化和危险环境适应中，身体结构形成了一种看似重要（头）而实则非重要部件（翅尾）的现象，当昆虫遇到天敌而无法逃离时，吸引天敌攻击身体的非重要部位，这是昆虫不得已的防卫行为。如银线灰蝶（*Cigaritis lohita*）（分布于我国海南、广东、广西、江西、台湾等地，以及南亚、东南亚）的后翅末端橘红色的斑块特别醒目，好似双头怪（图11-17），可吸引捕食者攻击假头，保护身体要害部位的安全。

图11-17 银线灰蝶橘红色的假"头"

四、隐藏防卫

隐蔽或隐藏（hiding）是昆虫常见的防卫行为，是最容易避开天敌侵害的方法，尤其在热带地区，如海南角螳（*Haania hainanensis*）常生活在林下阴暗处、溪流边，其站在长满苔藓植物的石头上拟苔，与自然背景融合一致，起到极佳的隐藏效果（图11-18）。有些昆虫体色与单一的背景色相似，如纯色绿叶上的绿色螽斯［绿翡螽（*Phyllomimus* sp.）］体色与栖息环境相同，不易被天敌发现（图11-19-a）。有些昆虫的体色与其栖息环境的图案相似，其静伏不动，以此避敌求生，减少遭到鸟类的捕食，如青球螺纹蛾（*Brahmaea hearseyi*）（分布于我国华南、西南，以及南亚、东南亚），其身体镶嵌在树皮与裂纹的背景之中，很难被天敌发现（图11-19-b）；基黄粉尺蛾（*Pingasa ruginaria*）趴在树干上时更是难以被发现（图11-19-c）。

图11-18　海南角螳采取拟苔方式进行隐藏防卫

a. 卧在叶片上的绿翡螽；b. 趴在大树主干上的青球螺纹蛾；c. 趴在树干的基黄粉尺蛾。

图11-19　绿翡螽、青球螺纹蛾和基黄粉尺蛾

五、假死防卫

假死（feigned death）防卫是指昆虫受到突然刺激时静止不动或从原停留处跌落下来呈"死亡"状态，利用多数捕食者只捕食运动中的猎物而对死猎物不感兴趣的习性，避免被攻击而求得生存。许多甲虫有假死习性，鞘翅目的象鼻虫就经常通过假死而获得生存（图11-20、图11-21）。

图11-20　宽喙锥象（*Baryrhynchus poweri*）　　　图11-21　竹象（*Cyrtotracjelus longimanus*）

第四节　攻击行为

攻击行为是指昆虫试图让其他种类昆虫或同种昆虫个体屈服而发生的冲突行为。攻击行为的目的是保护自身利益及其所占领地不被侵犯、捕获猎物／食物，以及获得交配权等。攻击的方式多种多样，有的昆虫使用上颚、爪、针等进行直接对抗或攻击，有的昆虫使用黏液、毒雾、臭气等麻醉或毒杀敌手。例如，遇到侵扰危险时，不管侵扰者体型有多大，胡蜂都会倾巢出动对入侵者进行攻击，将毒针刺入其体内并注入毒液。所以，鸟类等捕食动物不敢碰有黄褐色条纹斑的胡蜂，食蚜蝇拟态胡蜂体色有黄褐色条纹斑就免遭捕杀。具攻击行为的昆虫举例如下。

（1）金环胡蜂（*Vespa mandarinia*）

金环胡蜂攻击广斧螳螂（*Hierodula patellifera*）（图11-22-a）。

（2）中国螳瘤蝽（*Cnizocoris sinensis*）

中国螳瘤蝽常在花中等待并捕获猎物（图11-22-b）。

a. 金环胡蜂攻击广斧螳螂；b. 中国螳瘤蝽捕猎行动。

图11-22　昆虫的攻击行为

（3）蜻蜓

蜻蜓具有奇特复眼，其椭圆形的复眼超过头部的一半，由10 000～28 000个单眼组成，是动物界复眼中单眼最多的虫种。其中，上面的单眼专视远处，下面的单眼专视近处；由单眼组成的复眼视力较差，但对移动的物体反应非常灵敏，在蚊子的飞行速度达到10 m/s时，蜻蜓可在0.01 s内发现并快速捕获飞行中的蚊子。如双鬓环龟春蜓（*Lamelligomphus tutulus*）是追捕蚊蝇的高手（图11-23）。

图11-23　双鬓环龟春蜓

（4）螳螂

螳螂的形态特异，其眼睛突出于三角形头的两侧，胸部细长，可与长颈鹿的长颈媲美，可自由扭摆转动，十分灵活；前足为镰刀状的捕虫足，步行时中足、后足着地，前足举起，昂首慢行，与马相似，呈现出高傲的神态。螳螂属肉食性昆虫，如第七章第一节所述，螳螂虽然目不转睛地监视前方，但只能看到动态的生物，看不到静物，多数螳螂发动捕食攻击时身体颜色变成与周围环境同色，以迷惑被攻击的昆虫，其捕捉猎物时常采用伏击的方式，当某种昆虫接近时，它一跃而上，猛挥动镰刀状前足向猎物砍去，捕获

图11-24　大巨腿螳

猎物。另外，大巨腿螳（*Hestiasula major*）（分布于我国广东）捕捉足内侧有恐怖的大红斑（图11-24），合拢时看不到大红斑，昆虫或小动物从它面前晃动时，它用"带血的镰刀"砍猎物百发百中。但当螳螂遇到危险时，会把头转向捕食者，将翅和足上的鲜艳色彩暴露出来，同时靠腹部摩擦发出"滋滋"响声，这种行为往往可以吓退小鸟。

棕污斑螳（*Statilia maculata*）面对朝鲜黄胡蜂（*Vespula koreensis*）的攻击，在山路上展开了一场殊死搏斗（图11-25），胡蜂死缠烂打，螳螂也不甘示弱，几个回合下来，两败俱伤。螳螂一瘸一拐往草丛爬去，它的2条触角和翅膀被胡蜂咬断。胡蜂也伤得不轻，它趴在地上已不能动弹，估计很快会被蚂蚁吞食。

图11-25　棕污斑螳和朝鲜黄胡蜂间的争斗

（5）褐黄边锹甲

褐黄边锹甲（*Odontolabis femoralis*）针对食肉性齿蛉（Corydalidae）的侵犯，从容迎战（图11-26）。

（6）蚁类昆虫

蚁类昆虫常常因各种原因而发生冲突，在战斗过程中常常用强有力的颚叮咬对方的腿，如齿

图11-26　褐黄边锹甲迎战来犯之敌

突双节行军蚁（*Aeniotus dentatus*）等（图11-27）。

（7）拉步甲（*Carabus lafossei*）

拉步甲等昆虫常常为争食物而发生激烈"战争"（图11-28）。

图11-27　齿突双节行军蚁间的冲突与打斗过程

图11-28　拉步甲为食而战

（8）食虫虻

食虫虻身体强壮、飞行快，且具有良好的信息接收系统，常捕捉体型小的猎物。食虫虻视力好，为了防止猎物挣扎而损伤其大而亮的眼睛，食虫虻复眼周围（特别在前方）长有众多粗大的刚毛（图11-29）。

图11-29　食虫虻攻击并捕获猎物

第十二章　昆虫的求偶与交配行为

为了世代延续，昆虫将进行一系列的、有规律的繁殖活动，有性生殖活动包括异性识别、引诱、求偶、交配、产卵和抚幼（大多数非社会性昆虫的抚幼行为不明显）等。琥珀化石揭示了1亿年前白垩纪昆虫求偶行为（Zheng et al.，2017）。各种昆虫的繁殖一般都有各自的周期性，不同种类的昆虫繁殖季节不同，其引诱、求偶、交配等行为方式也会存在较大差异。性信息素和嗅觉、听觉、视觉信号在昆虫求偶交配行为中的作用十分明显，但目前大多数昆虫的控制机制仍然是个谜。

第一节　寻偶与性信息

如前所述，信息素由体内腺体制造，直接排出散发到体外，信息素依靠空气、水等传导媒介传给其他个体。生物异种之间相互作用的化学物质叫作种间信息素或异种信息素。异种信息素有利己素、利他素、信号素等。同种之间的信息素主要有性信息素（sex pheromone）、聚集信息素（aggregation pheromone）、告警信息素、示踪信息素、标记信息素等。大量研究表明，昆虫寻找配偶的行为与性信息素存在密切关系，信息素起着通信联络作用（Millar et al.，2007）。性信息素是由昆虫腺体分泌/释放的，并能刺激同种异性产生寻偶行为反应的化学物质，昆虫依靠此种物质可使雌虫、雄虫接近，并发生交尾；它又具有种内特异性，只吸引种内个体（Hillier et al.，2004）。一般是被动的雌性分泌散发性信息素，诱引主动的雄性产生性兴奋，但也有些种类是由雄性分泌。蝶类的性信息素或性气味物质，通常从其发香鳞（androconial scales）或香鳞袋（scented pouch）中释放出来（图12-1），发香鳞的嗅腺（olfactory gland）常被翅面的毛丛（hair tufts）覆盖，如凤蝶科穹翠凤蝶（*Papilio dialis*）和弄蝶科刺胫弄蝶（*Baoris farri*）的嗅腺被后翅毛丛覆盖（杨建业 等，2016）。

昆虫的寻偶过程是十分复杂的，首先，长期进化过程中形成的灵敏嗅觉是保证昆虫能从复杂的外界环境中准确寻找配偶的主要感觉模式，昆虫利用嗅觉感器感觉远方异性信息，然后通过远距离定向、

图12-1　青斑蝶（*Tirumala limniace*）的香鳞袋

飞（爬）行并逐渐靠近异性，看到或感觉到异性时也需要再进行近距离定位，最后降落到异性旁边，这样就完成了寻偶过程。除此之外，还有一些其他的寻偶模式。

1. 视觉和颜色信息

视觉在昼行性昆虫（如蝶类、蜻蜓等）寻找配偶时发挥重要的作用。多数蝴蝶拥有艳丽的翅膀，且雌性和雄性的颜色差异大，因此雄性蝴蝶依靠飞行姿势和颜色模式来识别和寻找同种雌性；蜻蜓拥有特大眼睛（相对身体比例而言），同一种的雌性和雄性的颜色也存在差异，因此蜻蜓用眼睛能精准地识别翅的颜色和特定的飞行姿势或轨迹，以此来判别并寻找同种异性。

2. 视觉和光信息

萤火虫等夜行性昆虫通过发光及视觉定位来寻找配偶，不同种的闪光频率是不同的，萤火虫通过光线及其闪光频率来识别和寻找异性；光线的吸引主要用于远距离寻找，而短距离通信仍然依靠对特定的化学信息的感受。

3. 听觉和音频信息

昆虫的听觉通信模式也常见，如蟋蟀、蝉、蜂、蚊等昆虫拥有不一样但都很完美的听觉系统；音频信息对寻找配偶和识别异性有重要作用，而且音频信息可越过一些障碍物，能弥补视觉和嗅觉的短板；不同种发出的声音不同，脉冲频率也不同，昆虫可通过对声音及其脉冲频率的精确识别来寻求异性。

第二节 求 偶

如前所述，同种昆虫是通过对异性释放的化学信息即性信息素的感受、对颜色信息和运动轨迹的识别、对光线及其闪光频率的识别、对声音及其音频信息的识别来找到对象，其找到对象后就向对方求爱，即求偶（courtship）。

一、求偶行为的生物学意义

求偶与交配（mating）使昆虫的世代延续，求偶行为有三个重要的生物学意义。

1. 避免种间杂交

不同种释放的性信息素不同，求偶方式不同，以及交配的时间和高峰不同等，导致不同种之间的生殖隔离（Jennions et al.，1997；Miyatake et al.，1999；Gavrilets，2000），即避免种间杂交。

2. 提高受精率

求偶行为通过神经系统和内分泌激素的作用激发雌雄双方排卵、排精的协调，提高受精率。

3. 确保后代基因优良

求偶过程是双方选择的过程，有时需要雄性之间争斗，胜利者获得交配权。这使后代获得良好的遗传基因，或者说间接地确保了后代优良的遗传性状（Jones et al.，1998）。

二、求偶的方式

求偶是指交配前雌雄一方为了获得配偶而尽力展现其动作，并使另一方做出选择的整个过程（Koganezawa et al.，2016）。对雄虫而言，雌虫是稀缺资源，从而雄虫为争夺稀缺雌虫展开激烈求偶竞争。昆虫种类繁多，求偶的方式也多样，以下为最常见的几种求偶方式。

1. 送礼（present）

送礼求偶行为的科学解释：送礼行为属于求偶中的婚食现象（courtship feeding 或nuptial feeding），婚食现象是指某些捕食性昆虫在交配前，雄性向雌性提供食物，避免本身被吃掉的行为，这也是雄虫对交配的投资，是昆虫长期进化的结果。在婚食交配的昆虫种类中，雌虫能够获得雄虫在交配前提供的丰富婚食以保障其交配过程及之后产卵等行为的营养和能量需求。例如，在交配前蝎蛉雄虫会将唾腺分泌物作为交配期间的营养消耗提供给蝎蛉雌虫（Hayashi，1998）；一种果蝇雄虫（*Drosophila subobscura*）在交配时会反刍植物组织喂食给雌虫（Vahed，2007）。

食虫虻是双翅目食虫虻科（Asilidae）食肉性昆虫的统称，形似大黄蜂，都有粗壮、长着刺的腿，是捕虫的能手；有些雄性食虫虻为了获得与雌性的交配权，先要捕捉昆虫（图12-2-a），并用丝包裹所捕的猎物，然后将猎物作为求偶"礼物"送给雌性虻虫，最后完成交配（图12-2-b）。

a. 雄性食虫虻捕到猎物；b. 雄性食虫虻送礼后与雌性食虫虻交配。

图12-2　食虫虻的婚食现象

蟋类的双重礼：雄性树蟋振动翅膀，用悦耳的声音吸引雌虫，当雌虫寻着声音靠近后，雄性树蟋会突然翘起翅膀，露出背部的腺体，如云斑金蟋（*Xenogryllus marmoratus*）（图12-3），该腺体能分泌可供雌虫舔食的物质（第一份礼物），通常雌虫都会毫不犹疑地扑上去舔食，而在雌虫舔食的时候，雄虫正好顺势与其交配。交配后的雄虫会给雌虫留下一个充满营养的精包，图12-4为正在交配的长瓣树蟋（*Oecanthus longicauda*）及雄虫展示精包，而精包就是雄虫的第二份礼物。

图12-3　云斑金蟋在振翅发声　　　　　　图12-4　长瓣树蟋交配

2. 求偶炫耀（courtship display）

炫耀也是较常见的一种求偶方式。通常，求偶炫耀的雄虫通过释放能作用于长距离范围的性信息素吸引雌虫到求偶场所，然后开始一系列的行为表现（Shelly，2001），如挥舞翅膀并炫耀翅上的"眼状斑点"吸引异性（Costanzo et al.，2007）；炫耀内容各式各样，主要有身体及翅的颜色，以及由各种颜色组成的斑纹图案、强壮的身体、健美的舞姿、触觉的信号等方面。雌虫根据求偶炫耀的雄虫的行为表现，选择表演行为最佳的雄虫进行交配（Benelli et al.，2012，2014）。

（1）炫耀各种颜色的斑纹图案

这种行为在鳞翅目蝶类昆虫中最为常见，蝴蝶常向异性展示其绚丽的色彩、巧美的身段和着生于翅上的复杂斑纹图案（图12-5），以求获得异性的认可。

a. 红锯蛱蝶（*Cethosia biblis*）；b. 翠蓝眼蛱蝶（*Junonia orithya*）。

图12-5　蝴蝶通过炫耀翅的各种颜色的斑纹图案求偶

（2）炫耀优美的舞姿和蝶吻

蝴蝶除展示艳丽的色彩外，常以跳独特的求婚舞蹈（dancing）来吸引异性，颤抖翅膀即振翅（flutter）让翅有节奏地张合运动；有时在求偶进程中，雌雄蝶近距离接触时，常用触角交流（antennal communication）和用头部碰触对方，让对方感觉自身的芳香味道即"蝶吻（butterfly kiss）"（图12-6），如果对方接收，即求偶成功。

（3）炫耀强壮的体魄

在异性面前展示其强壮的身体也是昆虫求偶的重要方式。如素吉尤犀金龟（*Eupatoru sukkiti*）（分布于我国云南等地）的雄虫在雌虫面前，为取得交配权而展示其强壮的身体（图12-7），同时利用身体接触和碰撞，让对方感受求偶的意愿。具强壮体魄的吉尤犀金龟等昆虫求偶更易成功，一旦求偶成功，就能使其强势或优势基因一代代遗传下去。

图12-6　酥灰蝶（*Surendra vivarna*）的"蝶吻"　　图12-7　素吉尤犀金龟为求偶展示体魄

3. 情斗或抗争（struggling）

情斗·是昆虫世界的一种最激烈、最残酷但也很现实和普遍的一种求偶方式。雄虫间为争夺雌性而进行激烈情斗，胜利者获得交配权，如黄粉鹿角花金龟（*Dicranocephalus wallichii*）雄虫之间为取得交配权而争斗（图12-8）。又如多带天牛（*Polyzonus fasciatus*）的雄虫围在雌虫周围，为了取得交配权而互相挤撞（图12-9）。

a. 黄粉鹿角花金龟搏斗场景；b. 获胜者的欢乐动作。

图12-8　黄粉鹿角花金龟雄虫之间为取得交配权的争斗

锹甲是鞘翅目锹甲科（Lucanidae）的统称，为金龟总科甲虫中一个独特类群，以其触角为肘状，上颚（牙齿）发达（雄虫上颚尤其发达）、多似鹿角状而区别于其他各科；其强大的上颚是作战的重要武器（图12-10），雄锹甲之间为争夺雌性而进行的争斗更是激烈（图12-11），其巨型大颚常被竞争对手咬伤，雌性最后与胜利的雄锹甲交配。

图12-9　多带天牛为取得交配权而互相挤撞

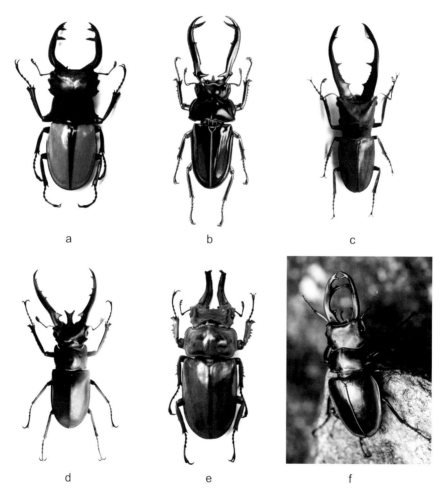

a. 红头锹甲（*Odontolabis* sp.）（分布于加里曼丹岛）；b. 弓齿红鞘长锹甲（*Rhaoluluasdideri*）（分布于智利）；c. 玛氏锹甲（*Cyclommatu montquellus*）（分布于印度尼西亚等地）；d. 巨叉锹甲（*Lucanus planeti*）（分布于我国海南、云南，以及越南）；e. 武士锹甲（*Allotopus rosenbergi*）（分布于印度尼西亚）；f. 褐黄边锹甲（分布于我国广东等地）。

图12-10　一些锹甲类昆虫为情斗使用强大的武器——极发达的上颚

图12-11　鹿黑角锹甲（*Dorcus parryi*）为获得交配权而打斗

4. 纠缠（persistence for tracking）

有些雄性昆虫在展示自己的各种本能和优势后，仍然不被雌性相中，它就采用死缠烂打的手段，对雌虫穷追不舍，直至达到目的。

5. 特殊的信息素刺激（special pheromone stimulation）

昆虫通过释放特殊的信息素，影响对方的生理反应，激发异性的求偶兴趣，以达到求偶目的。

三、求偶过程

在昆虫的求偶过程中，雌性和雄性昆虫具有不同的行为表现，被称为性别二态现象（sex dimorphism）（Greenspan et al.，2000），这些行为信息受到一系列性别相关基因调控，并表现为受性别二态型神经系统调控。多数情况下，是雄虫求偶雌虫。

1. 蛾类昆虫求偶过程

（1）日行性蛾类

吴海盼等（2021）对朱红毛斑蛾（*Phauda flammans*）的求偶行为过程特征进行了细致观察：朱红毛斑蛾雌雄虫仅在光期求偶，求偶行为包括爬行（crawling）、飞行（flying）、侦测（detecting）、触角交流、振翅、暴露生殖器（exposed genital）、尝试交配等系列步骤。雌虫在寄主植物上寻找到合适的位置后，开始静止等待雄虫，在此期间，雌虫常无规律快速震颤腹部，其腹部末端偶尔翘起；与此同时，雄虫飞行搜索雌虫，当飞抵雌虫附近时，雄虫继续爬行，并快速摆动触角侦测雌虫位置；待雄虫准确定位雌虫后，雄虫立即表现出明显的求偶行为，包括用触角不停敲击雌虫触角和身体，雄虫在雌虫周围快速振翅，其腹部高高翘起几乎垂直于地面，然后暴露阴茎试图与雌虫交配；雌虫若接受该雄虫的求偶，则立即接受交配；雌虫若不接受该雄虫的求偶，则快速爬行以挣脱雄虫的包围，而雄虫则穷追不舍，并重复上述求偶行为，试图再次与雌虫进行交配，若雌虫接受该雄虫的再次求偶则立即交配，否则雌虫飞走，雄虫需重新寻找和定位其他雌虫。

斑蛾科其他昆虫的求偶行为和节律与朱红毛斑蛾相似，如大叶黄杨长毛斑蛾（*Pryeria sinica*）（沈国良 等，2007）、朱颈褐锦斑蛾（*Soritia leptalina*）（唐晓琴 等，2017）、云南锦斑蛾（*Achelura yunnanensis*）（田茂寻 等，2018）等。

（2）夜行性蛾类

蝙蝠蛾科（Hepialidae）的巨疖蝙蛾（*Endoclita davidi*）成虫白天不活动，仅晚上活动。李幸等（2021）的控制试验显示，巨疖蝙蛾的求偶行为仅发生在暗期，一旦进入黑暗环境，巨疖蝙蛾就很快由静息状态进入求偶前期的活动状态，此时间间隔≤5 min；雄蛾通过振翅并展开气味刷的方式求偶，在进入暗期的 5～10 min 求偶行为发生的频次最高（包括求偶过程中雌、雄蛾的多次掉落）；一旦雌、雄蛾腹部末端相接触，即可进行交尾。同时，发现求偶行为随虫龄的变化而变化，1日龄雄性巨疖蝙蛾一进入暗期即表现求偶行为，且日求偶率在2～3日龄达到高峰，2日龄求偶率可达 87.33%，随后求偶率随虫龄的增加逐渐降低，7日龄后的雄蛾求偶行为极少见。麦蛾科（Gelechiidae）的红铃虫（*Pectinophora gossypiella*）雌蛾的求偶、交配行为也均发生在黑暗条件下，但雌蛾求偶行为在黑暗处5 h 后开始，7～9 h 达到高峰（许冬 等，2020）。

2. 蝇类昆虫求偶过程

（1）实蝇

在实蝇中存在一雄多雌制（male dominance polygyny），大多数的离腹寡毛实蝇属（*Bactrocera*）昆虫的求偶系列行为可分为3个关键的阶段（Poramarcom et al.，1991）：①驱赶其他雄虫。雄成虫为保卫其求偶场避免其他雄成虫侵入会驱赶其他雄虫。同时，雄成虫通过产生的性信息素嗅觉信号、翅振动的听觉信号，以及视觉信号来吸引雌成虫。②相遇。雄成虫附近的单个雌成虫在求偶场降落并爬向雄成虫。③交配。雄成虫感受到雌成虫并进行一次或多次交配的尝试。

（2）三叶斑潜蝇（*Liriomyza trifolii*）

三叶斑潜蝇是一种一雌多雄制（famale dominance polygyny）的物种，其求偶过程基本分为接近、识别、接受、交配等步骤。殷利鑫和王伟（2021）的观察研究指出，三叶斑潜蝇的求偶行为十分精细，雌雄成虫之间要经过充分的识别后，才能相互接受并完成交配，其典型的求偶过程可分为以下步骤：①接近。雄蝇从各个方向向雌蝇接近（分快速接近、缓慢接近和追逐接近）。②识别。雄蝇在雌蝇附近停住，双方进行交配识别（靠视觉和听觉，可能还利用嗅觉）。雄蝇振动身体进行求偶，雌蝇回应（回应机制不明确）。③交配尝试。雄蝇爬上雌蝇身体进行交配尝试（如果步骤②识别错误，将结束交配尝试。此时雌蝇仍可能拒绝雄蝇，表现为爬动将雄蝇甩下）。④接受交配。两虫不动，开始交配。

3. 象甲类昆虫求偶过程

象甲，俗称象鼻虫，是鞘翅目象甲科（Curculionidae）昆虫的总称；为动物界种类较多的科之一，全世界已记载60 000种以上，中国已记录超过1 000种；头部前面有特化成和象鼻一样长长的口器是象甲类昆虫的重要特征。

昆虫行为：
观察与研究

140

纪田亮（2018）对红棕象甲（*Rhynchophorus ferrugineus*）的求偶交配行为进行过全过程观察记录，现将整个过程归类如下。①寻找雌虫。在求偶前期，雄虫一般表现比较活跃，会积极主动地寻找雌虫，在性信息素等刺激条件下，雄虫开始有目标性地接近雌虫。②雌雄相遇。有42.28％的情形雌、雄成虫是相向相遇，彼此能用喙或触角相互触碰到对方，而有57.72％的情形雌、雄成虫是同向相遇，雄虫能用触角拍打到雌虫的鞘翅。③触摸和感知。在雌、雄虫相遇时，雄虫在接触到雌虫之前会有一个持续时间为1～2 s的停顿；雌、雄虫在近距离接触后均意识到对方的存在时，雄虫会尝试用喙、触角或者前足触摸（可能也会释放特别的信息素信号）并试探雌虫的求偶意愿。④雌虫抉择。雌虫接收到雄虫的各种求偶信号后，会选择是否接纳雄虫，有14.15％的雌虫会通过主动逃避、远离雄虫等方式拒绝求偶，而有交配意愿的雌虫会原地不动或缓慢爬开。⑤雄虫跨背和抱握。当雌虫有接受雄虫求偶的意愿后，雄虫会迅速从雌虫的正前方（需转身，调整位置）、后方和两侧这三种位置爬跨到雌虫的背面；然后用前足抱握雌虫的后胸，并用前足的跗节紧紧抓住雌虫前胸背板两侧或者背板与鞘翅的连接处。⑥雌虫检验雄虫体能。在雄虫跨爬过程中，多数雌虫（75.25％）为检验雄虫的体能会背负着雄虫爬行，雄虫则会紧紧抱住雌虫防止其逃跑（但仍有53.72％的雌虫能够挣脱雄虫的跨爬而离开，继续无规则活动），经过爬行后，背上仍有雄虫的雌虫会安静下来并静止不动，说明雌虫已完全接受了雄虫的求偶。⑦姿势调整和调情。雌虫接受求偶后，雄虫会迅速调整自身的位置达到与雌虫重叠的状态；在调整姿势过程中，雄虫会伸出红棕色阴茎，让阴茎末端抵在雌虫腹部末端（部分雄虫会多次重复尝试阴茎插入动作），进一步激发雌虫性欲望，等待雌虫允许交配的时机。⑧交配。时机成熟时，雄虫会将阴茎完全插入雌虫的交配囊进行交配，并保持这一姿势直至结束。⑨交配后的雄虫行为。完成交配后，少部分雄虫会直接离开雌虫，各自继续活动，而大部分雄虫有对雌虫配后保护的现象，主要以两种方式：一种是雄虫继续在雌虫的背部停留一段时间，期间雄虫会反复将阴茎插入雌虫的交配囊，另一种是雄虫会停留在雌虫周围，等待一段时间后再离开雌虫，各自活动。以上过程①至⑥属求偶过程，过程⑦至⑨为交配过程。

4. 蝶类昆虫求偶过程

大多数种类的蝴蝶为雄蝶主动追求雌蝶，但也有例外。丛林斜眼褐蝶（*Bicyclus anynana*）出生于湿润季节时是雄蝶主动求偶，而出生于干燥季节时雌蝶为主动求爱者（Costanzo et al.，2007）。蝴蝶种类繁多，但其求偶方式仍有固定的一般模式过程（Scott，1972）。蝴蝶的求偶主要分寻游型和等候型2种类型，等候型种类的雄蝶多有占域（territoriality）习性或行为，如蛱蝶类，它选择一个地点长时间等候，这个地点通常是雌蝶常去或必经之地；寻游型种类的雄蝶则会在栖息地内巡回飞行，主动寻求雌蝶交配，如凤蝶和粉蝶（陈晓鸣 等，2008）。有些蝶种可同时具有这2种求偶策略，即部分雄蝶以寻游方式获得雌蝶，部分雄蝶则等候雌蝶进入自己的占区（Alcock et al.，1987；Brown et al.，1990；Bennett et al.，2012）。

枯叶蛱蝶的求偶过程属典型的等候型求偶，通过多年的野外调查观察，尤其在广东南岭国家级自然保护区内的树木园（海拔500 m）和八宝山保护站（海拔1 000 m）连续14年（2006—2019年）的固定样线调查和观测，将枯叶蛱蝶的求偶过程归纳如下（图12-12）。

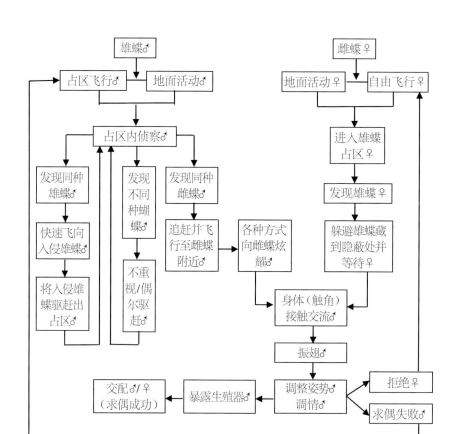

图12-12　枯叶蛱蝶的求偶过程

枯叶蛱蝶的求偶过程分为多个步骤。①确定占区。在求偶之前确定自己能有绝对竞争优势的、固定的占领区域或空间，占区大小依时间和生态条件不同而不同，一般在河沟开阔区域枯叶蛱蝶的占区半径大于30 m（根据多次枯叶蛱蝶驱赶同种雄蝶的活动范围进行估算得出），而在森林中占区范围要比河沟地段小。②在占区活动并积极保卫领域。由于领域使用是排他性的，为了提高求偶成功的概率，枯叶蛱蝶的雄性成虫，以在占区飞行、地面各种活动为手段，对领域进行积极保卫，驱逐同种雄蝶，不理或偶尔驱逐异种蝴蝶。③侦探。不断在领域范围内进行侦探活动，用视觉寻找进入自己领地的同种雌蝶，用嗅觉感觉并判断同种雌蝶离自己领域的距离。④发现同种雌虫。枯叶蛱蝶雌虫一旦进入雄蝶占区，很快就会被雄蝶发现，雄蝶追赶并飞行至雌蝶附近，并且可能对雌蝶发出信号。⑤炫耀。利用自身（尤其翅）的色彩炫耀，翅膀有节奏地张合（舞动翅膀），当雌蝶没有离开的迹象时，雄蝶会进一步靠近雌蝶。⑥身体（触角）接触交流。雄蝶和雌蝶接触时，常用触角交流，雄蝶可能还释放特殊的信息素物质，诱导雌蝶的求偶兴趣。⑦姿势调整和调情。雌蝶不走并有求偶意向时，雄蝶振翅并调整姿势便于交配，此时雌蝶和雄蝶头部方向一致，雄蝶腹部弯曲，暴露生殖器试探与雌蝶腹尾部接触，雌蝶几乎不动。⑧交配。雌蝶愿意交配时便可进行交配，否则，雌蝶会飞走，拒绝交配。过程⑥和过程⑦花费的时间很短。

对于寻游型种类的蝴蝶（凤蝶等）来说，其求偶过程与枯叶蛱蝶相似，只是没有确定占区和在占区活动并积极保卫领域这两个步骤。

第三节　交　配

交配是指生物的生殖细胞进行交换，导致其受精和繁殖的活动，是有性繁殖昆虫繁衍后代所采用的重要方式。昆虫主要存在4种典型的交配模式，分别为一雄一雌制、一雄多雌制、一雌多雄制和多雌多雄制（John，1984）。昆虫交配过程和方式是多种多样的，一些蝇类和甲虫的求爱（求偶）行为是非常复杂的，包含了一系列异性之间对特定刺激的反应，但其交配行为非常简单（秦玉川，2009）。交配行为一般发生在同种昆虫的雌、雄虫间，但也有些例外，如红棕象甲雄虫之间存在有明显的雄—雄交配行为（纪田亮，2018）。对具有同性性行为的昆虫来说，选择同性交配的最大、最显而易见的代价是失去繁衍后代的机会（明庆磊 等，2016）。

一、求偶交配场所选择和交配过程

1. 交配场所选择

求偶场即竞偶场（lek），指一个物种的2个或多个雄性聚集于此，通过不同类型的炫耀表演或演示，以达到求偶交配这一目的的场所。实蝇科求偶场主要是几头雄虫聚集起来建立自己的领地，橘小实蝇争夺并保护求偶场发生在16：00—17：00（Shelly et al.，1991），在这个阶段，雄虫与雄虫之间通常用头部，以及翅作为竞争工具来争夺并保护领地使其作为求偶地点，且橘小实蝇雄虫倾向于远离边缘区域，栖息在树中间的叶片上。三叶斑潜蝇更喜欢在保鲜（近似活体植株）的寄主叶片上进行交配（殷利鑫 等，2021）；朱红毛斑蛾交配地点多为寄主植物叶背和枝干上（吴海盼 等，2021），多数昆虫在植物的某个部位进行交配（图12-13-a），但也有些昆虫甚至选择在空中的钢丝绳上进行交配，如绿鳞象甲（*Hypomeces squamosus*）（图12-13-b）。我们通过多年观察发现，蝶类多在晴朗的白天（9：00—17：00）进行交配，而在阴雨天及低温天很少交配；蝶类交配场地多数为树叶、花朵、树枝上，也有在地面交配的。

a. 天牛类昆虫在植物某部位交配；b. 绿鳞象甲在空中的钢丝绳上交配。

图12-13　天牛类和象甲类昆虫的交配

2. 交配过程

（1）蝶类

雌雄成虫求偶成功后，便会进入交配阶段，如前述的枯叶蛱蝶；当枯叶蛱蝶雌蝶拒绝交配而飞走后，雄蝶一般不会再去追求，而是停下来休息（周成理 等，2005）。寻游型蝴蝶如一些凤蝶、斑蝶，当雌雄蝶达成交配共识时便可交配，雄蝶飞至雌蝶一侧将尾端弯向雌蝶尾部，约30 s后即进入交配状态，此时如受到干扰，雌虫可拖着雄虫飞离，另寻他处（王翻艳，2015）。中华虎凤蝶则是不断振翅，然后将腹部弯向雌蝶腹部末端，如雌蝶将腹部末端稍向上翘起，就能顺利地进行交尾；交配中一般雌上雄下呈"一"字形，也有相互抱握、雄蝶抱握雌蝶等多种姿势，双翅平展或叠合（袁德成 等，1998）。

研究员顾茂彬经近60年的观察，发现大多数蝶类雌蝶羽化后不久，就与寻觅而来的雄蝶完成交配任务；当有雄蝶追来时少数未交配的雌蝶一般在树叶上停下，只需数秒钟便与雄蝶交配。若雌蝶已经交配过而不愿与雄蝶交配，遇到雄蝶拼命追赶或打圈，就停在树叶或地面，让尾端高高翘起，使雄蝶无法进行交配。未见蝶类在飞行中交配情况。

（2）蛾类

叶碧欢等（2014）发现笋秀夜蛾（*Apamea apameoides*）的交配行为发生在求偶行为之后，雌虫产卵器外伸至垂直状，且保持此姿势等待雄蛾前来交配。雄虫寻觅到等待交配的雌虫后，将腹部伸至雌蛾腹部附近左右摆动，张开抱握器试图交配，当雄蛾抱握器成功夹住雌蛾腹部末段，且雌虫未拒绝时，雄蛾即转身与雌蛾成"一"字形（或近似"一"字形）交配姿势成功交配。

（3）蟋蟀类

王丹等（2015）对双斑蟋（*Gryllus bimaculatus*）求偶交配过程进行了描述，即当雄性蟋蟀对雌性蟋蟀求偶成功后，雌性蟋蟀在雄性蟋蟀的周围慢慢地爬行，雄性蟋蟀随之转换身姿，用尾部对准雌性蟋蟀的头部下方并慢慢倒退；当雌性蟋蟀不动时，雄性蟋蟀会趁机倒退钻到雌性蟋蟀身体的下方，雄性蟋蟀尾端向上翘对准雌性蟋蟀的生殖孔处，排出1个精包，并将该精包挂到雌性蟋蟀产卵管基部的生殖孔上，完成交配；雌性蟋蟀随后离开。雄性蟋蟀排出的精包内储存有一定量的精子，这些精子会从精包中释放出来，通过生殖孔进入雌性蟋蟀体内。

（4）金龟子类

金龟子是鞘翅目金龟总科（Scarabaeoidea）的通称。如白星花金龟（*Protaetia brevitarsis*）的交配行为分为爬背、抱对、交配3个连续过程。雌雄成虫相遇后，雌虫若不反抗，雄虫则会迅速完成爬背，将生殖器插入雌虫体内，完成交配（王萍莉 等，2018）；交配过程中若遇外界声音或强光干扰，雄虫会立即抽出生殖器，停止交配。交配完成后，部分雄虫对雌虫还有配后保护行为（post-copulatory guarding behavior），即保持抱对的姿势行走或静止，偶尔还出现雄虫用后足拍打雌虫尾部的现象。

昆虫种类繁多，交配过程基本相似，大多经历求偶成功、各种方式的身体接触、雌虫不动、雄虫将生殖器插入雌虫体内等过程。

二、交配节律及交配的影响

1. 交配节律

昆虫的生殖行为具有一定昼夜节律性，其发生由内在的生理因素决定，也受一些外界因子调节控制（Hou et al.，2000；舒金平 等，2012）。大多数关于鳞翅目昆虫生殖行为的研究结果表明，雌性成虫羽化、求偶交配与性信息素合成释放的时辰节律密切相关，二者之间具有协同一致性（张坤胜 等，2012）。有些昆虫只有在雌虫体内性信息素达到一定浓度后，才可以启动其求偶行为，如六星黑点豹蠹蛾（*Zeuzera leuconolum*）雌虫性信息素分泌量随黑暗时间的延长逐渐上升，并在暗处理5 h后达到最大，之后雌蛾才进入求偶高峰期（暗期5.68 h）（刘金龙 等，2013）。而在外界干扰（如连续光照）下有些昆虫（如枣黏虫）交配行为降低，以及变得无节律（韩桂彪 等，2000）。

从表12-1看出，多数昆虫在羽化后的当天就能交配，而且多数在2日龄时达到交配高峰，但结束交配的日龄差异较大。同时，表12-1显示：无论是夜行性昆虫还是日行性昆虫，甚至同一类昆虫（如蛾类）的不同种，它们的初始交配时间都存在较大差异；多数昆虫在一天中交配的高峰期只有1个时间段，但也有些昆虫（如白星花金龟）出现2个交配高峰时间段；各种昆虫交配高峰期出现的时间也相差甚远。这些现象是不同种类昆虫在经过长期的协同进化后的结果，其求偶交配出现的时间存在较大差异，也是昆虫对环境产生适应性的表现，是生殖隔离的一个重要机制（Sobel et al.，2010）。

2. 交配的影响

（1）对昆虫寿命的影响

多数昆虫随着交配次数的增加，雌虫的寿命缩短（Arnqvist et al.，2000）。但是，多次交配对雌虫寿命的影响极为复杂，涉及交配行为的物理损伤和精液附带的其他物质影响等方面（王保新 等，2011；Dinesh et al.，2013）。蝶类成虫的生命短暂，其终期目标就是获得交配，完成繁衍，如金斑喙凤蝶雄虫在交配后不取食，活动能力逐渐减弱，在第5天死亡（何达崇 等，2000）。蛾类昆虫在交配后，雌虫和雄虫的寿命均有减少的趋势（表12-1）。如麻楝蛀斑螟（*Hypsipyla robusta*）未交配雌虫的平均寿命为（5.87 ± 1.63）天，未交配雄虫的平均寿命为（5.03 ± 1.77）天；交配雌虫的平均寿命为（3.73 ± 1.16）天，交配雄虫的平均寿命为（2.93 ± 1.33）天（马涛 等，2014）。

（2）对昆虫行为的影响

昆虫在交配过程中，雄虫把精液导入雌虫体内，但雄虫精液中的化学物质能抑制雌虫性信息素的释放（Foster，1993），从而导致雌虫性信息素释放量的减少；甚至导致雌虫性信息素产生的永久性失活（司胜利 等，2000）。如交配后雄蛾会将性附腺等肽类化合物输送给雌蛾，从而抑制雌蛾性信息素的产生（张坤胜 等，2012）。另外，对具有多次交配特性的昆虫来说，雌虫的交配经历可能会对下次求偶行为起到一定的主导作用，而交配后雌虫的性信息素减少导致其求偶行为减少，也可提高同种其他未交配雌虫个体的成功交配概率（黄衍章 等，2018）。

表12-1 不同种昆虫交配节律及对寿命的影响

虫种	交配光环境	交配日龄/天			交配时间		雌虫交配次数		交配持续时长	交配后寿命	
		初始	高峰	结束	起始	高峰	一生	一日		雄虫	雌虫
白星花金龟（王萍莉 等，2018）	全天	1	—	—	全天	12:00—14:00 和 20:00—22:00	多次	—	95~295 s	—	—
枣黏虫（Ancylis sativa）（韩桂彪 等，2000）	暗期	1	3	>6	暗期4.5 h	暗期6~8 h	1~3次	—	3~4 h	—	—
红铃虫（许冬 等，2020）	暗期	1	1	>16	暗期6.5 h	暗期8~9 h	2~13次	—	—	减少	减少
大帛斑蝶（Idea leuconoe）（王翻艳，2015）	光期	6	9	—	早于12:00	12:00—14:00	多次	—	10 h	—	—
红棕象甲（纪田亮，2018）	全天	1	1~9	>14	全天	白天	多次	13次	10~763 s（平均111s）	增加	增加
三叶斑潜蝇（殷利鑫 等，2021）	光期	1	—	—	6:00	8:00—14:00	1~2次	—	10~30 min	—	—
笋秀夜蛾（叶碧欢 等，2014）	暗期	1	3	7	暗期1.2~3.5 h	暗期4.8~5.5 h	—	—	71~96 min	减少	减少
巨疖蝙蛾（李幸 等，2021）	暗期	1	2	7	暗期≤5 min	暗期10~25 min	多次	1次	1~71 s（平均10 s）	—	—
朱红毛斑蛾（吴海盼 等，2021）	光期	1	—	—	10:00	14:00—16:00	1次	—	16 h	—	—
棕黄枯叶蛾（Trabala vishnou gigantina）（王世飞 等，2016）	暗期	1	2	6	2:00	3:00—4:00	1次	—	12~17 h	—	—
马尾松毛虫（Dendrolimus punctatus）（周康念，2013）	全天	1	1~2	5	1:30	5:30—21:00	1~2次	—	16~24 h（平均18 h）	减少	减少
二化螟（Chilo suppressalis）（戴长庚 等，2020）	暗期	1	—	—	暗期1 h	暗期1~2 h	1次	—	1~5 h（平均2.7 h）	—	—
麻楝蛀斑螟（Hypsipyla robusta）（马涛 等，2014）	暗期	2	—	>3	23:00	23:00—3:00	1次	—	50~200 min	减少	减少
微甘菊颈盲蝽（Pachypeltis micranthus）（泽桑梓 等，2017）	光期	—	—	—	8:00	15:30—18:30	1次	—	340~380 min	—	—
梨小食心虫（Grapholita molesta）（张国辉 等，2012）	光/暗期	3	—	—	16:00	17:00—21:00	多次	—	11~35 min（平均22 min）	—	—
木毒蛾（Lymantria xylina）（左城 等，2020）	光/暗期	1	—	>3	5:30	21:00；0:30	1次	—	—	—	—
绿翅绢野螟（Diaphania angustalis）（张王静，2021）	暗期	2	4~6	>9	暗期1 h	暗期4~6 h	1次	—	30~210 min	无影响	—
草地贪夜蛾（Spodoptera frugiperda）（张罗燕 等，2021）	暗期	1	2~5	9	0:00	4:00—8:00	0~多次	6次	50~180 min	无影响	—
双委夜蛾（Athetis dissimilis）（董少奇 等，2021）	暗期	2	3	6	21:00	3:00—7:00	—	—	15~105 min（平均47 min）	—	—

三、交配方式

1. 交配次数、交配持续时间

（1）交配次数

绝大多数情况下，雌蝶只交配或只愿意交配一次，而雄蝶则可进行多次交配（如中华虎凤蝶等），在养殖条件下，有些蛱蝶的雄蝶能进行多次交配。大多数绢蝶种类的雌蝶在交配完成后，会在交配囊开口处形成一枚革质的"臀袋"，以此阻止再次交配；中华虎凤蝶雌蝶完成一次交尾后在腹部末端形成薄膜状封瓣。除了逃离外，已交配过的雌蝶还以快速扇动翅膀、将腹部向上翘起等多种形式拒绝交配。朱红毛斑蛾雌雄成虫一生均只交配1次，为日行性的单配制蛾类；另外夜行性的麻楝蛀斑螟等也是单配制蛾类。然而，还有许多昆虫具有多次交配的行为，次数也因虫种不同而不同（表12-1）。

多次交配（multiple mating）是指与同一个对象或不同对象进行交配次数在2次及以上的交配行为。雌虫和雄虫在生殖过程中都力争将自己的生殖成功率最大化，雌虫在交配次数的进化过程中也是积极的（Hosken et al.，1999）；多次交配成为昆虫采取的一种典型的繁殖策略，广泛存在于昆虫许多种类中。昆虫通过多次交配可以增加其繁殖量，且这种受益归功于雄性在多次交配中的精液物质贡献，而且这种影响效应与雄性精液的营养和刺激有关（Li et al.，2002；Wang et al.，2006；Hsienfen et al.，2007；King et al.，2010）。但多次交配也需付出一定的成本，如降低雌虫个体的适合度（Wigby et al.，2009；Avila et al.，2011）、增大雌虫感染病原菌的风险（Crudgington et al.，2000；Fedorka et al.，2004）、影响雄虫精液传输（Chapman et al.，1995）、缩减寿命（Parker et al.，2010）等。从获益与代价权衡角度来考量，雌虫会将接受的交配次数调整到适度的中间值，从而获得最佳的生殖适合度（张翔，2015）。

（2）交配持续时间

表12-1显示不同种昆虫交配持续时间存在数量级的差别。如盲蝽科是昆虫纲半翅目中最大的科，不同种每次交配持续时间差异非常显著：中黑盲蝽（*Adelphocoris suturalis*）平均只有30 s（罗静 等，2012），豆荚草盲蝽（*Lygus hesperus*）约为90 s（Wheeler，2001），原丽盲蝽（*Lygocoris pabulinus*）为2 min（Groot et al.，1998），矮小长脊盲蝽（*Macrolophus pygmaeus*）平均有（4.1±0.2）min（Franco et al.，2011），薇甘菊颈盲蝽为（343.1±95.4）s（泽桑梓 等，2017），*Ozophora baranowskii* 持续（65±9）min，而 *O. maculata* 为（118±13）min（Rodríguez-Sevilla，1999），烟盲蝽则能达到3 h以上（Franco et al.，2011）。对于大多数种类的雌蝶来说，其交配前期（羽化到交配）为1~6天，在此阶段，雌蝶尽量避免交配。交配持续时间受蝶种、蝴蝶身体大小、交配日龄等的影响，如粉蝶科蝴蝶交配时间的长短受蝴蝶平均大小的影响（Rutowski et al.，1983）；统帅青凤蝶交尾时间长于30 min（王梅松 等，2000）；枯叶蛱蝶交配时间一般为3~6 h，有时长达24 h（周成理 等，2005）。择丽凤蝶（*Papilio zelicaon*）未成熟、老的或二次交配的雄蝶较成熟、年轻的或初次交配的雄蝶交配时间延长（Sims，1979）。

　　红棕象甲雌雄成虫一次完整的交配持续时间长短不一，没有明显的规律，由最短的10 s到最长的763 s不等；雌雄成虫在全天任何时间内都可以进行交配，无明显的高峰出现；但当红棕象甲雄虫面临交配竞争（mating competition）时，其交配潜伏期会显著延长（纪田亮，2018）；改变交配时长也是雄虫面对交配竞争时所采用的一种常用策略，当有其他雄虫在旁时其交配时间会延长，无其他雄虫存在时其交配时间会缩短（Bretman，2009；Kim et al.，2012），交配时间延长能提高雄虫精子与雌虫卵子结合的概率（Garbaczewska et al.，2013）。

2. 交配姿势

　　昆虫交配的姿势多种多样，交配时雌雄虫都静止不动。不少种类雌雄虫头部朝向相反，尾部相接呈"一"字形或近似"一"字形（如麻楝蛀斑螟、栎黄枯叶蛾、笋秀夜蛾等）；矮小长脊盲蝽和烟盲蝽雌雄虫体也各朝不同方向呈180°角（李彬 等，2020）。有些昆虫交配时，虫体各朝不同方向，如薇甘菊颈盲蝽雌雄虫体呈130°～180°角（泽桑梓 等，2017）；中黑盲蝽雄虫与雌虫将生殖器并列后，两者呈45°～90°角（罗静 等，2012）；豆荚草盲蝽交配时雄虫将其左后足放到雌虫的半鞘翅上，接着将身体旋转45°，雄虫位于雌虫右侧（Wheeler，2001）；朱红毛斑蛾交配姿势多呈"一"字形或"V"形（吴海盼 等，2021）；而白星花金龟、红棕象甲等的交配姿势多为背负式（王萍莉 等，2018；纪田亮，2018）；大帛斑蝶交配姿势有"一"字形和并排形，双翅叠合或展开（王翻艳，2015）。另外，少数雌雄虫也可以采用拥抱交配姿势，但此姿势保持时间不久。

　　多数情况下，鳞翅目昆虫交配时其翅是叠合状态，有的雌虫和雄虫同为展翅状态（图12-14-a），还有一些种的雌成虫为展翅状态而雄成虫为合翅状态（图12-14-b）。总之，有些昆虫交配姿势总是某一种姿势（如负背式"V"形），而有些昆虫的交配姿势是多样的，同一种昆虫有多种交配的姿势，甚至在一次交配过程中就有多种交配姿势的变换（如蜂类）。

a. 玉带凤蝶（分布于我国大多数地区，以及南亚、东南亚）；b. 波蛱蝶（*Ariadne Ariadne*）（分布于我国广东、广西、海南、福建、台湾，以及印度、泰国、伊朗、印度尼西亚等）。

图12-14　蝶类昆虫交配时的翅膀状态

　　我们通过数十年野外观察，发现昆虫交配的姿势主要有如图12-15所示的一些类型。

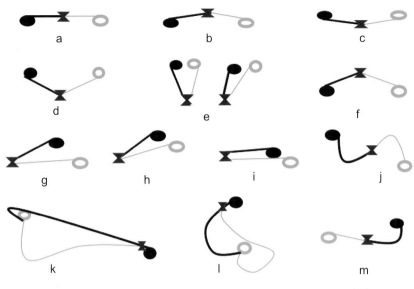

图例：━━ 雄虫身躯；● 雄虫头；━━ 雌虫身躯；○ 雌虫头；✕ 交尾器

a. 雌雄虫面向地面，头部朝向相反，尾部相接呈"一"字形；b. 雌雄虫面向地面，头部朝向相反，尾部相接呈近"一"字形；c. 雌雄虫面向天空，头部朝向相反，尾部相接呈近"一"字形；d. 雌雄虫面向天空，头部朝向不同，尾部相接呈宽"V"形；e. 雌雄虫头部朝向天空，面对面呈拥抱状或雄虫趴爬并紧靠雌虫背部，尾部相接呈窄"V"形；f. 雌雄虫面向地面，头部朝向不同，尾部相接呈倒"V"形；g. 雌雄虫头部朝向相近，雄虫抱握雌虫，尾部相接呈斜"V"形；h. 与g相同，但雄虫更贴紧地趴在雌虫背上，尾部相接呈窄的斜"V"形，i. 雄虫和雌虫的身体几乎平行，尾部相接呈"二"字形；j. 蜂类昆虫常以倒"S"形姿势进行交配；k. 为蜻蜓类特有姿势，雄虫在前雌虫在后，交尾器相接呈近"△"形；l. 也为蜻蜓类特有姿势，雄虫在上雌虫在下，交尾器相接呈近"8"字形；m. 是g的变形，雄虫用前足抓住雌虫身躯，尾部相接呈倒"L"形。

图12-15　昆虫常见的几种主要交配姿势（以雌雄虫的头、胸、尾部连线所成图）

　　我们进一步归类，将观察到的昆虫交配姿势分为7种类型：

　　①"一"字形。包括标准的"一"字形（顾茂彬 等，2018）（图12-16、图12-17）和近"一"字形（图12-18）。②"V"形。包括较标准的"V"形（图12-19-a、图12-19-e）、倒"V"形（图12-19-b、图12-18-c、图12-18-d、图12-18-f）、窄"V"形（图12-4）、斜"V"形（图12-20）及窄斜"V"形（图12-21）。③倒"L"形。这种情况是斜"V"形姿势的变形，雄虫头部和前腹部与雌虫躯体几乎垂直，雄虫后腹弯曲，尾部与雌虫尾部相连接（图12-22）。④ 倒"S"形。如金环胡蜂（图12-23）。⑤"二"字形。呈标准"二"字形时，雄虫和雌虫的身体几乎平行（图12-24）。⑥近"8"字形。雄蜻蜓的交配器着生在第二腹节，当雄虫在上、雌虫在下进行交配时，即形成此独特姿势（图12-25）。⑦近"△"形。蜻蜓在地面交配时，雄蜻蜓用腹部末端的抱握器握住雌蜻蜓头或前胸，以此动作诱引雌蜻蜓将其腹部前弯，并接触雄蜻蜓腹部基部的交尾器，形成这种近"△"形姿势（图12-26、图12-27）。

图12-16　昆虫最标准的"一"字形交配姿势

［淡橙带突额叶蝉（*Gunungidia* sp.）（分布于我国华南、西南；吸食灌木汁液，有趋光行为）］

a. 黄纹孔弄蝶（*Polytremis lubricans*）（分布于我国江西、福建、广东、四川、台湾、海南等地，以及南亚、东南亚）；b. 小眉眼蝶（*Mycalesis mineus*）（分布于我国广东、广西、福建、浙江、江西、云南、四川、台湾，以及南亚、东南亚）。

图12-17　昆虫交配姿势为"一"字形的情形

a. 浓紫彩灰蝶（*Heliophorus ila*）（分布于我国海南、广东、福建、台湾、云南、四川，以及印度、缅甸、泰国、马来西亚、印度尼西亚）；b. 环袖蝶（*Dryadula phartusa*）（分布于委内瑞拉）；c. 大帛斑蝶（*Idea leuconoe*）（分布于我国台湾，以及印度尼西亚、菲律宾）；d. 绿凤蝶（分布于我国广东、广西、海南、台湾，以及南亚、东南亚）。

图12-18　昆虫交配姿势为近"一"字形的情形

　　a. 裳凤蝶（*Troides helena*）（分布于我国广东、湖南、海南等南方各地，以及东南亚）；b. 黑缘襟蛱蝶
（*Cupha prosope*）（分布于澳大利亚）；c. 离斑棉红（*Dysdercus cingulatus*）（分布于我国广东、湖南、海南、
　　云南、台湾等地）；d. 曲纹紫灰蝶（*Chilades pandava*）（分布于我国海南、广东、广西等地）；

　　e. 苎麻珍蝶（*Acraea issoria*）；f. 玄珠带蛱蝶（*Athyma perius*）（分布于我国海南、广东、四川、云南、
　　福建、浙江、江西、台湾，以及印度、缅甸、印度尼西亚）。

图12-19　昆虫交配姿势为"V"形和倒"V"形的情形

a. 丽罗花金龟（*Rhomborrhina resplendens*）（分布于我国海南、广东等地）；b. 哇腿茎甲（*Sagpa baqueti*）
（分布于马来西亚）。

图12-20　昆虫交配姿势为斜"V"形的情形

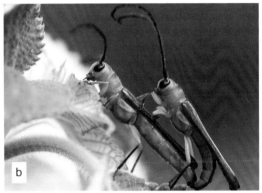

a. 金斑虎甲（*Cosmodela aurulenta*）（分布于我国中南、华南、西南地区，以及印度、东南亚）；b. 筒天
牛（*Oberea* sp.）（分布于我国广东、湖南、海南等地）。

图12-21　昆虫交配姿势为窄斜"V"形的情形

a. 红袍蜡蝉（*Diostrombus politus*）（分布于我国东北、中南、华南、西南地区，以及日本、朝鲜）；
b. 黑额光叶甲（*Smaragdina nigrifrons*）（分布于我国辽宁、河北、北京、山西、陕西、山东、河南、江苏、
安徽、浙江、湖北等地）。

图12-22　昆虫交配姿势为倒"L"形

图12-23　金环胡蜂交尾姿势呈"S"形或反"S"形

图12-24　昆虫交配姿势为"二"字形的情形
[凹带食蚜蝇（*Syrphus nitens*）（分布于我国东北、
华北、浙江、江西、云南，以及日本、欧洲）]

图12-25　蜻蜓交配姿势为近"8"字形的情形
[长叶异痣蟌（*Ischnura elegans*）（分布于我国北京、
河北、黑龙江等地）]

图12-26　翠胸黄蟌（*Ceriagrion auranticum*）交
配姿势为近"△"形

a. 碧伟蜓（*Anax parthenope*）（分布于我国各地）；b. 赤褐灰蜻（*Orthetrum pruinosum*）（分布我国南方
各地，常栖于山区水渠边，捕食小型昆虫）。

图12-27　蜻蜓交配姿势为近"△"形的情形

四、奇特的昆虫交配行为

1. 螳螂奇异的婚配

螳螂一生经历卵、若虫、成虫3个虫态。成虫交配时（图12-28），雌螳螂回过头吃雄螳螂的头部，而雄螳螂不做任何的反抗和躲避，任凭雌螳螂吃掉自己。这种奇异婚配的现象十分有趣并引发遐想，有人赞美雄螳螂为了爱情贡献了自己的生命；有人认为雌螳螂为了产出饱满的卵和健康的后代，需要很多蛋白质，所以雌螳螂吃掉交配中的雄螳螂是为了补充蛋白质。动物行为专家认为：雄螳螂神经系统的控制中心在其头部，雄螳螂失去脑袋后，抑制机能随之消失，精液就会全部流入雌螳螂体内，确保卵子受精；有人认为这是螳螂的"自私基因"在起作用。在动物世界里，我们仅见到的昆虫间亲情残杀、互相吞食的现象就有100多种，这种吞食不

图12-28　正在交配的螳螂

关乎周围是否有食可取，究其原因，笔者认为这是某些昆虫种群特有的本能及其在进化过程中形成的生物学特性。

2. 空中交配

大多数昆虫在交配过程中是静止的，但一些蝇类和蜻蜓目昆虫的交配是在飞行过程中发生的（Ragland et al.，1973；辛泽华，1996）。

3. 蚂蚁交配行为中的"婚飞"

蚂蚁的生殖蚁包括雌蚁和雄蚁，它们在交配前拥有珍贵的翅膀，能够飞上蓝天，婚飞（nuptial flight）多发生在春末到秋末，同一种蚂蚁的婚飞时间几乎是相同的，以保证来自不同巢穴的同类能够彼此相遇。以针毛收获蚁（*Messor aciculatus*）为例（冉浩，2015）：生殖蚁起飞前，蚁王会在巢口派出几十甚至上百只工蚁保护它们；生殖蚁伸展并扇动翅膀，做热身运动；之后，它们拔地而起，几乎是直线上升，超过人的头顶；生殖蚁飞上蓝天，便开始向婚飞的地点进发。一般来说，蚂蚁交配的地点都比较固定，首先赶往交配地点的是雄性蚂蚁，雄性蚂蚁首先在空中集群，然后雌蚁赶来交配，这种模式被称为雄蚁集群模式，但有少数蚂蚁物种采取了近乎相反的雌蚁召唤模式。雄蚁集群的地点可能会被蚂蚁使用多年。蚂蚁交配之前，雌蚁往往在原地静静等待，雄蚁直接扑向雌蚁或者从附近慢慢靠近雌蚁。雄蚁爬到雌蚁上方，和雌蚁保持同一方向，将其抱住。如果雌蚁不反抗，就可以进行交配，交配完成后雄蚁放开雌蚁并离开。大多数完成婚飞的雌蚁都必须独自开辟属于自己的疆域，它们在空中选择目标，一旦有中意的地方，就会从空中降落下来，折断自己的翅膀，从此告别了蓝天，做蚁王。

第十三章　昆虫的产卵行为

昆虫在完成受精作用后，雌成虫便开始为产卵做准备。产卵（oviposition/egg-deposition）是指昆虫将卵从母体中排出的过程。昆虫产卵是其生命活动过程中一个极为重要的环节，在一定程度上，它决定了昆虫对植物的利用策略。

第一节　产卵地选择

研究表明，卵的成功发育需要一个合适的产卵场所，其应具有以下特点：非生物条件适合，捕食率、寄生率和疾病率较低，有充足的食物留给子代（Hilker et al.，2002）。植食性昆虫产卵场所的选择是昆虫与寄主植物长期协同进化的结果（Hilker et al.，2015）。蝶类昆虫的幼虫与成虫的食性不同，为了使活动能力较弱的幼虫顺利生长发育，雌虫会将绝大多数卵产于寄主植物叶片上，卵孵化后，幼虫可直接取食叶片，一般情况下，雌虫不见寄主植物不产卵。

昆虫为了生存繁衍就必须寻找合适的生存环境，许多昆虫利用寄主植物释放的特殊气味物质来寻找适宜的产卵场所，以保证下一代有足够的食料。昆虫产卵行为与幼虫和成虫习性密切相关，如有的种昆虫卵产于寄主植物器官表面；有的种昆虫卵产于寄主器官内；有的种昆虫卵产于寄主植物叶向阳面；有的种昆虫卵产于叶背面；有的种昆虫卵产于水面；有的种昆虫卵产于地下；等等。

一、卵产于植物器官不同部位

一般情况下，蝴蝶会将大多数的卵产于寄主植物的嫩叶嫩梢和叶须上（图13-1），其次产于植株枝、干等部位尤其是新发的枝干上，如青凤蝶将卵产于新发的树干和枝的丫口（图13-2）。许多种将卵产于叶背，如灰蝶科（Lycaenidae）大多数种（杨建业 等，2016）、箭环蝶（*Stichophthalma louisa*）（图13-3-a）等，可减少卵受风吹雨打、日晒雨淋等自然因素的影响，还可使其免受天敌的侵害；而有的种类则喜产卵在叶片正面，如枯叶蛱蝶（周成理 等，2005）和小黑斑凤蝶（*Papilio epycides*）（图13-4）。产于朝阳叶面的卵是喜欢较高温度的虫种，卵受阳光的照射可提早孵化，迁粉蝶（图13-3-b）就是一例，产卵后2天卵就孵化。

绿草蛉（*Chrysopa* sp.）产卵时先在叶片上分泌黏液，固着比头发丝还细的卵丝，卵产在丝的顶端，十分奇特（图13-5）。眼斑螳（*Creobroter* sp.）（分布于我国广东等南方各地）

的卵产在卵囊中并挂于植株的枝上，孵化时初龄螳螂随风飘落（图13-6）。

图13-1　双尾灰蝶（*Tajuria cippus*）产卵于寄主植物的嫩叶嫩梢上

图13-2　青凤蝶产的卵

a. 正在产卵于植物叶背的箭环蝶；b. 正准备产卵于植物叶面的迁粉蝶。

图13-3　产卵的箭环蝶和迁粉蝶

图13-4　小黑斑凤蝶的卵

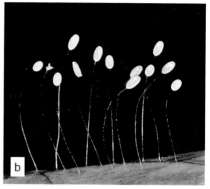

a. 绿草蛉；b. 绿草蛉的卵。

图13-5　绿草蛉及其所产的卵

a. 眼斑螳；b. 眼斑螳的卵囊。

图13-6　眼斑螳将卵囊挂于树枝上

二、卵产于寄主植物体内

在长期的进化过程中，昆虫的雌成虫会选择特定的场所产卵，以利于其后代的生存。如前所述，大多数昆虫的卵都产于寄主植物上，但天牛科、吉丁虫科（Buprestidae）、木囊蛾科（Cossidae）等的幼虫均有蛀杆的习性，这些昆虫的卵不产在寄主植物上，而是产于寄主植物体内，以确保卵及卵孵化后幼虫的安全。例如瘤胸簇天牛（Aristobia hispida）卵产在其寄主海南黄花梨（Dalbergia odorifera）树干上。

天牛属鞘翅目天牛科，是完全变态的昆虫。其成虫体形与触角状似牛，故取名天牛。天牛触角有的短于体长，有的超过体长，如灰长角天牛（Callidium villosulum）的触角超过体长的3～5倍。天牛成虫产卵时用尖锐的嘴在树枝上咬出缺刻，将卵产到缺刻内后用粘胶封口，以防天敌取食或寄生。这也给人工防治钻蛀性害虫提供了方便——在成虫发生季节，用钝器击打树干表皮上有小突起的地方即可。而有些天牛如眉斑并脊天牛（*Glenea cantor*）喜欢集中在衰弱树木或枝条上产卵（董子舒 等，2017a）。卵孵化后幼虫在植株的韧皮部取食一段时间后深入植株的木质部不断钻洞筑路。天牛肠胃中有鞭毛虫，能将纤维素分解成葡萄糖，所以天牛能把钻洞时挖出来的木纤维作为食物。也因此人们认为天牛"吃掉了空间"。吉丁虫科的昆虫与天牛科昆虫具有相似的产卵特征。图13-7 和图13-8分别展示了部分常见的吉丁虫和天牛种类。

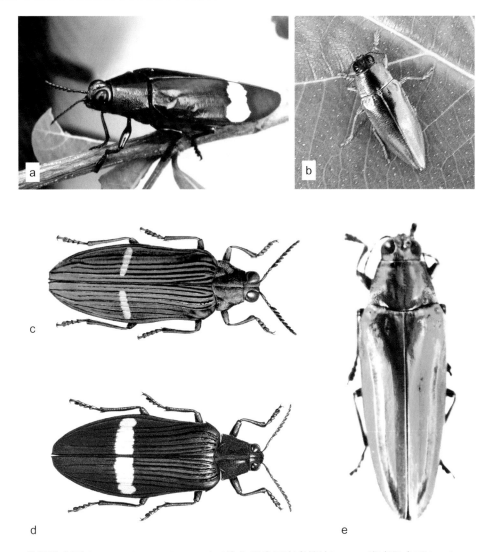

a．北部湾吉丁（*Chrysochroa tonkinensis*）（分布于我国海南等地）；b．海南绿吉丁（*Iridotaenia hainanensis*）（海南特有种）c．绿吉丁（*Catoxantha opulenta*）（分布于印度尼西亚）；d．红吉丁（分布于菲律宾）；e．绿七彩吉丁（*Chrysochroa rajah*）（分布于马来西亚）。

图13-7 常见的吉丁虫种类

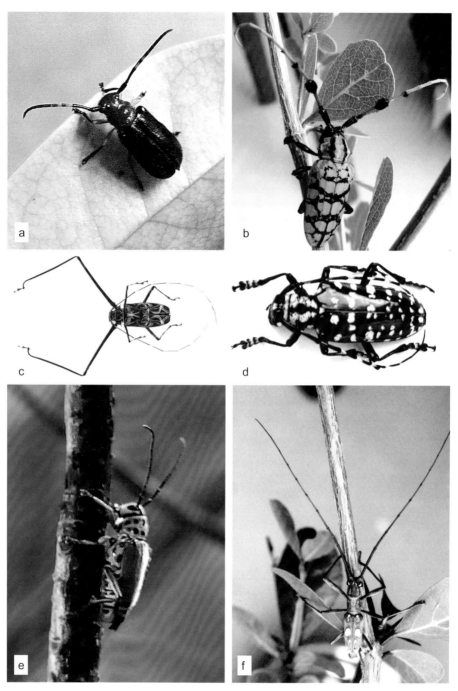

a. 黑附眼天牛（*Chrenoma atritarsis*）（分布于我国海南、广东等地）；b. 龟背天牛（*Aristobia testudo*）（分布于我国广东、广西、海南、云南等地）；c. 彩虹长臂天牛（*Acrocinus longimanus*）（分布于墨西哥等北美地区，前臂长度超过体长二倍多，是世界上前臂最长的天牛）；d. 蓝豹天牛（*Calloprophora salli*）（分布于泰国）；e. 眉斑并脊天牛（*Glenea cantor*）（分布于我国江西、广东、海南、香港、广西、贵州、云南，以及印度、越南、泰国、菲律宾）；f. 海南粉天牛（*Olenecamptus fouqueti hainanensis*）（分布于我国海南）。

图13-8　常见的天牛种类

三、卵产于水面

蜻蜓点水实际上是在水面产卵。蜻蜓成虫生活在陆地上，幼虫生活在水中，属两栖生活的动物，蜻蜓点水产卵时，有雌蜻蜓单独完成、雄蜻蜓拖着雌蜻蜓完成和雄蜻蜓在雌蜻蜓上方保护雌蜻蜓完成3种方式。如黄基赤蜻（*Sympetrum speciosum*）（分布于我国河北、内蒙古等地）、苇尾蟌（*Paracercion calamorum*）（分布于我国北京、河北、香港等地）和白扇蟌（*Platycnemis foliacea*）（分布于我国北京、河北、河南等地）等，雄蜻蜓一直拖着雌蜻蜓在水面上产卵（图13-9至图13-11），甚为奇特。另外，双翅目蚊子也将卵产于水面。

图13-9　黄基赤蜻雄虫拖着雌虫产卵

图13-10　苇尾蟌群集（一般2对）各自利用对方的身躯做支撑在水面产卵

图13-11　白扇蟌雄虫拖着雌虫并借助水生植物做支撑在水面产卵

四、卵产于地下

将卵产于地下的昆虫很多，如直翅目昆虫都将卵产于土壤中，鞘翅目金龟子类卵都产于地下。橡胶木犀甲（*Xylotrupes gideon*）（图13-12）成虫产卵于地下，其幼虫生活在地下并化蛹。蝉（图6-1）等具有产卵和幼虫栖息异地的习性，雌雄成虫交配后雌蝉用凿孔器在树干上凿孔产卵，卵孵化后幼虫落到地面并钻到地下深处生活，幼虫期大多4～5

图13-12　橡胶木犀甲

年。印度有一种蝉的幼虫在地下生活9年，而美国东部的一种蝉在地下生活期长达17年，被称作17年蝉，是目前已知幼虫期最长的昆虫。

五、卵产于其他昆虫体内

蝗虫产卵囊于地下，而芫菁类昆虫如眼斑芫菁（图13-13），则产卵于蝗虫的卵块中，芫菁幼虫取食蝗卵，芫菁是蝗虫的天敌。另外，我们发现蚜虫和介壳虫是蚜灰蝶的寄主，即蚜灰蝶常将卵产于蚜虫和介壳虫幼虫旁边或体内；而一些寄生蜂常将卵产于毒蛾卵堆中寄生（图1-12），也有些寄生蜂将卵产于黄纹长标弄蝶（*Telicota ohara*）幼

图13-13　眼斑芫菁

虫旁边并在其中寄生或产于绿弄蝶（*Choaspes benjaminii*）卵体中并在其中寄生（杨建业 等，2016）（图13-14、图13-15）。

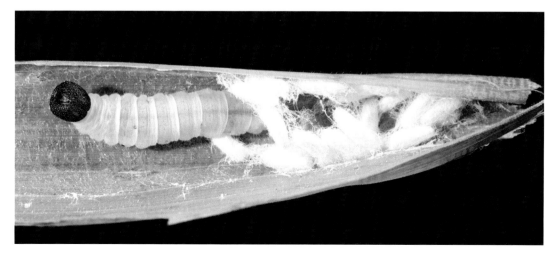

图13-14　寄生蜂产卵于黄纹长标弄蝶幼虫旁边并在其中寄生

六、其他产卵地

日本负子蝽（*Diplonychus japonicus*）（分布于我国北京、黑龙江等地）的雌虫常把卵产于雄虫背上，雄虫负卵直至卵孵化（图13-16），体现了伟大的父爱。

图13-15　寄生蜂将卵产于绿弄蝶卵体中寄生　　　　图13-16　日本负子蝽产卵于雄虫背上

第二节　产卵节律与产卵行为过程

一、产卵节律

同一类昆虫的产卵节律存在差异，如在雌蝶日产卵节律中，玉带凤蝶雌成虫除了12:00—13:00不产卵外，白天其他时间均能产卵，产卵高峰期在9:00—12:00；中华虎凤蝶在14:00—17:00产卵；四川绢蝶产卵时间集中在12:00—14:00（袁德成 等，1998）。而大帛斑蝶的日产卵高峰期在16:00—18:00（表13-1）。雌蝶产完卵后，便完成了其成虫期的神圣使命，这时大部分雌蝶会衰老死亡，对死亡的雌蝶进行解剖，会发现有些雌蝶体内存在没产出的遗腹卵。有些雌虫未经交配也可产卵，但这些未受精的卵并不会孵化。

对于不同的昆虫种，产卵节律差异更大。如表13-1所示，不同昆虫种单个雌虫产卵量、产卵高峰的虫龄等存在数量级的差别；同是夜行性蛾类，产卵开始时间和产卵高峰出现时间也有很大差异。

表13-1　部分昆虫的产卵节律

昆虫种	单个雌虫产卵量/粒	产卵虫龄/日			日产卵节律		产卵次数	单粒排卵耗时/s
		初始产卵	产卵高峰	产卵结束	起始时间	高峰时间		
大帛斑蝶（余霜加，2008；王翻艳，2015）	许多	7~8	10~11	60~90	6:00	16:00—18:00	多次	—
麻楝蛀斑螟（马涛 等，2014）	104~157	3	3	9~11	—	—	—	—
微甘菊颈盲蝽（泽桑梓 等，2017）	1~5	4~5	—	>14	8:00	14:00—16:00	1~5次	50~55
巨疖蝙蛾（李冬 等，2021）	2 500~10 000	1	2	>14	12:00	23:00—8:00	多次	—
朱红毛斑蛾（吴海盼 等，2021）	107	1	—	—	5:00	10:00—14:00	1~2次	—
梨小食心虫（张国辉 等，2012）	1~许多	≥3	—	—	16:00	19:00—21:00	1~多次	—
木毒蛾（左城 等，2020）	许多	1	1	1	5:30	20:30—3:30	多次	—
玉米象 (Sitophilus zeamais)（范锦胜 等，2016）	21~49	1	10~80	>137	—	—	—	—
绿翅绢野螟（张玉静，2021）	127~1 189	1	1	11	暗期 1 h	暗期 2 h	多次	—
草地贪夜蛾（张罗燕 等，2021）	1 000~1 300	1	5~6	>11	暗期	暗期	多次	—
眉斑并脊天牛 (Glenea cantor)（董子舒 等，2017b；董子舒，2021）	117~162	10	12~16	25~87	光期	9:00—11:00 14:00—16:00	多次	499
双委夜蛾（郭婷婷，2016；董少奇 等，2021）	1~763	3	5	>7	21:00	3:00—5:00	—	—

二、产卵行为过程

如蝽类，薇甘菊颈盲蝽产卵时，首先雌成虫选择薇甘菊叶柄或幼嫩茎秆作为产卵位置，然后雌成虫6足紧握叶柄或茎秆，头部向下，胸部拱起，产卵器自第8腹节伸出，插入叶柄或茎秆中，雌虫整个躯体在产卵时呈弯弓状，待产卵器完全没入叶柄或茎秆组织中后，雌虫才将卵粒通过产卵器自其腹部产至薇甘菊组织中（泽桑梓 等，2017）。又如蛾类，巨疖蝙蛾产卵时，雌虫呈攀附状，双翅静止或轻微地振动，腹部末端产卵孔有节奏地收缩和舒张，将卵一粒粒连续喷射出来，产出的卵渐渐聚集成小丘状。雌蛾在一处产卵较多时，就会攀爬或飞到另一处继续产卵（李幸 等，2021）。

天牛类昆虫具有相似的产卵行为过程（张永慧 等，2006；王立超 等，2021），都需要在树干或枝上进行刻槽后再产卵（图13-17）。眉斑并脊天牛的产卵行为过程可以概括为定位与识别、产卵、产后行为3个主要阶段（董子舒，2021）。①定位与识别。该过程是产卵行为的第一阶段，主要在寄主植物表面进行产卵场所初步探寻，其间触角、口器附器（下颚须、下唇须）、足及腹部末端协同配合。②产卵。该阶段包括制作刻槽、转体、腹末识别及产卵器插入、排卵。③产后行为。该阶段包含拔出产卵器、排放产卵分泌物、休息或者直接离开。

图13-17　樟彤天牛（*Eupromus ruber*）刻槽产卵

王丹等（2015）对双斑蟋的产卵过程进行了细致观察，并将其产卵的全过程分为如下几个步骤。①探索。交配后的雌蟋蟀会用下唇须和下颚须频繁地接触产卵地，探测产卵地的湿度和硬度是否适合其产卵，在探索过程中雌蟋蟀经常表现出一种拖尾行为，其腹部尖端向下，肛下板在土层上摩擦，产卵器抬起，不接触产卵地。②决定位置。探索期结束后，雌蟋蟀靠后腿支撑起身体，将产卵器向下压直到其尖端接触产卵地表面，产卵器与产卵地表面的角度可达到45°或更大。③产卵器刺入。雌蟋蟀身体向后退，产卵器尖端向下插入产卵地，产卵器由4部分产卵瓣组成，每侧的背瓣和腹瓣互锁在一起但可短距离地相互滑动，而左右瓣不联合，可分别自由运动，在刺入过程中，腹瓣来回滑动，产卵器倾斜插入产卵地后即可产卵；如果此时产卵地过硬或是空域，雌蟋蟀则收回产卵器，开始寻找其他的地方产卵。④插入产卵器。产卵器微提，插入动作完成后，雌蟋蟀轻轻地收回腹末节，将产卵器收回一个卵的长度。⑤休止期。产卵器抬起后，雌蟋蟀保持不动，休止期历时几秒钟到3 min。⑥排卵。产卵器基部突然向两侧打开，卵出现，每个产卵瓣立即来回运动，卵移过整个产卵器然后排出，排卵时间约为10 s。⑦产卵器收回。上述运动完成后，雌蟋蟀将腹部抬高，产卵器收回；产卵器的收回运动可分为完全的和不完全的2种情况，在不完全的情况下，产卵器收回其一半的长度，然后又开始刺入。

蝴蝶成虫交配后，雌蝶成虫的核心任务是完成使物种能延续的产卵工作，雌蝶会运用各式各样的方法去寻找合适的地点及寄主植物进行产卵，这是个自然过程，正如达尔文在其关于繁殖（reproduction）和遗传力（heritability）的"自然选择"（natural selection）理论中所解释的那样，这些本能是遗传的。在生存的斗争中，某些有利于一个物种生存的特性被传递。

我们通过长期的野外观察发现蝶类昆虫在野外的产卵过程具有如下4个共同特征。

（1）寻找产卵地

无论是取食多种植物的不专化（Generalists）或多食性（polyphagous）蝶类，还是那些幼虫仅以一种植物为食的专化（Specialists）或单食性（monophagous）蝶类，为使下一代的存活机会增加，它们会运用自身的本能，凭其触觉、视觉、嗅觉和味觉及利用各种巧妙的方法去搜索一些幼虫孵化后容易获取食物及尽可能不受干扰的产卵地和位置。

（2）调整姿势

一旦确定好产卵的位置，雌蝶就飞抵该处，然后调整身体的姿势以便于轻松产卵，蝴蝶产卵时的姿势为"C"形或反"C"形（图13-18、图13-19）或者呈斜"1"字形（图13-20）。

（3）产卵

在调整好姿势后，雌蝶将产卵器置于选好的位置产卵，产卵时雌蝶的翅膀多数呈合拢状态或微展状态。

（4）转移地点再产卵

为确保卵能够得到最佳的保护及成功孵化的机会，雌蝶余生会竭尽所能不停地生产，务求产出最大数量的卵，多数蝶种（尤其是卵散产的种）在某一地产卵后，常会转移到其他地点继续产卵，这样也避免了后代（幼虫）因食物资源发生竞争，提高其成功发育的机会。

图13-18　青凤蝶在叶背产卵时呈"C"形姿势

　　蝴蝶卵一般被单独或成群地产在寄主植物的叶面或叶背，甚至附近的枯枝落叶上，以伪装的方法逃避捕食者的侵袭及保护它们免受高温和雨水的伤害。有些雌蝶会利用腹毛（具刺激性的）把卵完全覆盖，以保护它们，既可防风又可防寄生蜂的侵害。有些雌蝶会在寄主植物的叶片或花蕾上产下带有黏性分泌物的卵。有部分种甚至仅以寄主植物的嫩叶或花蕾为食，因此蝶类产卵时间必须与新叶生长或开花季节相吻合，即产卵时间与寄主植物物候相匹配，产卵时间与季节的配合也很重要。

　　在热带地区，蝴蝶一年四季都会进行交配繁殖并一代一代地循环发展，有些一年有多代（multigeneration）即多化性（multivoltine）。卵产后一般数天内孵化，有些种会在几天内孵化并在不到2周的时间内生长至成虫阶段，例如金斑蝶（*Danaus chrysippus*）。有些雌蝶会在6月产卵，随后其卵进入滞育期，直到次年3月初才孵化为幼虫。

a. 红珠凤蝶（*Atrophaneura aristolochiae*）在叶背产卵；b. 斑凤蝶（*Papilio clytia*）在嫩芽顶部产卵；c. 黄裙园粉蝶（*Cepora aspasia*）在寄主植物的旁边产卵；d. 金斑蛱蝶（*Hypolimnas misippus*）在叶背产卵；e. 玳灰蝶（*Deudorix diovis*）在寄主植物果实上产卵；f. 三斑趾弄蝶（*Hasora badra*）在嫩芽上产卵。

图13-19　蝴蝶产卵过程中呈"C"形或反"C"形姿势

a. 豹斑双尾灰蝶（*Tajuria maculata*）在桑寄生的叶边产卵；b. 拟蛾大灰蝶（*Liphyra brassolis*）在树上的蚁巢旁边产卵；c. 大蓝娆灰蝶（*Arhopala amantes*）在嫩芽及叶柄上产卵；d. 散纹蛱蝶（*Symbrenthia lilaea*）在叶背产卵；e. 大红蛱蝶（*Vanessa indica*）在叶面产卵；f. 乌干达翠蛱蝶（*Euphaedra uganda*）在叶面产卵。

图13-20　蝴蝶产卵过程中呈斜"1"字形姿势

第三节　产卵方式和卵的形态

一、产卵方式

不同昆虫产卵方式各异，同一类甚至同一种昆虫也有不同的产卵方式。以蝶类为例：蝶类有单产、散产、群集产卵等方式。在野外，很多雌蝶一次只在一棵寄主植物上产2～3粒卵，便离去寻找下一棵寄主植物，这种产卵方式有效地避免了后代对于食物的竞争。凤蝶科、弄蝶科、蚬蝶科、灰蝶科种产卵方式多数为散产。几乎所有蛱蝶科种的卵都为散产，而粉蝶科种除斑粉蝶属的卵聚集产于其寄主植物（桑寄生）外，其余种均为散产（杨建业 等，2016）。金斑喙凤蝶产卵方式为单产、散产，卵在植物上的分布可描述为"一枝一叶一卵"（曾菊平 等，2008）。中华虎凤蝶的卵偶见单产，绝大多数是疏松地群集在一起；卵粒间距大多为1～2 mm，最小的为0；一张叶片上一般只有1堆卵，最多可有2堆卵；每堆卵数目为2～25粒，野外多为11～20粒（袁德成 等，1998）。红锯蛱蝶1天只产1次卵，卵主要集中产在寄主叶片背面和嫩叶、叶须、嫩枝上，嫩芽上较少，卵常呈片状或串状分布，每片或串有数十至数百粒不等，聚产的卵常依次排列在同一平面上（陈晓鸣 等，2008）。箭环蝶聚集产卵并将卵排成串状（图13-3-a）；苎麻珍蝶（*Acraea issoria*）常聚集在一起产卵，产的卵呈片状分布（图13-21）。还有许多聚集产卵的蝶类，如报喜斑粉蝶（*Delias pasithoe*）、斑珍蝶（*Acraea violae*）（图13-22-a）、白带锯蛱蝶（*Cethosia cyane*）（图13-22-b）、串珠环蝶（*Faunis eumeus*）等（图13-23）。

图13-21　苎麻珍蝶聚集产卵

a. 斑珍蝶；b. 白带锯蛱蝶。

图13-22　聚集产卵的部分蝶类的成虫

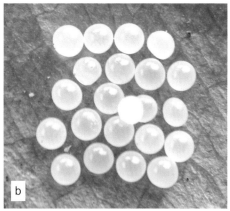

a. 串珠环蝶成虫；b. 串珠环蝶的卵。

图13-23　串珠环蝶成虫及所产的卵

　　另外，不同昆虫单粒排卵时间存在很大差异，如眉斑并脊天牛需要499 s，薇甘菊颈盲蝽需要50～55 s，双斑蟋需要10 s，而巨疠蝙蛾的卵是快速喷射出来的。

二、卵的形态

　　昆虫卵的形态各式各样。薇甘菊颈盲蝽的卵呈乳白色，纺锤形，具卵盖；卵的平均长径为1.74 mm，短径为0.37 mm（泽桑梓等，2017）。草地贪夜蛾卵呈圆顶形，直径0.4 mm，高为0.3 mm，通常100～200粒卵堆积成块状，卵块上多覆盖有黄色鳞毛，初产时卵的颜色为浅绿色、白色、灰色和淡紫色等，孵化前渐变为棕黑色（张罗燕 等，2021）。菲缘蝽（*Physomerus grossipes*）产的

图13-24　菲缘蝽成虫及所产的卵

卵为椭圆形或纺锤形，呈棕红色，具卵盖（图13-24）。

我们对蝶类昆虫卵形态进行长期的观察和分析，发现大部分雌蝶在交配后的2～3天产卵，而有的在交配当天即可产卵，有些蝴蝶的产卵时间会随着交配虫龄的不同而有所差异。蝶类卵形态多样，各科昆虫卵形态特征表述如下。

（1）凤蝶科

这科昆虫的卵一般呈球状，表面光滑，无刻纹（图13-2）。

（2）粉蝶科

这科昆虫刚产下的卵大多数为白色，呈纺锤形或者梭形，两端尖而中间逐渐变宽，表面光滑，且具有纵向和横向的刻纹（图13-25）。

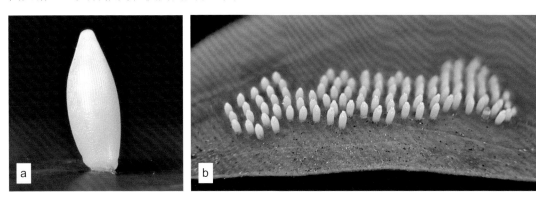

a. 尖角黄粉蝶（*Eurema laeta*）的卵；b. 报喜斑粉蝶的卵。

图13-25　粉蝶科蝴蝶卵

（3）蚬蝶科

这科昆虫的卵通常呈黄绿色，为凸起的半球形，底部平坦（杨建业 等，2016）。

（4）灰蝶科

这科昆虫的卵通常呈扁平、圆饼形，具有坑纹，顶部有精孔；也有些为半球形（图13-1、图13-26）。

a. 凤灰蝶（*Charana mandarinus*）的卵；b. 拟蛾大灰蝶（*Liphyra brassolis*）的卵；
c. 鹿灰蝶（*Loxura atymnus*）的卵；d. 珀灰蝶（*Pratapa deva*）的卵。

图13-26　几种灰蝶科蝴蝶的卵

（5）弄蝶科

这科昆虫的卵通常呈半球形，底部平坦，表面光滑；刚产下时常为奶白色或绿色，许多会在几秒钟内变成粉红色或微红色，或在几天内发生显著的颜色变化；卵的顶部具精孔，侧面具有纵向脊和横向脊，有些种卵表面附着丝状毛（图13-27）。

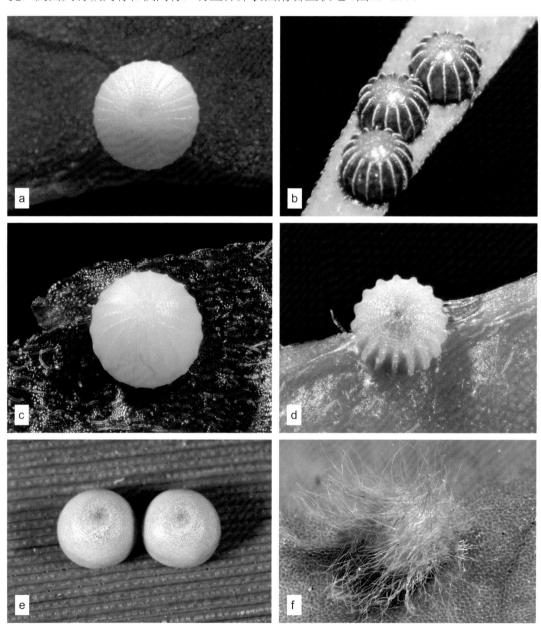

a．半黄缘弄蝶（*Choaspes hemixantha*）的卵；b．飒弄蝶（*Satarupa gopala*）的卵；

c．绿弄蝶（*Choaspes benjaminii*）的卵；d．三斑趾弄蝶（*Hasora badra*）的卵；

e．曲纹稻弄蝶（*Parnara ganga*）的卵；f．沾边裙弄蝶（*Tagiades litigiosus*）的卵。

图13-27　几种弄蝶科蝴蝶的卵

（6）蛱蝶科

蛱蝶科的每个亚科的蝴蝶卵形状特征均不相同（图13-28、图13-29），呈球形、桶形等，光滑或无纹，多密被细毛。

a. 白带螯蛱蝶（*Charaxes bernardus*）的卵；b. 乌干达栎蛱蝶（*Euphaedra uganda*）的卵；

c. 矛翠蛱蝶（*Euthalia aconthea*）的卵；d. 小豹律蛱蝶（*Lexica pardalis*）的卵；

e. 黑脉蛱蝶（*Hestina assimilis*）的卵；f. 黄襟蛱蝶（*Cupha erymanthis*）的卵。

图13-28　几种蛱蝶科蝴蝶的卵

a. 窄斑凤尾蛱蝶的卵；b. 异型紫斑蝶的卵。

图13-29　窄斑凤尾蛱蝶（*Polyura athamas*）和异型紫斑蝶（*Euploea mulciber*）的卵

第四节　影响产卵行为的因素

昆虫的产卵行为受多种因素（因子）的影响，而且因不同种类具有差异性的生物学特性，同一影响因子对不同种昆虫产卵的作用效果也存在差异。这些影响因素主要有天气与温度、光环境、营养补充、成虫的体格和日龄及生殖方式、交配次数和时间、其他生物因素等。

一、气候与温度

产卵期的长短与天气有关，若天气良好，雌蝶寿命和产卵期缩短，反之延长。如菜粉蝶通常在18～24 ℃有阳光的条件下，才飞行、取食及产卵，若遇上连续阴雨天则产卵期延长（Root et al.，1984）；中华虎凤蝶在晴天交尾后1天即可产卵，若遇连续低温阴雨天气，其产卵期可延长至17天（袁德成 等，1998）。温度是反映气候变化的重要指标；温度在28～33 ℃时，碧凤蝶产卵活跃，而在低于22 ℃或高于35 ℃时都会停止产卵（陈晓鸣 等，2008）。温度对大帛斑蝶各种活动（包括产卵）均有影响（余震加，2008；王翩艳，2015），大帛斑蝶活动的适宜温度为24～32 ℃，当温度高于35 ℃且为多云天气时，成虫无飞行、吸蜜、产卵等行为；持续高温对大帛斑蝶生殖影响巨大（不产卵或者产不孕卵）。至于蛾类昆虫，郭婷婷等（2016）认为25 ℃是双委夜蛾实验种群生长发育和繁殖的适宜温度；贡嘎钩蝠蛾（*Thitarodes gonggaensis*）的交配温度维持在10 ℃时，其交配时长最长、产卵量最大（张德利 等，2021）。因此，不同昆虫产卵的适宜温度存在较大差异。

二、光环境

由于蛾类昆虫绝大多数为夜出性昆虫且有强趋光性，可以断定光照对蛾类生活习性，包括产卵在内的生殖行为都有重要影响（林宝义 等，1997）。研究表明光环境（光强、光质、光周期等）变化会显著影响蛾类昆虫产卵行为和产卵节律（涂小云 等，2013；杨小凡等，2017；钟春兰 等，2021）。

三、营养补充

成虫的交配、产卵等活动需要消耗大量能量，必须随时补充能量。成虫摄取食物称为补充营养。若幼虫期和成虫期营养充足，则雌蝶的产卵量大且卵粒大而均匀；否则，产卵量小且多为小卵、无效卵（陈晓鸣 等，2008）。蝴蝶在进入交配期后，继续补充营养，促进精子和卵的发育和成熟，可增大产卵量（Boggs，1986）。补充营养是鳞翅目很多昆虫具有的习性，董少奇等（2021）研究发现，双委夜蛾成虫羽化后就开始取食补充营养，第2天达到补充营养高峰；成虫在光期和暗期均可取食，但多在暗期3：00—5：00取食。

四、成虫的体格、日龄及生殖方式

雄蝶的身体越大，其精包也越大，而精包中含有可被雌蝶用于孕育卵子的营养物质，对卵的质量和发育有利。王立超等（2021）认为松墨天牛的产卵量与天牛质量、树皮厚度，以及树干直径相关，天牛质量越大，树皮越薄，树干直径越大，天牛产卵量越多。棉褐环野螟（棉大卷叶螟）（*Haritalodes derogata*）3日龄的雌性成虫与7日龄的雄性成虫交配后产卵期最长，产卵量最大。而螟克角胚跳小蜂（*Copidosomopsis nacoleiae*）雌虫的产卵量与其日龄及生殖方式有关（陈冬宇，2021），1日龄雌虫对单寄主的产卵量显著多于2日龄雌虫；行两性生殖的雌虫对单寄主的产卵量多于行孤雌生殖的雌虫的产卵量，但是差异不显著。

五、交配次数和时间

众多研究显示，昆虫的交配次数和交配持续时间对产卵量有较大影响，如红棕象甲雌虫的产卵量随着交配次数的增加有明显的提高（纪田亮，2018）；棉褐环野螟交配时间短于40 min时成虫的产卵期明显缩短，而交配时间长于40 min时成虫产卵期延长，产卵量与孵化率显著提高（张清泉 等，2012）。

六、其他生物因素

寄主植物挥发性气味物质、幼虫粪便挥发物质等化学信号在欧洲玉米螟（*Ostrinia nubilalis*）产卵寄主植物选择过程中具有重要作用（Ditrick et al.，1983）。一般认为十字花科蔬菜中影响小菜蛾搜索和产卵行为的主要物质是芥子油（Verkerk et al.，1996），当然还有许多化合物起着重要作用（王香萍 等，2005），其中烯丙基芥子油与绿叶挥发物的混合物引诱力更强（Pivnick et al.，1994）；胡晶晶（2016）发现黑杨气味强烈引诱棉铃虫产卵，但不影响其终身产卵量和寿命。广泛的研究认为，昆虫产卵的忌避信息素（insect oviposition-deterring pheromones，ODPs）是影响整个产卵过程最关键的生物因素，在粉纹夜蛾幼虫的粪便中首次发现ODPs后（Renwick et al.，1980），这个结论相继从鳞翅目其他种、双翅目、鞘翅目和膜翅目昆虫中得到了证实（Renwick et al.，1994）。

第十四章　昆虫的聚集与迁飞、高飞行为

　　昆虫常常成群地生活或栖息在一起，这是一种较普遍的生物现象，而当昆虫面临各种环境胁迫如极端干旱、台风等时，也会出现特殊的群聚现象（见第五章），不同种类的昆虫聚集具有不同的生物学意义。一些农业害虫具有迁飞（migration）习性，如东亚飞蝗、褐飞虱等，掌握昆虫迁飞的规律对害虫防治具有重要的指导意义。昆虫的高飞（upsoaration）行为是本章提出的一个新概念。

第一节　聚集与迁飞行为

一、聚集行为

　　昆虫的聚集行为是指同种昆虫的大量个体高密度地集在一起的习性；聚集行为由雌虫或雄虫，或雌雄虫都发出聚集外激素而形成，聚集行为有利于同种昆虫的交配、迁飞、扩散、度过不良生态环境和保证个体安全等。聚集有永久性聚集、定时有规律性的聚集和临时性群集3种类型。

　　永久性聚集即群居，是社会性昆虫的基本特征，如蜂类、蚁类等（图14-1）。定时有规律性的聚集是指出于某种特殊原因每年固定时间发生昆虫聚集现象，如许多昆虫将卵聚集产在一处（图13-21），当卵孵化后昆虫幼虫常聚集在一起（图14-2）；又如在台湾，每年秋末冬初，紫斑蝶属（*Euploea* spp.）的一些种为了避寒从高纬度区向低纬度或从高海拔向低海拔迁飞并聚集（图14-3），形成紫蝶幽谷的景观；虎斑蝶和青斑蝶（*Tirumala limniace*）面临不良环境也有类似现象（图14-4、图14-5）；蚂蚁交配行为中的"婚飞"聚集行为也是在固定时间发生的。临时性群集指在非固定时间，因某种原因（趋性、环境胁迫等）昆虫聚集在一起，如鳞翅目昆虫的趋泥性引起的群聚（图1-14）、台风胁迫

图14-1　小蜜蜂（*Apis florea*）群居

图14-2　麻皮蝽（*Erthesina fullo*）初孵幼虫聚集

下的蝴蝶群集（图5-6）等。

图14-3　幻紫斑蝶（*Hypolimnas bolina*）的聚集现象

（幻紫斑蝶分布于我国海南、广东、广西、台湾，以及南亚、东南亚）

图14-4　虎斑蝶的聚集现象	图14-5　青斑蝶的聚集现象
（虎斑蝶分布于我国广东、广西、福建、台湾、西藏等地，以及东南亚、澳大利亚、巴布亚新几内亚）	（青斑蝶分布于我国海南、广东、广西、江西、台湾、西藏等地，以及南亚、东南亚）

二、迁飞行为

迁飞是指某种昆虫成群结伴有规律地从一个发生地长距离转移到另一个发生地的现象。迁飞是昆虫的一种特殊习性或行为，迁飞不是所有的昆虫都具有的习性，但常见的一些农业害虫均具有迁飞习性，如东亚飞蝗、褐飞虱等。周燕等（2020）总结了农业害虫跨越渤海的迁飞规律，指出跨越渤海迁飞的昆虫种类有9目36科120余种，近距离迁飞（≤200 km）代表种为玉米螟和绿盲蝽，中距离迁飞（200～500 km）代表种为棉铃虫和二点委夜蛾（*Athetis lepigone*），远距离迁飞（≥500 km）代表种为小地老虎（*Agrotis ypsilon*）和黏虫（*Mythimna separata*）；春季和夏初种群多数个体卵巢发育成熟、交配基本完成，显示迁飞末期的生殖特征，夏末和秋季种群卵巢尚未发育、交配率低，显示迁飞初期的生殖特点。迁飞具有一定的季节性并与环境胁迫有一定的关联；不同昆虫种迁飞原因、迁飞过程、飞行距离和高度等存在差异。飞虱等小型昆虫由于飞行能力弱，常被上升气流带至高空而顺风做长距离迁飞，属被动迁飞，而蝶类等昆虫的迁飞至少开始迁飞时属主动的。除东亚飞蝗外，较有名的迁飞昆虫还有北美的君王斑蝶（*Danaus plexippus*）（图14-6），它们为了越冬可以飞行上千千米，成群地从加拿大迁飞到南美，来年又从南美飞回加拿大，这种迁飞由遗传基因控制，属本能加学习的行为。迁飞性昆虫与成虫期滞育的非迁飞性昆虫都具有未发育成熟的卵巢、发达的脂肪体和相类似的激素控制机制。迁飞是对滞育的替代，从进化和适应的意义来看，迁飞是从空间上逃避不良环境并开拓新的生境，滞育则是从时间上逃避不良环境，这是昆虫采取的2种不同生活史对策。

图14-6　君王斑蝶

昆虫迁飞一般分为3个过程或阶段，即起飞（迁出）、空中运行、降落（迁入）。在昆虫的迁飞过程中常出现一些特殊的现象如成层等。在大气边界层的各气象要素中，风和温度对昆虫的迁飞过程有着最直接的影响，风决定了它们的运行速度和方向，温度决定了它们的飞行高度。昆虫在迁飞时对风和温度也有一定程度的主动选择，如棉铃虫群体表现出对空间最优飞行温度共同的主动选择，选择的温度是20～22 ℃（高月波 等，2010）。

1. 起飞时间与飞行定向

昆虫在晴天、无风或风力小的天气条件下起飞，起飞时间因昆虫种类而异，大多数昆虫在黄昏时起飞，如褐飞虱的起飞时间局限在黄昏到黎明这段时间里。不论是夜间迁飞的昆虫还是白天高飞的昆虫，也不论是大型昆虫还是小型昆虫，在昆虫迁飞时都呈现一种共同定向行为，或在其迁飞高度的大气呈稳定态时都表现出定向行为（Riley，1975；

翟保平 等，1993）。枞色卷蛾（*Choristoneura furniferana*）和澳大利亚疫蝗（*Chortoicetes terminifera*）顺风定向或与风向呈不到90°的夹角（Greenbank et al.，1980；Drake，1983）；非洲黏虫（*Spodoptera exempta*）始终与风向保持65°～71°的夹角；我国的黏虫不论风向如何，迁飞种群几乎总是偏于风向右侧朝东北定向（陈瑞鹿，1990）；苏丹疫蝗（*Aiolopus simulatrix*）在几乎任何风向中（除强逆风外）都朝南、西南定向（Reynolds et al.，1988）。

2. 飞行高度与成层现象

昆虫起飞后主动爬升到距离地面100～1 000 m高度处，开始起飞时昆虫的密度廓线呈单调递减型，之后起飞个体逐渐减少，密度最大值逐渐上移，到起飞结束时，在最大密度处稍下的位置出现一个密度断点，即昆虫密度有一明显不连续的变化，此点以下密度显著降低，相差一个或更多数量级，这使密度的垂直分布呈层状，该层之上密度随高度递减，最终也出现一个不连续点，形成了具有明显上下界的昆虫层（翟保平 等，1993）。迁飞种群多数在200～1 000 m高度成层，层厚达几十米到几百米。曹凯丽等（2020）分析了中国与哈萨克斯坦边境塔城区域空中飞行昆虫，这些昆虫以鳞翅目和鞘翅目为主，雷达监测结果显示，回波高度主要集中在200～600 m，有明显的成层现象和哑铃形回波分布。夜间飞行的昆虫往往在逆温层顶或稍上强烈的风切变带中成层，如黏虫在200～400 m高度成层（Chen et al.，1989）；稻纵卷叶螟（*Cnaphalocrocis medinalis*）聚集成层的现象多在距离地面100～500 m高度出现（高月波 等，2008）；而褐飞虱则一直爬升到接近其飞翔低温阈限的高度才成层（Riley et al.，1991）。褐飞虱在空中运行的适宜温度为17～22 ℃，下限温度为12 ℃，上限温度为30 ℃，空中飞行虫群多聚集在适宜温度区，因此在不同季节飞行高度不一样，夏季大量迁飞的运行高度为距离地面1 500 m左右（相当于850 hPa 等压面的高度），在1 350～1 650 m高度层最多；而秋季大量迁飞的运行高度为距离地面750 m左右（相当于925 hPa等压面的高度），主要在600～1 100 m范围内聚集成层（邓望喜，1981；江广恒 等，1982；Riley et al.，1991；齐会会 等，2010）。

3. 聚集、扩散与再迁飞

集聚的机制是大气中的辐合过程，如中小尺度环流具有很大的辐合率，可在很短时间内使空中昆虫集聚起来，对流风暴可在1 h内使迁飞昆虫的密度增加一个数量级（Pedgley et al.，1982），而在没有出现辐合或辐合带已过境时，空中种群则趋于扩散（翟保平 等，1993），这种扩散不同于地面种群的扩散。开始时昆虫密度是很大的，但在运行过程中却迅速扩散，雷达监测显示散居型蝗虫的夜间迁飞经过100 km的飞行后，其密度降低了50%。昆虫密度降低的原因包括空中种群中个体的定向不尽一致、飞行速度也不一样，使虫群的分布越来越分散；个体间持续飞行的能力不同，在迁飞过程中不断有一些个体终止飞行而降落；风场中的湍流扩散作用和风向、风速随高度的变化埃克曼螺线或埃克曼螺旋（Ekman spiral）使空中种群趋于扩散。集聚的虫群降落后也会重新迁飞（Greenbank et al.，1980；翟保平，1992），而温度对昆虫再迁飞能力具有显著影响（杨帆 等，2016）。

第二节　高　飞　行　为

一、高飞行为概论

我们将在晴朗天气条件下，由于各种原因（如对光照和温度的需求、对食物的寻觅、游嬉等），具有一定飞行能力的日行性昆虫成虫在9：00—11：30从较低海拔的栖息地飞到高海拔山顶的行为或现象定义为高飞行为。我们称具有这种行为的昆虫为高飞昆虫（upsoaration insect）。而夜行性昆虫的高飞行为尚需进一步观察和研究。

我们在热带和亚热带森林区（尤其是原始林区）较高海拔的山顶（为当地最高山），如热带区域的海南尖峰岭山顶（海拔1 412 m）、海南五指山山顶（海拔1 867 m），以及亚热带区域的湖南莽山和广东乳源交界的石坑崆山顶（海拔1 902 m），进行了多年的观察，发现在炎热季节晴天9：00—11：30，有一部分日行性昆虫零散地从较低海拔处飞向山顶。但山顶缺乏寄主植物，只有少量的蜜源植物，也不是其栖息地，这类昆虫为何飞向山顶？通过多年的观察和分析，我们认为日行性昆虫做出此类行为有以下几方面原因。

1．成虫为寻求最适的生活环境

昆虫是冷血动物，温湿度的稍微变化它就能明显感觉到，它对光照的变化也极为敏感。早晨海拔相对较低的山脚（山谷）空气湿度大且许多地方没有阳光照射，温度相对低，而山顶最先受到阳光照射。这些昆虫静息一个晚上后，利用其触角感受器感觉到这段时间有最合适的温度、湿度、光照等综合生态环境的场所即山顶，因而具有一定飞行能力的昆虫成虫向高山山顶飞翔。

2．成虫为寻觅食物

早晨也是昆虫成虫寻觅食物的最佳时间，一些具飞行能力的昆虫从海拔较低的栖息地一路寻觅食物（尤其是花蜜）而飞到山顶；特别是在每年的4—6月，正是山顶矮林优势树种即杜鹃花科（Ericaceae）植物开花的季节，杜鹃花科植物枝叶体、花粉或花蜜是否具有引诱昆虫的气味物质尚需进一步研究。

3．成虫为了游嬉

少数具极强高飞能力的昆虫，如国家一级保护动物珍稀的金斑喙凤蝶（分布于我国海南、广东、广西、湖南、江西、浙江、云南、福建，以及越南、老挝）（图14-7），天生具有喜嬉习性，它以木兰科植物为寄主，大多栖息于中等及以上海拔的原始林地或植被发育较好的区域；金斑喙凤蝶为高海拔山顶的常客，此蝶在山顶常表现出一些奇异的行为，首先在所有蝶类中它最不怕人、最喜停息，待其停下后人可用手抓住它，手指慢慢接近其头部时，它还会爬到手指上；其次是雄蝶之间常打闹与打圈高飞至肉眼见不到，然后分散下垂到山下的树冠上。金斑喙凤蝶打圈和追逐游嬉行为大多在雄蝶之间进行，少数在雌雄蝶之间进行。我们多次在海南五指山顶、海南尖峰岭山顶、广东南岭国家级自然保护区的小黄山附近见到金斑喙凤蝶的雄蝶之间互相打圈高飞并向天空冲刺至肉眼见不到（图14-7-a），此时其所在处海拔约2 100 m，然后分别急速俯冲而下至海拔1 000 m左右的树冠上。

有学者认为此种现象是为了交配（何达崇 等，2000）。2012年3—10月我们每天（晴天）在海南尖峰岭山顶（海拔1 412 m）观察金斑喙凤蝶成虫的高飞行为和活动规律（待发表数据），发现雌蝶只在3月和7月飞行到山顶，而雄蝶每月都飞到山顶活动，9月是其活动高峰期（图14-8-a）；雄蝶在山顶的高飞行为主要出现在9：30—11：00（图14-8-b）。2012年3月我们捕到1只已经交配的雌蝶，经解剖发现其孕卵量为40粒，该结果揭示了已经交配的金斑喙凤蝶雌成虫也能在高海拔飞行。另外，2012年7月我们捕到3只均未交配过的金斑喙凤蝶雌蝶，经解剖共获得160粒卵，平均每只未交配雌成虫有53粒卵。

a. 雄蝶及其在天空冲刺；b. 雌蝶。

图14-7　金斑喙凤蝶

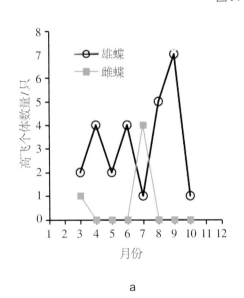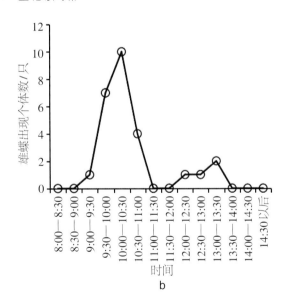

a. 金斑喙凤蝶在海南尖峰岭山顶高飞的月动态；b. 雄蝶高飞出现的时间段分布。

图14-8　金斑喙凤蝶在海南尖峰岭山顶高飞的月动态及雄蝶高飞出现的时间段分布

　　雨天、阴天、雾天很少看到昆虫高飞现象，晴天一旦有云遮住太阳，有些已经飞到山顶的昆虫就马上停止活动，当太阳从云中露出时，这些昆虫又马上活动起来，这是飞到山顶的昆虫特有的活动规律。高飞昆虫大多是鳞翅目、鞘翅目种类，其他类群较少。

二、常见的具高飞行为的日行性昆虫

1. 凤蝶类（图14-9）

飞到山顶的红基美凤蝶（*Papilio alcmenor*）绝大多数为雄性，在山顶不停息。窄斑翠凤蝶（*P. arcturus*）为亚热带山顶常客，有时会在山顶地面及小树上停息。碧凤蝶、宽尾凤蝶（*P. elwesi*）、褐钩凤蝶（*Meandrusa sciron*）、青凤蝶和宽带青凤蝶等为亚热带山顶常客，有时会在山顶小树上停息。

a. 红基美凤蝶；b. 窄斑翠凤蝶；c. 碧凤蝶；d. 宽尾凤蝶；e. 褐钩凤蝶；f. 宽带青凤蝶。

图14-9　具高飞行为的代表性凤蝶种

2. 粉蝶和灰蝶类（图14-10）

红腋斑粉蝶（*Delias acalis*）分布于我国广东、海南，为热带山顶常客，常在山顶小树上停息。艳妇斑粉蝶（*D. belladonna*）为亚热带山顶常客，有时会在山顶小树上停息。虎灰蝶（*Yamamotozephyrus kwangtungensis*）分布于我国海南、广东、广西、福建等地，以及缅甸、越南，偶在热带山顶被发现。

a. 红腋斑粉蝶（合翅）；b. 红腋斑粉蝶（展翅）；c. 艳妇斑粉蝶；d. 虎灰蝶。

图14-10　具高飞行为的代表性粉蝶和灰蝶种

3. 斑蝶类（图14-11）

大绢斑蝶（*Parantica sita*）分布于我国海南、广东、云南、四川、台湾、西藏，以及南亚、东南等地。黑绢斑蝶（*P. melaneus*）分布于我国海南、广东、广西、江西、台湾、西藏，以及南亚、东南亚等地，为热带和亚热带山顶常客，常在山顶小树上停息。

4. 蛱蝶类（图14-12）

斐豹蛱蝶（*Argyreus hyperbius*）分布于我国南方各省份，以及朝鲜、南亚、东南亚。银豹蛱蝶（*Childrena childreni*）分布于我国广东、湖南等地，为亚热带山顶常客，常在山顶小树上停息。大红蛱蝶（*Vanessa indica*）分布于亚洲东部、欧洲、非洲西北部。帅蛱蝶（*Sephisa chandra*）分布于我国海南、广东、广西、江西、台湾、福建，以及南亚、泰国等地，为热带和亚热带山顶常客，常在山顶小树上停息。肃蛱蝶（*Sumalia daraxa*）分布于我国海南、广东、云南，以及南亚、越南，为热带山顶常客，常在山顶小树上停息。

a．大绢斑蝶；b．黑绢斑蝶。

图14-11　具高飞行为的代表性斑蝶种

a．斐豹蛱蝶；b．银豹蛱蝶；c．大红蛱蝶（合翅）；d．大红蛱蝶（展翅）；e．帅蛱蝶；f．肃蛱蝶。

图14-12　具高飞行为的代表性蛱蝶种

5. 绢蝶类（图14-13）

绢蝶亚科在国产蝶类各科中最为珍贵，绢蝶不属于热带和亚热带山顶的种类，但它们不仅能高飞，而且有的种能飞到较寒冷的雪线附近。具高飞行为的代表性种有羲和绢蝶（*Pannassius apollonius*）（分布于我国新疆、西藏，以及乌兹别克斯坦、哈萨克斯坦、吉尔吉斯斯坦、塔吉克斯坦、阿富汗、巴基斯坦）、天山绢蝶（*Parnassius tianschanicus*）（分布于我国西藏、新疆，以及哈萨克斯坦、乌兹别克斯坦、塔吉克斯坦、阿富汗、巴基斯坦等地）、福布娟蝶（*Parnassius phoebus*）（分布于我国新疆，以及意大利、匈牙利、瑞士、哈萨克斯坦、俄罗斯等地）、阿波罗绢蝶（*Parnassius appollo*）（分布于我国新疆，以及土耳其、蒙古国及欧洲大部分国家）、小红珠绢蝶（*Parnassius nomion*）（分布于我国甘肃、青海、北京、河北、内蒙古，以及俄罗斯、哈萨克斯坦）、白绢蝶（*Parnassius stubbendorfi*）（分布于我国黑龙江、辽宁、甘肃、青海、四川，以及蒙古国、俄罗斯、朝鲜半岛和日本）等。

a. 羲和绢蝶；b. 天山绢蝶；c. 福布娟蝶；d. 阿波罗绢蝶；e. 小红珠绢蝶；f. 白绢蝶。

图14-13　具高飞行为的代表性绢蝶蝶种

6. 金龟子类和沫蝉类（图14-14）

在热带区，偶见四斑幽花金龟（*Jumnos ruckeri*）、阔紫花金龟（*Torynorrhina* sp.）和极为珍稀的舟花金龟（*Clerota nigifica*）从热带山顶飞过，不停息。在亚热带的石坑崆山顶，晴天10:00左右，常有较多肿沫蝉（*Phymatostetha* sp.）落在地面上并有撞击地面的声音。

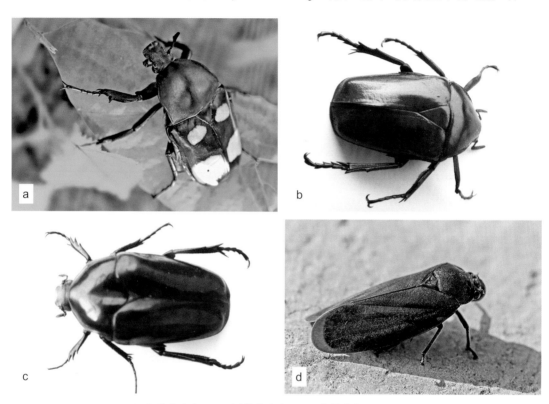

a. 四斑幽花金龟；b. 阔紫花金龟；c. 舟花金龟；d. 肿沫蝉。

图14-14　具高飞行为的代表性金龟子和沫蝉种

第十五章　昆虫的社会行为

在集群生活的昆虫中，集群的协调性和内部分化显著者，称为社会性昆虫（social insect）。等翅目中的白蚁与膜翅目中的蜜蜂、胡蜂、蚂蚁等都属有社会性的昆虫（刘若楠等，2009）。社会性昆虫分工明确，各司其职，共同维护着群体的稳定。社会性昆虫是昆虫中个体数量最多，组织非常严密的一类昆虫，对地球生态循环起着非常重要的作用。如白蚁加速有机物的分解利用，蜜蜂促进植物授粉，蚂蚁加快小型动物尸体的分解等。

第一节　社会性昆虫的类型及基本特征

一、社会性昆虫的类型

Michener（1965）提出了社会性昆虫的6种类型。

1. 独居性（solitary）昆虫

这类昆虫无共同育幼、无成员分工、无世代重叠，仅具单纯社会行为，如蝗虫。

2. 亚社会性（subsocial）昆虫

这类昆虫成虫会在某些时期照顾自己的若虫或幼虫，已经具备了复杂社会性行为的模式。如日本朱土蝽（*Parastrachia japonensis*）母体会为幼体寻找果实。

3. 群居性（gregarious）昆虫

这类昆虫许多相同世代的个体使用共同的巢，但无共同育幼的行为。如赛氏泥蜂（*Ammophila sickmanni*）成蜂一起筑巢，但各自独立，单独育幼。

4. 准社会性（quasisocial）昆虫

这类昆虫许多相同世代的个体使用共同的巢，且有共同育幼的行为。如部分蚁类与胡蜂类在群体构建初期，由几只雌蜂一起筑巢、抚育后代。

5. 半社会性（semisocial）昆虫

与准社会性昆虫一样，这类昆虫有共同的巢且共同育幼，并有生殖的分工，具有无性阶级照顾有性阶级与幼期个体的行为。

6. 真社会性（eusocial）昆虫

这类昆虫与半社会性昆虫一样，并具有世代重叠的现象，子代会照顾亲代。蜜蜂是这类型昆虫的典型代表。大蜜蜂、黑尾胡蜂（*Vespa ducalis*）、双齿多刺蚁、小蜜蜂群居现象见图15-1、图15-2。

a. 大蜜蜂；b. 黑尾胡蜂。

图15-1 大蜜蜂和黑尾胡蜂的群居行为

a. 双齿多刺蚁（*Polyrhachis dives*）；b. 小蜜蜂。

图15-2 双齿多刺蚁与小蜜蜂的群居行为

因独居、群居、亚社会3种类型的昆虫无明确的分工与共同育幼等行为，所以不作为社会性昆虫的研究对象，本书重点研究真社会性昆虫，以下简称社会性昆虫。

二、社会性昆虫的基本特征

Wheeler对"社会性昆虫"作了狭义的定义，社会性昆虫指的是这样一些昆虫：子代不仅得到亲代的养育和保护，而且最终会协同亲代喂养其后新增的幼体，于是亲代和子代常年或多年生活在同一个社群里。近来许多研究者的著作一直采用Wheeler的这一定义。Wheeler对于社会性昆虫的定义概括起来有3条最基本的特征。

1. 共同育幼（rearing larva）

同种间有共同育幼的行为，共同育幼是真社会性昆虫区别于独居、亚社会、群居类型昆虫的显著特征，共同育幼是群体成员之间团结合作的显著标志，是社群维系的基础，无论是部分蚁类的蚁后共同育幼、部分胡蜂蜂王的共同育幼，还是无性雌体和有性雌体的共同育幼，都是为后期群体的进一步分工所做的准备，因而共同育幼是真社会昆虫的一条重要特征，如中华蜜蜂和尼科巴弓背蚁（*Camponotus nicobarensis*）的育幼行为（图15-3、图15-4）。

图15-3　中华蜜蜂工蜂正在哺育雄蜂幼虫　　　图15-4　尼科巴弓背蚁照看羽化蛹

2. 出现生殖阶级

具有生殖及劳务上的分工行为，无生殖能力或生殖力弱的个体照顾生殖力旺盛的个体。

3. 世代重叠

群居个体间至少有2个世代生活史重叠，共同为群落工作。如蜜蜂，同一蜂巢内以工蜂幼虫期28天计算（不同龄工蜂差异大），一个正常的蜂群至少存在着3～4个世代。

当然，真社会性昆虫除了具有以上3条根本性的特征外，也存在一些显性特征，比如拥有共同的"语言"或交流方式。如昆虫个体之间通过触角交流（图15-5、图15-6），以10～100个信号指令进行有关饥饿、安静、敌意、等级状态或地位、生殖情形等方面的联络；蜜蜂能跳20多种舞蹈，最常见的是侦察蜂跳的"圆"舞和"8"字舞（详见本章第三节），这些舞蹈告诉同伴蜜源的距离、方向等信息。此外，蜜蜂等社会性昆虫还有群体情绪（group emotion），当某个群体情绪出现时，蜂群中成千上万的个体便出现行为一致的现象。

图15-5　双齿多刺蚁触角交流　　　　　图15-6　白蚁间触角交流

第二节　常见社会性昆虫及其分工行为

社会性昆虫主要有花蜂中的蜜蜂、胡蜂、蚂蚁、白蚁等常见种。它们的分工行为各异。

一、蜜蜂

蜜蜂是膜翅目蜜蜂总科动物的统称，这类动物成虫体被绒毛覆盖，足或腹部具有长毛组成的采集花粉器官，口器为嚼吸式，以植物的花粉和花蜜为食。Michener（1965）结合自己在中美洲、南美洲、非洲和澳大利亚动物区系研究中的实践，估计世界上现存蜜蜂有20 000种，分布遍及全球，我们常说的蜜蜂是指具有完全社会性的蜜蜂科（Apidae）、

蜜蜂亚科（Apinae）、蜜蜂属（*Apis*）的一类昆虫，蜜蜂属由9个独立种构成，分别为西方蜜蜂（*Apis mellifera*）、小蜜蜂、大蜜蜂、中华蜜蜂、黑小蜜蜂（*A. andreniformis*）、黑大蜜蜂（*A. laboriosa*）、沙巴蜂（*A. koschevnikovi*）、绿努蜂（*A. nuluensis*）、苏拉威西蜂（*A. nigrocincta*）。在我国常见的有西方蜜蜂、中华蜜蜂等，其中在云南、广西等地大蜜蜂、小蜜蜂（图15-7）较常见。

1. 蜜蜂的形态

蜜蜂是完全变态昆虫。一生要经过卵、幼虫、蛹和成虫4个虫态，不同身份的成员经历这一过程的时间有所区别，以中华蜜蜂为例，蜂王从卵到成虫（不含卵期的3天）只需要约16天，而工蜂需要约24天，雄蜂所需的时间则更长。不同的蜂种间也存在些许差异，意大利蜜蜂与中华蜜蜂相比，蜂王从卵到成虫所需的时间约短0.5天。

图15-7　小蜜蜂

2．蜜蜂的社群分工

（1）蜂王

蜂王是生殖器官发育完全的雌性蜜蜂，由受精卵发育而成，正常情况下蜂群中有且只有一只蜂王，其体型大且体长比工蜂长1/3，腹部长，翅膀仅覆盖腹部的1/2，腹部末端有螫针，腹下无蜡腺，足不如工蜂粗壮且后足无花粉筐。蜂王必须与雄蜂交尾后才具有完全的产卵能力，交尾后蜂王可依据巢房大小产下受精卵与未受精卵，受精卵可发育成为工蜂或者蜂王，未受精卵发育成为雄蜂，极少数不与雄蜂交尾而存在的蜂王也能产下未受精卵，且能抑制其他工蜂产卵，但因无法培育出工蜂，蜂群最终都会灭亡。

（2）工蜂

工蜂是生殖器官发育不完全的雌性蜜蜂，由受精卵发育而成，一个蜂群可能有数万甚至十几万只工蜂，其体型比蜂王小，管状口器发达，腹部呈圆锥形，腹上有蜡板，末端尖锐且有毒腺和螫针，足3对，股节、胫节和跗节有特化形成的花粉筐和花粉刷，因年龄不同可分成保育蜂、筑巢蜂、采蜜蜂3个职能有别的生理阶段。工蜂也具有产卵能力，正常情况下受蜂王信息素的影响，工蜂产卵受到抑制，若蜂王丢失，工蜂便会产下未受精卵，并培育出雄蜂，但不能培育出工蜂，蜂群最终会灭亡。工蜂产卵后体色会变成黑色，体型也会变小。

（3）雄蜂

雄蜂是单倍体雄性蜜蜂，由未受精卵直接发育而成，一个蜂群可能有数百至上千只雄蜂，其体型比工蜂粗壮，体色比工蜂深且呈黑色，头近圆形，复眼比工蜂和蜂王都大，触角鞭节有11个分节，翅宽大，腿粗短，无螫针、蜡腺和嗅腺。雄蜂的寿命一般为3～4个月，专职与刚出房的新蜂王交尾，交尾后很快便死亡。雄蜂没有种群间的限制，可以在不同种群之间自由进出。

分工后，虫体形态各异（图15-8），各成员依据蜂群发展进行分工合作，共同维系蜂群稳定。

蜜蜂的主要食物源于蜂蜜与花粉，蜜蜂通过口器将花蜜吸入然后回巢吐出酝酿成蜂蜜，同时也会用花粉筐采集花粉用脚带回后放入巢房，正常情况下，蜜蜂会将蜂蜜储存在巢的上部，花粉储存在巢的中上部，蜂巢是严格的六棱柱（图15-9）。

二、胡蜂

胡蜂（Vespidae）是膜翅目细腰亚目（Apocrita）[过去称为针尾亚目（Aculeata）]中胡蜂总科（Vespoidea）的统称。全世界现存的针尾胡蜂多达1 500种（李铁生，1985），世界上已知的有5 000多种，我国记载的有200余种（董大志 等，2005），为捕食性蜂类，在我国分布甚广，其社群成员与蜜蜂相同，也分为蜂王、工蜂、雄蜂3种类型。

1．胡蜂的形态

胡蜂与蜜蜂一样属于完全变态的昆虫。

a．蜂王；b．工蜂；c．雄蜂。

图15-8　蜂王、工蜂和雄蜂

图15-9　蜂巢结构

（1）卵

胡蜂卵呈椭圆形、白色，光滑，卵端部形成胡蜂未来的头部，基部形成腹部。

（2）幼虫

胡蜂幼虫虫体粗胖，两端略尖，梭形、白色，无足，幼虫的消化道不与排泄孔相通，而中肠部由围食膜形成一封闭的囊，排泄物被贮存在囊中，化蛹后此囊干硬变黑，随蜕掉的皮一起脱出；蛹为黄白色，其颜色随老熟程度逐渐加深，头、胸、腹分明，主要器官均明显可见，蛹不食，在蜂室内羽化成蜂后，以上颚咬破室口钻出。

（3）成虫

胡蜂成虫的头部前后略平，大型复眼位于头上部两侧（图15-10），呈肾形。

图15-10　叉胸异腹胡蜂（*Parapolybia nodosa*）

（4）雌蜂与雄蜂的主要差别

雄蜂腹节和触角均较雌性多1节，很多种的触角端部节常弯成钩状；雄蜂腹部末端有一雄性外生殖器，外生殖器基部为1对粗壮的生殖突基节，端部为较细而突出的生殖刺突，有握抱作用；雌蜂腹部末端有能伸缩的螫针，可排出毒液，故仅雌蜂螫人。

2．胡蜂的社群分工

胡蜂的社群成员与蜜蜂相同，也分为蜂王、雄蜂、工蜂3种类型。

（1）蜂王

越冬后的蜂王经过一段时间活动和补充营养后，各自寻找相对向阳避风的场所营巢，边筑巢边产下第一代卵，还担负御敌、捕猎食物、饲育第一代幼虫和羽化不久的蜂等一切内外勤工作，这时它是巢内唯一的成年蜂。

（2）雄蜂

胡蜂蜂群达到一定群式就出现雄蜂，它们可与同巢或异巢的少数雌蜂交尾，交尾后不久就会死亡。

（3）工蜂

工蜂专司扩大蜂巢的建筑、饲喂、清巢、保温、捕猎食物、采集、御敌和护巢等内外勤活动。这些工蜂性情暴烈凶狠，螫针明显，排毒量大，有攻击力（图15-11）。

胡蜂的社会性不如蜜蜂紧密，蜜蜂社群正常情况都有工蜂与蜂王存在（除分蜂时母群存在王台而无蜂王外），哺育、筑巢等工作全部由工蜂完成。而胡蜂越冬后社群成员单一，在第一代胡蜂出来之前蜂王负责蜂群内所有的工作，没有社群分工，随着第一代胡蜂的出房，蜂王逐步专职产卵。在胡蜂的群体中很少发生分蜂现象，这可能与胡蜂的食性有关，胡蜂没有储存食物的习性，不利于胡蜂社群的长期稳定。

图15-11　家长脚胡蜂（*Polistes jadwigae*）

三、蚂蚁

蚂蚁属膜翅目，蚁科。蚂蚁的种类繁多，是数量最多的一类昆虫。约占全部动物总数量的1/4，世界上已知的有11 700多种，有21亚科283属，中国境内已确定的蚂蚁种类有600多种（彩万志 等，2011）。

1．蚂蚁的形态

蚂蚁一般体形小，颜色有黑色、褐色、黄色、红色等，体壁具弹性，且光滑或有微毛。口器为咀嚼式，上颚发达。触角膝状，柄节很长，末端2～3节膨大，全触角分4～13节。腹部呈结状。分有翅或无翅。前足的距离大，呈梳状，为净角器（清理触角用）。

蚂蚁与蜜蜂、胡蜂相比较，发育上的主要区别在于胡蜂与蜜蜂的蛹期是在蜂房内完成的，而蚂蚁的蛹期是在相应的室内完成的，蚂蚁依据不同蛹龄蛹所需的温度与照料，而将蛹分成一个个室进行照料，蚂蚁在茧内完成形体转变后破茧成蚁，蚂蚁对卵、幼虫、蛹特别照顾，蚁巢受到破坏时，工蚁便会将卵、幼虫、蛹转移。

2. 蚂蚁的社群分工

在特定的时间出现未受精的雌蚁和雄蚁，有些种类的工蚁头部特化变大成兵蚁。有些种生活在其他种的巢内，幼虫可由宿主的工蚁喂养。

（1）蚁后

蚁后是有生殖能力的雌性蚂蚁，或称母蚁，在群体中体型最大，特别是胸部大，生殖器官发达，大部分种类在正常情况下只有蚁后负责产卵，部分种类如猛蚁，蚁后可自己捕食。但是蚁后不能掌控整个蚁群。

（2）雌蚁

雌蚁是交尾后有生殖能力的雌性蚂蚁，交尾后脱翅成为新的蚁后，未脱翅时俗称"公主"或"天使"，大部分雌蚁在交配后会脱翅，但是极少数不会脱翅（图15-12）。

a

a. 双齿多刺蚁公主蚁与王子蚁；b. 褐红弓背蚁（*Camponotus semirufus*）蚁后脱翅前；

c. 褐红弓背蚁蚁后脱翅后。

图15-12　双齿多刺蚁公主蚁与王子蚁及褐红弓背蚁蚁后脱翅过程

（3）雄蚁

雄蚁或称父蚁，有翅，头圆而小，上颚不发达，触角细长。雄蚁有发达的生殖器官和外生殖器，主要职能是与蚁后交配，俗称"王子"或"蚊子"（图15-12-a），完成交配后不久即死亡。

（4）工蚁

工蚁又称职蚁，无翅，是不发育的雌性，一般为群体中最小的个体，但数量最多。复眼小，单眼极微小或无。上颚、触角和3对足都很发达，善于步行奔走。工蚁没有生殖能力。工蚁的主要职责是建造和扩大巢穴、采集食物、饲喂幼虫及蚁后等。

（5）兵蚁

兵蚁是对某些蚂蚁种类的大工蚁的俗称，是没有生殖能力的雌蚁。其头大，上颚发达，可以粉碎坚硬食物，在保卫群体时其上颚即成为战斗的武器。

四、白蚁

白蚁属于节肢动物门，昆虫纲，有翅亚纲，蜚蠊目。地球面积2/3的陆地上有白蚁分布，其中大部分集中在热带和亚热带地区，各大洲中仅南极洲尚未发现白蚁活动的痕迹。全世界的白蚁总共有7科2 750种，全部分布在南北纬度50°以内的地区，我国有100多种白蚁（尚玉昌，2006）。

1. 白蚁的形态

白蚁属半完全变态昆虫，一生经历卵、若虫、成虫3个阶段，白蚁在若虫阶段便参与社群活动。其头部可以自由转动，取食器官为典型的咀嚼式口器。

2. 白蚁的社群分工

白蚁社群成员分若干类型，通常由繁殖蚁和非繁殖蚁组成。

（1）繁殖蚁

繁殖蚁指有性的雌蚁和雄蚁，白蚁的繁殖蚁依据翅膀的不同可以分为长翅、短翅、无翅3种类型。在正常的蚁群中，长翅繁殖蚁是主要的，通过有翅蚁的婚飞配对，蚁群可实现在较远的地方安家，缓解巢区的资源压力，这是蚁群分群的主要手段。短翅型称为补充繁殖型，当小部分蚁群与原群失去联系或者原始蚁王、蚁后死亡后，短翅型蚁王、蚁后作为补充出现，延续整个白蚁群体的繁衍。这类蚁王、蚁后不做长距离的迁移，因此不需要较长的翅膀。无翅型蚁王、蚁后比短翅型更少见，只在极少数白蚁群体内发现，来自不具翅芽的幼虫或来源于工蚁。

短翅型和无翅型繁殖蚁在较高级的白蚁科昆虫的巢中比较少见。

（2）非繁殖蚁

非繁殖蚁指没有繁殖能力的白蚁（含雄性）。它们无翅，生殖器官已经退化，包括工蚁、兵蚁、若虫3大类。根据其担负的是劳动还是作战的任务，有工蚁与兵蚁之分。

①工蚁。工蚁在群体中数量最多，约占80%以上，体柔软，除某些高等白蚁外，几乎无色素，形态与成虫相似，通常体色较暗，有雌、雄性别之分。工蚁头阔，复眼消失，有

时仅存痕迹。工蚁往往还有大、小型之分，无生殖机能。担任巢内很多繁杂的工作，如建筑蚁冢，开掘隧道，修建蚁路，培养菌圃，采集食物，饲育幼蚁、兵蚁和蚁后，清洁卫生，看护蚁卵等。在无兵蚁的种类中，它们还要负责抵御外敌。②兵蚁。兵蚁是变化较大的品级，除少数种类缺兵蚁外，一般从3~4龄幼蚁开始，部分幼蚁分化为色泽较淡的前兵蚁，进而成为兵蚁。兵蚁头部有圆形、卵圆形、近乎方形或长方形等形状，有色素，高度骨化，上颚发达，根据上颚形状，可分上颚兵与象鼻兵两大类，无眼或仅存痕迹，专司捍卫群体，约占群体数量的5%。兵蚁是群体的防卫者，虽有雌雄之分，但不能繁殖。兵蚁的头部长且高度骨化，上颚特别发达，但已失去了取食功能，成为御敌的武器，还可用上颚堵塞洞口、蚁道或王宫入口。由于兵蚁失去了取食功能，因此靠工蚁饲喂食物。③若蚁。若蚁指从白蚁卵孵出后至3龄分化为工蚁或兵蚁之前的所有幼蚁，他们与工蚁一样参与巢内的各种活动和工作。有些种类缺少工蚁，由若蚁代行其职能。

3. 白蚁与其他社会性昆虫的主要区别

（1）发育形态

蜜蜂、胡蜂、蚂蚁属完全变态昆虫，而白蚁属半完全变态昆虫。

（2）雄虫作用

雄白蚁在蚁群中起着积极作用并始终生活在蚁群中，非繁殖型雄蚁还参与蚁群内的各种劳动；而其他3类社会性昆虫雄性的唯一功能是交配，交配后便死去。

（3）染色体数

白蚁的两性都是双倍体；其他3类的雌虫是双倍体，而雄虫是单倍体。另外，婚飞之后雄白蚁仍与蚁后生活在一起并帮助蚁后筑巢，授精不是发生在婚飞期间而是发生在蚁群发展期间，雄蚁是断断续续地为蚁后授精；而其他3类的雄虫是在婚飞期间为雌性生殖个体授精，婚飞后便死去，不参与筑巢活动。

第三节 社会性昆虫的其他行为

一、信息交流行为

信息交流（information communication）是社会性昆虫的一个重要特征，社会性昆虫的信息交流都离不开声、光、气味等媒介，其通过不同的动作、不同的声音、不同的气味来表示复杂的社群意义，引起群体成员之间的共鸣，进而促进一系列社群活动的开展。通过长期观察实验发现，中华蜜蜂通常单独或者组合运用3种媒介来传达复杂的信息。如守卫蜂有规律地抖动翅膀发出轻轻的"嗡嗡"声，是向群体成员传达平安的信息。若守卫蜂发现有敌害靠近，则会加快翅膀振动的频率，由"嗡嗡"声变成"嗞嗞"声，提醒蜂群敌害已经靠近，蜂群中的守卫蜂便会快速向门口集结，做好战斗准备。若守卫蜂发出尖锐的"嗞嗞"声，同时散发出强烈的蜂臭，表明战斗已经打响，这时整个蜂群会处于高度警戒状态，守卫蜂会依据蜂臭的浓度快速找到敌害并投入战斗。

"8"字舞是蜜蜂传递蜜源信息的一个重要手段，在跳"8"字舞时，其也会跳"圆"舞

（图15-13）。蜜蜂利用"8"字的大小及"8"字的起始点来传达蜜源的方向及远近，但是很多研究者在研究"8"字舞时并没有对其他信息要素进行研究。笔者经过20多年的观察发现，蜜蜂在跳"8"字舞的前后还有一些信息传递行为，分别传达了蜜源的丰富度和蜜源的气味，更有利于蜜蜂对蜜源的判断与定位，其中跳"8"字舞前的动作通常表示蜜源的丰富度，在跳"8"字舞前，若采集蜂富有激情地快速点头，抖动身体，吸引同伴注意，则表示蜜源较丰富、较优，值得采集；若点头抖动身体较慢，则表示蜜源一般。在"8"字舞结束后，快出发的采集蜂会向舞蹈蜂点头索吻，舞蹈蜂则会呈一些刚采的蜜样给同伴，让同伴知道所采蜜源的种类，这样更有利于同伴找到蜜源。

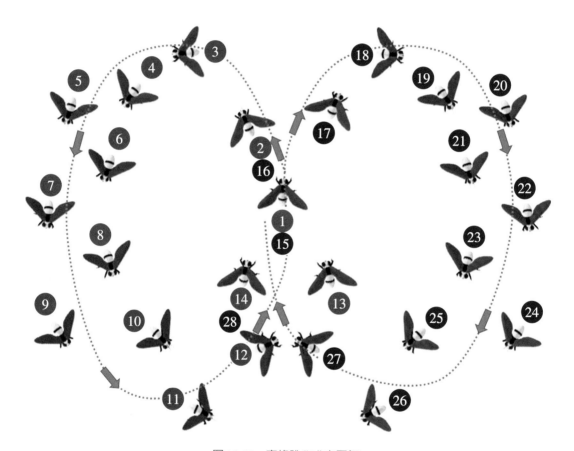

图15-13　蜜蜂跳"8"字圆舞

　　蚂蚁的行动范围不如蜜蜂广，蚂蚁的信息传递比蜜蜂直接而高效，蚂蚁头上的1对触角表面有许多微小的孔洞，有些孔洞里藏着能够感受气味的细胞。同时蚂蚁本身能够依据不同的信息散发出不同的气味，在发现食物后，一路上蚂蚁会不断散发出特殊气味，标记寻找食物的路线，蚂蚁回巢后会用触角碰触其他蚂蚁的触角，同时散发出特殊气味让同伴兴奋起来，让信息在同伴间传播，同伴收到信息后很快就会沿着侦察蚁的气味寻找到食物。随着采集食物的蚂蚁越来越多，气味越来越浓，慢慢就会形成一条特殊的信息通道——蚁路（图15-14），蚂蚁沿着蚁路就可轻易找到食物。

图15-14　蚂蚁蚁路

　　赵志鹏等（2020）研究指出：草白蚁和一些高等白蚁由于巢内缺乏食物来源，需要到巢外觅食，前边的白蚁会从腹部的腹板腺中释放气味分子信号，用于追踪行为，后边的白蚁会追随着气味信号，沿前边白蚁走过的路径继续行进，这也是在野外可以看到排成一队行进的白蚁的原因。白蚁间会通过接触的方式互相感知，即使没有直接接触，白蚁也能够利用头部叩击巢内结构产生一定频率的振动，通过振动信号进行交流。一只白蚁能产生的信号强度有限，但是当其他白蚁捕捉到振动信号后，也会随即一起发出振动信号，就这样逐级放大，把信号传播至整个蚁巢，这样的交流方式在蚁巢防卫中具有重要意义，就像是拉起防空警报，让巢内所有白蚁转换成备战状态。

二、抚育行为

　　抚育行为是社会性昆虫发展壮大的基础，也是社会性昆虫劳动的动力，社会性昆虫的抚育行为（图15-3）能有效地促进社群成员的劳动积极性，蜜蜂饲养证实，没有抚育任务或者难以完成抚育任务时，蜂群常非常消极，甚至有可能会逃跑。黄维亚等（2016）研究发现，蜜蜂工蜂扮演着护幼的角色，因蜜蜂幼虫自身无法摄取食物，需要依靠工蜂喂养，在喂食过程中工蜂通过控制食物的分配来调节幼虫的性发育，使其发育为不同等级的成蜂；而幼虫亦能通过多种体表信息素乞求工蜂喂食，同时，还会抑制工蜂卵巢的发育。膜翅目蚂蚁也是一类具有典型社会性行为的昆虫，其护幼行为具有重要意义。例如，蚂蚁第一代幼虫由蚁后自己抚育，蚁后虽未取食却仍能哺育幼虫，这是因为雌蚁翅脱落后，依靠与翅相连的肌肉退化水解来提供营养，待幼蚁发育为工蚁后，蚁后不再担负哺育幼蚁的责任，而是专门产卵，直至衰老死亡为止。蚂蚁护幼行为还表现为工蚁会调整蚁卵和幼蚁的空间排列、护理投入的有效时空分配，以及工蚁间的化学通信等（图15-15）。例如，Franks 等（1992）发现*Leptothorax unifasciatus*蚁群内工蚁根据子代发育状态建立"护理空间"，工蚁可根据其护理空间进行"适量"护理，即不同发育阶段的幼蚁以同心圆方式排列，中心为卵和小型幼蚁，外周则是较大、较成熟的个体，呈棋盘格状排列。工蚁分配给每一幼蚁个体的区域随该个体离圆心距离的增加而增大。此外，Hatcher等（1991）还发现工蚁间可以进行信息交流，避免重复护理相同幼蚁个体，从而实现护理行为的有效时空分配。

图15-15 尼科巴弓背蚁蚁室

社会性昆虫的抚育行为受食物的丰富度、季节及温度变化、各种工种成员比例、群体大小、有生殖能力的雌体的产卵能力强弱等多方面因素的影响。以中华蜜蜂为例，抚育任务受食物影响很大，当外界食物丰富时，群体便会倾力繁殖，哪怕群体中食物不足也会加速抚育，这时工蜂会积极喂养蜂王，蜂王会加大产卵量，增加抚育任务，启动蜂群高速繁殖节奏，快速壮大蜂群。当外界食物减少时，工蜂便会停止饲喂蜂王，用蜂蜜填住巢房防止蜂王产卵，逐步中止抚育行为。同样，季节及温度变化也会影响社会性昆虫的抚育行为，比如春季气温逐步升高，此时蜂群更喜爱抚育雄蜂与蜂王幼虫，加速启动分蜂机制，蜂群难以壮大；而进入秋冬季节，蜂群更喜好抚育工蜂幼虫，维持群体强大以便过冬。各工种成员比例是影响抚育行为的主要因素，如老年工蜂与幼年工蜂在抚育效率上差别巨大，通常老年工蜂的抚育效率仅为幼年工蜂的1/3，因而春天第一批蜂的繁殖速度都会较慢，随着第一批蜂出房投入抚育，蜜蜂便进入发展的快车道。

社会性昆虫的抚育行为具有明显的阶级性。表现为社会性昆虫对不同的幼虫采用不同的抚育方式，进而通过抚育完成社群的社会分工。以中华蜜蜂为例，其各种幼虫的抚育情况见表15-1。

蜜蜂抚育工作由工蜂进行（图15-16），在什么地方抚育、用什么物质抚育、抚育多久这些可变因素能决定所育幼虫将来的命运。如表15-1所示，蜜蜂蜂王与工蜂的区别完全来源于工蜂的抚育行为，蜂王与工蜂都是来源于蜂王与雄蜂交配形成的二倍体卵，二者的染色体构成是完全一致的，工蜂在抚育幼虫的过程中有针对性地培育造成了二者极大的区别。当蜂王产下相同的受精卵时，工蜂扩大育儿区，始终用蜂王浆（royal jelly）连续饲喂8天，培育出的便是蜂王；而工蜂不扩大育儿区，前3天喂蜂王浆，后5天喂蜂蜜与花粉的幼虫，便发育成为工蜂，实验表明工蜂与蜂王的区别就来源于5天的不同喂养方式。

表15-1　中华蜜蜂各种幼虫的抚育情况

幼虫种类	来源	卵化期/天	1日龄	2日龄	3日龄	5～8日龄	羽化期/天	蜂房大小（假设工蜂为1）
蜂王幼虫	蜂王产的受精卵	3	蜂王浆	蜂王浆	蜂王浆	蜂王浆	8	3
工蜂幼虫	蜂王产的受精卵	3	蜂王浆	蜂王浆	蜂王浆	蜂蜜与花粉	14	1
雄蜂幼虫	蜂王或者工蜂产的未受精卵	3	蜂王浆	蜂王浆	蜂王浆	蜂蜜与花粉	16	1.5

很多社会性昆虫各种品级的分化，除了由来源于父母体（孤雌生殖除外）的基因决定外，很大程度上由社会性昆虫的抚育造成。社会性昆虫的抚育行为不仅表现在对幼虫的有针对性抚育上，同时也表现在对同类幼虫的无条件抚育上，不论是对同群还是异群的幼虫，社会性昆虫大多表现出广泛的接受性。例如两群正在战斗的中华蜜蜂，任何一个成体工蜂都不可能在另一蜂群生存，但把任意一蜂群的幼虫调入另一蜂群，两个蜂群都会无条件接受，而且会一视同仁地接受。这种抚育行为在部分蚂蚁中表现得尤其突出，很多蚂蚁冲突的目的就是掠夺同类的幼虫为己所用，把别人的卵搬运到自己的巢穴（图15-17），从而壮大自己的群体。

图15-16　意大利蜜蜂工蜂饲喂蜂王幼虫

图15-17　蚂蚁搬运蚁卵

三、交配行为

蜜蜂类、胡蜂类、蚂蚁类和白蚁类大多数具有有性生殖能力与孤雌生殖能力，但有性生殖占主导，因而交配行为是社会性昆虫最基本的社会行为，社会性昆虫表现出多样的交配行为。雄性个体大都来源于雌性个体的孤雌生殖，而有交配能力的雌体则来自受精卵经过特殊抚育形成的特殊雌体，无论是雌性还是雄性，都必须具备飞行的能力，这是交配发生的前提（极少数白蚁除外）。依据婚飞次数的不同，社会性昆虫交配大体分3种情况，分别为婚飞即交配式、婚飞再交配式、婚飞结伴再交配式。

1. 婚飞即交配式

婚飞即交配式是多数蚂蚁交配的方式，在蚂蚁群中产生公主蚁与雄蚁后，蚁群会在一个特殊的时间点把公主蚁与雄蚁驱逐出巢，公主蚁起飞前要做准备（图15-18），起飞后在空中与一只或者多只雄蚁交配，交配完后雄蚁生殖器脱落，很快死亡，而交配后的雌蚁则将收集的精子集中放在储精囊中保存，利用雌体的营养保持精子活力，以供一生使用。雌蚁交配完后，身体逐步发生变化，翅膀开始脱落，失去交配能力，寻找筑巢点产卵后成为新的蚁后。

图15-18　红火蚁公主蚁准备起飞

2. 婚飞再交配式

婚飞再交配式是蜜蜂与胡蜂的交配方式，这类社会性昆虫的婚飞次数较多，且前期的婚飞大多不发生交配行为，而是练习飞行本领，中华蜜蜂是这种交配行为的代表，处女王羽化后的3~4天，如天气晴好，14:00—16:00处女王会出巢进行首次婚飞，此时处女王大多数在巢周边低空飞行，练习飞行本领，通过飞行减轻体重，为交配做前期准备，此时不与雄蜂发生交配。当其体重进一步减轻，对巢比较熟悉后，处女王便会进行真正的婚飞。这时在蜂场上方，大量雄蜂在高空中飞舞，发出"嗡嗡"的响声，组建成一个雄蜂圈，吸引处女王的到来，处女王飞进雄蜂圈后，雄蜂开展追逐，胜利者可与处女王交配，处女王与一只雄蜂交配后常会回巢补充体力，休息后会再次进入雄蜂圈进行多次交配，直至获得较多精子为止。在交配的过程中雄蜂的生殖器都会脱落，之后雄蜂会较快死亡，脱落的生殖器则悬挂在蜂王的腹部，形成一条红线，俗称"交尾标志"，蜂王交配后翅膀不脱落，腹部开始膨大，2～3天后便会产卵，产卵后蜂王不再交配。

3. 婚飞结伴再交配式

相比蜂类与蚂蚁类的雄性交配即死亡，白蚁雄蚁与公主蚁在空中婚飞时，不是立即交配，而是寻找中意的伴侣，寻找到适合的伴侣后停止婚飞，落地脱去翅膀，结伴做巢，另行交配，雄蚁此后长期与蚁后一起生存，称为蚁王，受到蚁群特殊照顾，专职与蚁后交配产生受精卵，有的蚁王可以与蚁后共同生活数十年。

四、计划性行为

社会性昆虫在群居生活中，常受食物、季节等因素影响，自觉调整社群的行动，呈现出一定的计划性，称为社会性昆虫的计划性行为（planning behavior）或策略性行为（strategic behavior）。此行为在具有储备性行为的社会性昆虫中尤为明显。中华蜜蜂表现出比大蜜蜂等更高的计划性，这种计划性表现在采集与抚育上。中华蜜蜂属定居型蜂，不会如大蜜蜂那样随蜜源迁徙，在长期的环境适应中表现出很强的适应力，学会了用计划性行为渡过难关。当外界春暖花开，感觉到外面有蜜源时，蜜蜂会倾其所有来繁殖，哪怕家中滴蜜无存也在所不惜，这时蜜蜂的中心工作就是抚育，在满足抚育要求的基础上蜜蜂不会过多地采集蜂蜜，以保存充足的抚育力，这时蜂群中常会出现"见子不见蜜"的现象。但是当蜜源期快要结束时，蜜蜂的主要精力由抚育转变为采集，蜜蜂不断用蜂蜜填住蜂房防止蜂王产卵，不断将抚育房改成储存房，以存放更多的蜂蜜，这时常常会出现"见蜜不见子"的现象。这是蜜蜂为将要到来的艰苦日子做的计划性安排，用足够的储备、极低的消耗有计划地渡过难关，直到下一个蜜源期的到来。

五、经济性行为

社会性昆虫在营巢、采集等过程中常会采用最经济的方法实现效用最大化，这种行为称为社会性昆虫的经济性行为（economic behaviour），蜜蜂是这种行为者的典型代表。在营巢方面，蜜蜂会利用有限的材料制作六边形蜂巢（图15-9），经过人类计算，蜜蜂的蜂巢是相同材料下所得空间最大，结构最为稳定的经济性设计，在人类的建筑设计中得到广泛采用。

蜜蜂对花粉/花蜜的采集（图15-19）也表现了明显的经济性，在湖南等地野菊花（*Chrysanthemum indicum*）是秋冬季节蜜蜂的主要蜜源，蜜蜂较爱采集，野菊花花期的中后段常与柃木（*Eurya japonica*）等花期重叠，柃木开花后蜜蜂对野菊花的兴趣明显降低，表现出对柃木的浓厚兴趣，蜜蜂采集柃木花粉/花蜜的积极性是采集野菊花的数倍。这主要是因为经济性原则，蜜蜂采集菊花时，菊花为头状花序，花蜜较分散，蜜蜂采集数百朵花才能吸足蜜,而柃木属于山茶科(Theaceae),流蜜量大,正常情况下蜜蜂采集3～10朵花就可吸足蜜,效率明显要高于采集菊花,因而蜜蜂更喜爱采集柃木花粉/花蜜。黄腰胡蜂(*Vespa affinis*)在采集行为上也表现出较明显的经济性,蜜蜂、蜂蛹、蜂蜜都是黄腰胡蜂的食物,然而在这3种食物同时出现时,黄腰胡蜂选择食物有明显的喜好,笔者做过实验,在这3种食物同时具备时,黄腰胡蜂更喜好蜂蜜,当没有蜂蜜,只有蜂蛹与蜜蜂时,黄腰胡蜂更喜欢蜂蛹。原因是在取食相同质量的3种食物时,蜂蜜的能量最高,蜂蛹其次,蜜蜂最少。由此可见黄腰胡蜂的采集行为也具有明显的经济性。

a. 中华蜜蜂采集柃木花粉/花蜜;b. 墨胸胡蜂(*Vespa velutina*)采集乌蔹莓(*Cayratia japonica*)花粉/花蜜。

图15-19　蜂类采集花粉/花蜜

六、储备行为

蜜蜂、蚂蚁、白蚁等社会性昆虫储备食物的行为,称为社会性昆虫的储备行为(reserve behavior)。社会性昆虫储备食物的方法较多,常见的有巢内储存(如中华蜜蜂,图15-20)、身体储存(如蜜罐蚁,图5-5)和就地储存3种类型。

图15-20　中华蜜蜂巢内储存方式

蜜蜂是巢内储存食物的能手,在营建蜂巢时将蜂巢分为3个区域(图15-9),一是供抚育幼虫的繁殖区(巢的中下部);二是存放花粉的花粉区(巢的中部);三是存放蜜的储蜜区（巢的上部）。其中储蜜区的巢房经过特殊改造，巢孔较深，可存放较多蜂蜜，蜜蜂在采集回花蜜后会对其进行酿造，使其水分不断降低，糖分逐渐提高，最后形成蜂蜜，蜂蜜酿好后，蜜蜂会吐出蜂蜡封住蜂蜜防止蜂蜜流出及水分进入蜂蜜。而花粉区则是蜜蜂存放花粉之处，同时利用蜂蜜及发酵酶把花粉发酵制成蜂粮用于抚育幼虫，花粉区大都不吐蜡封盖。在外界蜜源丰富的情况下，蜂群能储存蜂蜜及花粉10 kg以上，较大群甚至可达到50 kg以上。蜜罐蚁的储存方式较为特别，他们常利用工蚁的身体进行储存，在蜜源期，蜜罐蚁会拼命吸取花蜜，让自己的身体快速膨大形成蜜罐，然后倒挂在巢内形成一个个活动的储物室，储备食物。在蜜源期蜜罐蚁可储存自身体重数十倍的花蜜，成为真正的蜜罐子。相较于蜜蜂与蚂蚁的食物，白蚁的食物体积较大，白蚁储存食物的方法是就地储存，一旦发现食物，白蚁不是搬运食物而是迅速分泌液体制造蚁土将食物包围起来，再慢慢分享食物。胡蜂为肉食性动物，保存食物相对困难，因而很少见胡蜂有储备行为。

七、冲突行为

社会性昆虫群体内部成员之间，或同种昆虫不同群体之间，或不同种昆虫群体之间，常常因为食物、巢穴或领地、交配权、特殊气味等因素，发生打斗等行为，这称为社会性昆虫的冲突行为（conflict behavior）。如不同蚂蚁群体之间，一旦某个种群入侵另一种群的领地，常常会被围攻并歼灭（图15-21）。

笔者经过长期的观察发现，中华蜜蜂群体内常发生工蜂与雄蜂的冲突，具体表现在食物比较少时，工蜂群体对所有雄蜂展开驱逐，工蜂采用撕咬等方式不断将雄蜂赶出蜂巢，或驱离巢房，因雄蜂口器退化且尾部无针，毫无反抗余地，几小时内雄蜂便会全部被驱离，阻断食物供给，几天内所有雄蜂便会全部死亡，从而减少蜂群食物损耗。

图15-21　黄猄蚁群体围攻入侵的多刺蚁

同群的冲突还常见于工蜂与处女王之间。通常，蜜蜂分蜂后，工蜂会培育8～10个王台（蜂王幼虫），在工蜂的管理下，这些蜂王会依次分批出房，每出一个蜂王便会进行一次分蜂，直到蜂群较小，工蜂不愿分蜂为止，此时新出的蜂王才可以毁除剩余的全部王台。但在长期阴雨不能分蜂时，工蜂会分泌蜡液将要出的蜂王封在王台中，并不断喂食，直到分蜂后才允许一只新蜂王出来，完成另一次分蜂。如果在此时人为干预，如抖动蜂巢，工蜂便会放松看管，所有蜂王便会一下全部出房，出现一群多王现象，这时蜂王与蜂王之间，工蜂与蜂王之间会发生冲突，所有工蜂会在极短的时间内杀死后面出来的蜂王，直到仅保留一只蜂王时冲突才会结束。

同种不同群的冲突非常普遍，如蜜蜂间的盗蜂行为就属于典型的冲突行为，这种冲突行为依据能否识别分为"和平盗"与"打斗盗"2种情况。如果被盗群不能识别作盗群，作盗蜂可自由出入被盗群偷取蜂蜜，常不会有很大的冲突，直至被盗群蜂蜜被盗光为止（或者外面有蜜源后作盗群自动停止偷盗）；如果能识别则会发生激烈的打斗，工蜂会放出蜂臭吸引同伴前来参战，战斗常会异常惨烈（图15-22），直至被盗群逃跑或作盗群全部被消灭为止。

不同种群之间的冲突行为常表现为弱肉强食的食物链行为，如金环胡蜂（*Vespa mandarinia*）与中华蜜蜂之间。金环胡蜂是蜜蜂的天敌，蜜蜂一旦发现金环胡蜂靠近，会发出预警，这时工蜂会退缩回巢内，防止被金环胡蜂发现，如被发现，则会组织进行顽强抵抗，一旦有单只金环胡蜂进入巢内，许多甚至几百只蜜蜂便会一拥而上，将金环胡蜂团团围住（图15-23），不断升高体温，把金环胡蜂热死。

图15-22　中华蜜蜂盗蜂　　　　　　　　　图15-23　蜜蜂围困胡蜂

这时金环胡蜂常会采用围而不攻的方法与蜜蜂战斗，几十只金环胡蜂守在蜂巢门口，用口器咬死蜜蜂，让蜜蜂长期不能外出采集，引起蜜蜂飞逃，然后取食蜜蜂幼虫与蜂蜜。

八、诱骗行为

　　为达到一定的目的，社会性昆虫常会采取一些具有诱惑性的行为来蒙蔽对方，这称为社会性昆虫的诱骗行为（cheat behavior）。常见诱骗行为有食物诱骗与信息诱骗2种类型。食物诱骗在中华蜜蜂之间常发生，在蜜源紧张时期，一些经验丰富的老年工蜂常常会利用食物诱骗他群年轻的守卫蜂，它们身体黑小，行动异常敏捷，在巢门口不断侦察，这时会有大量守卫蜂前来阻挡识别身份，老年工蜂便会吐出少量蜜液给守卫蜂（图15-24），让守卫蜂尝到甜头，以为是自家人而放行，若被识别出来，老年工蜂则会立马逃跑。意大利蜜蜂是信息诱骗的高手，意大利蜜蜂偷盗中华蜜蜂时常模仿中华蜜蜂雄蜂的振翅频率（中华蜜蜂雄蜂在不同群之间可以通行），让中华蜜蜂误认为是自家雄蜂而放行，诱骗成功的意大利蜜蜂进入蜂群后便会采取"斩首"行动，杀死蜂王，让中华蜜蜂群混乱，然后回巢通知其他意大利蜜蜂前来作盗（图15-25）。

盗蜂

图15-24　作盗蜂蜜诱守卫蜂

图15-25　意大利蜂偷盗中华蜜蜂

九、掩盖行为

社会性昆虫为了自身安全，对食物、巢穴、自身行动、敌害信息等进行掩盖，保障群体安全的行为称为社会性昆虫的掩盖行为（masking behavior或cover-ups behavior）。白蚁为保障自身安全，常会在常过的道上修建蚁道，把自己的行踪掩盖起来，保障自身安全。蜜蜂常会用蜂蜡把蜂巢的缝隙堵住，防止气味外露引来敌害。中华蜜蜂甚至对敌害的信息也有掩盖行为，一旦金环胡蜂靠近蜂巢，金环胡蜂便会在巢门口附近留下气味，等胡蜂走后，中华蜜蜂会迅速分泌一种带有蜂臭与排泄物的小黑点，吐在金环胡蜂所做的标记上，以打乱

图15-26　蜂箱门口的黑点

金环胡蜂的信息，让金环胡蜂找不到蜂巢，金环胡蜂来的次数越多，中华蜜蜂分泌的掩盖物也就越多，较严重的蜂群巢门口全是黑点（图15-26）。

十、求助行为

部分社会性昆虫受到威胁时会向同伴或其他动物求助，表现出一定的求助行为（help-seeking behavior）。中华蜜蜂中工蜂常发出求助信息，吸引同伴前来帮助，比如工蜂翅膀下的头胸部是工蜂自身清理的盲区，当工蜂受到螨虫（螨虫属于节肢动物门蛛形纲广腹亚纲的一类体型微小的动物）困扰时，受困扰的工蜂会在同伴间不断抖动翅膀，扭动身体吸引同伴注意，向同伴发出求助信息（图15-27），同伴收到信息后常会帮助受困扰的工蜂清除螨虫。

a. 蜜蜂身上的花螨；b. 蜜蜂给同伴清理花螨。

图15-27　蜜蜂在受到螨虫困扰时的求助

社会性昆虫除了向同伴求助以外，有时还可以向其他相关动物发出求助信息，寻求帮助，如中华蜜蜂对饲养员的气味比较敏感，中华蜜蜂受到金环胡蜂攻击时，便会用一种特殊的信息向饲养员求助。这时会有一只或者数只中华蜜蜂落在饲养员的身上不断轻咬饲养员，发出轻轻的嗡嗡声，饲养员很难驱离，这时只要饲养员检查蜂群，便会发现有金环胡蜂来袭，将金环胡蜂驱离后，中华蜜蜂的这种求助行为也随之结束。

十一、优先行为

社会性昆虫成员间有明显的职能分工，各种成员之间在生存、食物分配、生育、抚育上表现出明显的差别，特殊群体常受到优先照顾，表现出一定的优先权，社会性昆虫的这种行为称为优先行为（preferential behavior）。中华蜜蜂优先行为十分明显，中华蜜蜂的不同发展阶段，优先行为有所区别，具体如表15-2所示。

表15-2　蜂群各个时期各蜂种及幼虫优先度对比

蜂群各个发展时期	蜂王	工蜂	雄蜂	蜂王幼虫	工蜂幼虫	雄蜂幼虫
群体发展初期	3	1	−1	−2	2	−2
群体发展中期	3	1	1	1	1	1
群体发展高峰期	2	1	2	3	1	3
群体发展后期	3	1	−1	−2	2	−2
群体发展特别困难期	2	1	−3	−3	−1	−3

注："1"表示正常值；数值越高表示越重要，越受优待；数值越低，表示越不重要，越容易被遗弃。

如表15-2所示，中华蜜蜂群体中的蜂王、工蜂、雄蜂的地位差别是非常大的，蜂王是蜂群发展的核心，无论什么时候都享有一定的优先权。工蜂是蜂群存在的基础，无论什么时候都具有一定的地位。而雄蜂的命运就大起大落，不同的发展时期所受的待遇差别非常大，在群体发展高峰期，雄蜂受到优待，蜂群会把主要精力用在哺育雄蜂上；但外面食物不足时，工蜂会驱逐雄蜂，雄蜂是最先受遗弃的对象。中华蜜蜂应对困难期的表现可很好地说明各蜂种不同的重要度及优先性，当外面食物较少时，蜂群最先做的就是清除无用的王台，减少不必要的浪费（前提是蜂群有蜂王存在，如蜂王不存在，任何时候优先培育的都是蜂王幼虫），其次是清除所有的雄蜂幼虫并驱逐雄蜂。当食物进一步匮乏时，工蜂则会清除工蜂幼虫，停止整个抚育过程，工蜂居巢少出，进一步减少食物浪费。如情况进一步恶化，则老年工蜂会自动停止取食，把食物让给幼蜂与蜂王，可见在食物匮乏时，蜂群的优先顺序为蜂王—幼年工蜂—成年工蜂—工蜂幼虫—雄蜂幼虫—雄蜂—蜂王幼虫。当然这种优先顺序也不是一成不变的，当蜂群壮大，外面蜜源丰富，蜂群计划分蜂时，便会优待蜂王幼虫、雄蜂幼虫与雄蜂，并相应地减少对蜂王的饲喂（主要是为了减轻蜂王的体重，利于蜂王飞行），降低工蜂幼虫抚育量，逐步启动分蜂机制。

十二、利他行为

昆虫利他行为是指为提高其他个体的生存和生殖机会而降低自己的生存和生殖机会的昆虫行为。利他行为对社群生存、群落发展有利。社会性昆虫的利他行为表现在抚育、防御、防疫、温度调节等多个方面。

1. 抚育

不论是蜜蜂与胡蜂的工蜂，还是蚂蚁与白蚁的工蚁等，都表现出很强的自律性与利他性，为了群体的延续，都会放弃自身的生育与抚养权，专注于抚养蜂王或者蚁后的后代，从而保持群体的延续。

2. 防御

蜜蜂的工蜂在遇到敌害时，都会毫不犹豫地将自身蜇针刺向敌人，蜇针会连同一部分内脏拉出（图15-28），在进攻敌人的同时往往会牺牲自己。

3. 防疫

蜜蜂与蚂蚁都是利他性的典型代表，无论是蜜蜂还是蚂蚁，一旦感觉自己快要死亡，都会选择孤独地死亡，他们会拼尽最后一点力气让自己尽量远离巢穴死亡，防止同伴感染。

图15-28　蜜蜂蜇人的自我牺牲

2010年1月29日，德国雷根斯堡大学发表公报说，其动物学院的生物学家在实验中观察到，生病的蚂蚁会离开巢穴并孤独地死在外面。进一步研究证实，这种主动行为并不是某种特定疾病的病征，也不会出现在其他健康蚂蚁的身上。其实这种行为每天也会在蜜蜂蜂群中上演。

4. 温度调节

意大利蜜蜂与中华蜜蜂都会产生利他行为，对群体更加有利。当温度升高时，蜜蜂的工蜂会在箱门口排成队，抖动翅膀从箱内抽风（意大利蜜蜂）或向箱内送风（中华蜜蜂）（图15-29），从而降低箱内温度，给其他成员营造一个良好的生存环境。当温度降低时，蜜蜂会结成球形，聚集个体之间的能量，维持群内适宜的温度，帮助蜂群安全过冬。

5. 共栖关系

达尔文在《物种起源》一书中就指出有很多种类食蜜蚁会主动保护蚜

图15-29　中华蜜蜂振翅给蜂群降温

虫，将蚜虫送到植物的顶端，驱赶捕食蚜虫的敌害，在保护蚜虫的同时获得蚜虫的排泄物，这既是一种昆虫的利他行为，也体现了昆虫间的共生关系（symbiosis）；这种关系的例子有许多，如黑褐举腹蚁（*Crematogaster rogenhoferi*）与银线灰蝶（*Cigaritis lohita*）幼虫（图15-30）等。

图15-30　黑褐举腹蚁与银线灰蝶幼虫间的共生关系

可见，社会性昆虫的利他行为能促使昆虫适应环境，不断进化，对维持群体团结稳定、促进群体发展壮大具有十分重要的意义。

十三、品级分化行为

品级（或等级）分化（caste differentiation）是生物非遗传多型性的一种现象。生物个体发育过程不仅会受到环境因素如温度、光照和营养等的影响，也会受个体之间相互作用的影响，其结果是个体的表现型可能发生某种程度的改变，这种现象就是"表型可塑性"（phenotypic plasticity）。社会性昆虫的主要特征之一是具有品级分化。雌性分化为生殖个体和非生殖个体，非生殖个体间又有不同的分工。

不同品级的个体在形态上也有所区别，群体内个体间互相合作，各司其职。如蜜蜂、胡蜂的雌性个体有蜂王与工蜂的区别，蚂蚁的雌性个体有蚁后、工蚁、兵蚁等区别，部分白蚁繁殖蚁有长翅繁殖蚁、短翅繁殖蚁与无翅繁殖蚁3种类型。

社会性昆虫品级分化行为产生的机制较复杂，目前关于社会性昆虫的品级分化行为较有影响力的观点有以下几种。

1. 遗传决定论

有些学者认为，品级取决于受精卵的遗传特性，因此从受精卵起就朝着某一固定品级的方向发展。但是随着蜜蜂研究的深入，以及人工育王技术的普及，这种观点逐渐被学者们否定，人工育王技术证实蜂王所产的任一受精卵都能培育成蜂王，进一步明确了在卵期是不包含区分品级的特性的，蜜蜂的品级分化与遗传因素无关。如*Zootermopsis angusticollis*的幼虫在单独饲养的情况下，生殖腺都发生膨大的现象，在任意配对而且与其他个体隔离饲养时，则能生殖产卵（Brent et al.，2007）。由此可见，遗传并不是社会性昆虫品级分化的根本原因。

2. 营养影响论

蜜蜂的人工育王技术证明了营养物质对蜜蜂品级分化的重要作用。但在年轻蜂王的弱群蜂群内，无论怎样特殊喂养，只要蜂王不走，都很难培育出新的蜂王。由此可见，除了营养物质的影响外，蜜蜂的品级分化还受到蜂王等散发的信息物质的影响。

3. 激素抑制论

社会性昆虫已经被证实能分泌多种激素，整个群体是由不同品级的成员组成的，各个品级的成员能分别分泌一些特殊的协调物质——化学信息激素，借以互相制约、互相依存，维持整个群体的正常活动、生活、繁衍、进化。现在已经得知，激素在品级分化上起重要作用。蜜蜂蜂群一旦丢失蜂王，随着蜂王激素的消失，工蜂会加大对幼虫的培育力度，受到特殊照顾的幼虫在没有受到蜂王激素的影响下便会向蜂王方向发展，最终发展成为蜂王。蚁后身上能分泌出一种特殊的化学物质，称为外激素。这种物质由于工蚁经常对蚁后腹部进行吸吮，以及工蚁与工蚁和工蚁与幼蚁之间的相互喂食而散布于全群。它的作用是抑制幼蚁生殖机能的发育，而幼蚁本身虽具有发育为生殖个体的倾向，但在受到这种物质的作用后即不能发育为生殖类型。当蚁王、蚁后经人为取走之后，群体内此类物质消失，即出现补充蚁王、蚁后。同样的原理也可以解释兵蚁与工蚁之间的分化，兵蚁会分泌出抑制幼蚁发育为兵蚁的外激素，因此当兵蚁达到一定的数量时，就能保持这种数量上的稳定性，人工取走群体内的兵蚁，就能刺激幼蚁发育为兵蚁（Light，1955）。

4. 基因调控论

Scharf 等（2005）比较了美洲散白蚁（*Reticulitermes flavipes*）品级间基因表达和发育中期的基因表达，发现了工蚁和若蚁优先表达编码白蚁内共生体纤维素酶的基因；兵蚁幼虫优先表达编码储存蛋白/激素结合卵黄蛋白的基因；而兵蚁则优先表达编码2个转录/翻译因子基因、2个信号转导因子和4个细胞骨架/肌肉蛋白的基因，这2个转录/翻译因子和果蝇的 bicaudal 及 bric-a-brac 基因是同源基因。此结论显示，不同品级和不同发育阶段虫体的调节基因、结构基因和酶编码基因有不同表达模式。Miura 等（1999）研究发现，美洲散白蚁中有2个 hex-amerin 基因，基因符号为 Hex-1 和 Hex-2，它们通过调节 JH（保幼激素）的滴度参与白蚁品级分化的调节。

社会性昆虫的品级分化行为产生的机制比较复杂，就目前研究的情况来看，社会性昆虫中的个体发育命运和关键分化时期的环境有很大关系，在分化期间，幼虫所获营养状况也会影响其发育命运。保幼激素等激素对社会性昆虫的品级分化有较大影响，基因调控对品级分化也存在影响，但其机制并不十分明确，不同品级的个体在基因组水平上是否有差异还需要进一步证实。

第十六章　洞穴昆虫及其行为

本章介绍的洞穴昆虫并不是像大蟋蟀（*Brachytrypes portentosus*）那样的昆虫，而是指不见光亮、长年生活在黑暗环境中的，已经没有眼睛及其视觉的岩溶洞穴昆虫。这些昆虫长期在地下生活，昼伏夜出，只在取食时出洞把食物拉入洞中，然后用泥土把洞口封住。这些昆虫对于很多人而言是不了解也难以见到的全新的生物物种。

第一节　洞穴昆虫及其特征

中国是世界头号喀斯特大国，超过100万 km²的国土面积为喀斯特地貌，拥有天坑、石林、地缝、峰林、峰丛、天生桥等地上喀斯特奇观，还拥有众多的洞穴即地下喀斯特奇观。据估计，中国各地的洞穴总数多达50万个以上，主要分布在以贵州、广西、云南和重庆为中心的中国西南喀斯特地区。

洞穴是极端地下生物的聚集地，在地下洞穴中，生活着不少神奇的洞穴动物。洞穴生态系统十分脆弱，在洞穴中没有阳光，绿色植物不能正常生长，营养贫乏。因此，洞穴动物各显神通，经过长期进化，它们"练就"了一套能适应地下黑暗环境的生存本领。盲步甲是著名的洞穴昆虫，十分奇特，我们称其为"洞穴精灵"；由于长期生活在黑暗的环境中，这种昆虫的身体内色素消失，且已没有复眼，故称之为盲步甲。盲步甲身体和附肢，特别是触角修长使其感觉发达而灵敏，这能帮助它捕捉猎物和躲避天敌。确切地说，我国的洞穴昆虫的系统研究始于华南农业大学，我们认为目前对盲步甲等洞穴昆虫的生活细节仍知之甚少，比如它们的猎物是什么？它们是如何寻找、捕捉到猎物的？它们在洞中如何完成生长、发育和繁殖？它们又是怎样适应洞穴生活的？……还有许许多多秘密等待着有志者探索和发现。

为了适应洞穴中的黑暗环境，洞穴昆虫经过长期演化已形成了一系列适应性特征，这在形态学、生理学、生物学和行为学等方面均有体现。在形态学上，洞穴昆虫的适应性特征主要表现为以下几方面。

1. 体色
洞穴昆虫体内的黑色素普遍消失，体色通常浅淡，多为透明或浅黄、浅褐色，如灶马等。

2. 视力
洞穴昆虫的眼睛极度退化，甚至完全消失，如盲步甲等。由于长期在黑暗环境中生活，洞穴昆虫已丧失视觉，作为主要视觉器官的复眼消失，仅保留一些眼睛结构的痕迹，或复眼明显变小。

3. 翅

洞穴昆虫的后翅退化,以致其丧失飞翔能力。

4. 体形

洞穴昆虫的身体变大,体型变得特别修长,如盲步甲。

5. 附肢

洞穴昆虫的附肢如触角、口须和尾须等,变得更加细长。例如盲步甲的触角远长于在洞穴外生活的步甲,有些斑灶马的触角长度可达其体长的10倍。

6. 感觉器官

洞穴昆虫的感觉毛和感觉器官(视觉系统除外)发达。为了能准确感应洞穴内气流和温湿度变化,洞穴昆虫都具有非常发达的感觉器官,这能帮助它们有效猎食和躲避敌害。

此外,洞穴昆虫的昼夜活动节律消失,新陈代谢速率降低,与生活在洞外有昼夜活动规律的同类截然不同。在繁殖方面,洞穴昆虫不在特定的季节繁殖,繁殖力明显降低,但后代存活率较高,成虫寿命也更长。洞穴昆虫的数量没有明显的随时间变动而消长的规律,种群密度的多少取决于成虫寿命的长短和洞穴环境因素的变化情况。

在黑暗的洞穴中,很难感知到昼夜或季节变化,食物来源也很有限。因此,洞穴昆虫的生活既单调又十分艰辛。在洞内,昆虫主要的营养来源是动物的粪便和尸体,以及被流水冲入洞内的植物残片等。

第二节 洞穴昆虫的种类及行为

洞穴是人类涉足最少的地方,这里生活着地球上最奇特、最鲜为人知的动物。与洞外的生态系统一样,昆虫也是洞穴生物群落中最大的一个类群。根据洞穴昆虫对洞穴环境的适应情况,可将其分为3种类型,即真洞穴昆虫(完全依赖洞穴环境生存)、喜洞穴昆虫(部分依赖洞穴环境生存)和偶洞穴昆虫(完全不依赖洞穴环境生存)。这里描述的只是真洞穴昆虫。在国内,洞穴昆虫主要有步甲、小葬甲、蚁甲、龙虱、灶马和幽帘虫等类群。步甲属鞘翅目步甲科(Carabidae)。洞穴步甲多为行步甲族(Trechini)种类。目前国内已知洞穴步甲有200余种,其中约180种属行步甲族,多为复眼完全消失的盲步甲。洞穴步甲均营捕食性生活,在洞中以跳虫、马陆(millipede)卵或别的动物为食。

1. 细颈黔穴步甲(*Qianotrechus tenuicollis*)(图16-1)

细颈黔穴步甲(分布于我国贵州)的捕食行为是依靠全身发达的感觉系统,定位并捕获洞穴中没有眼的真洞穴蜘蛛。

2. 克氏长颈盲步甲(*Giraffaphaenops clarkei*)(图16-2)

长颈盲步甲因拥有长长的"脖子"而得名,目前已知的长颈盲步甲有3种,分布我国广西壮族自治区百色市乐业县和田林县的多个天坑、洞穴和地下河中,它们的身体极长,头部、前胸背板、鞘翅和足均特别纤细,是适应洞穴环境最典型的代表。克氏长颈盲步甲于

2002年被发现，在当时引起了国际洞穴生物学界小范围的轰动。

图16-1 细颈黔穴步甲

图16-2 克氏长颈盲步甲

3．丽穴盲步甲（*Xuedytes bellus*）（图16-3）

丽穴盲步甲这种漂亮的盲步甲是我们于2017年发现并描述的一个新物种，同时也是一个新属，以"穴居"取属名。丽穴盲步甲被遴选为2018年度全球十大新物种之一。这种盲步甲仅生活在广西壮族自治区河池市都安瑶族自治县南部位于红水河畔的一个洞穴中。其捕食行为与食性与克氏长颈盲步甲相同。

4．田氏脊胸蚁甲（*Tribasodites tiani*）（图16-4）

蚁甲是鞘翅目隐翅虫科（Staphylinidae）中较常见的洞穴甲虫，多数种类为喜洞穴昆虫，少数种类为真洞穴昆虫。它们多于洞穴中动物尸体、腐木下或粪便附近活动，捕食其他小动物。目前，中国已知洞穴蚁甲有20多种。

图16-3 丽穴盲步甲

图16-4 田氏脊胸蚁甲

5．奇首蚁甲（*Nipponobythus alienoceps*）（图16-5）

6．锯尸小葬甲（*Ptomaphaginus* sp.）（图16-6）

小葬甲为小葬甲亚科（Cholevinae）昆虫，属于鞘翅目球覃甲科（Leiodidae），多为尸小葬甲族（Ptomaphagini）种类。球覃甲也是一类常见的洞穴甲虫，在巴尔干半岛种类十分丰富，营腐食或滤食性生活，有不少形态高度特化的种类。

在中国，目前已知小葬甲有近100种，但洞穴种类不多，且形态不怎么特化。穴锯尸小葬甲（*Ptomaphaginus troglodytes*），是2018年首次发现的产于中国的无眼小葬甲，分布于我国贵州省荔波县一溶洞内。近年我们在广西、浙江等地的洞穴中曾发现眼睛完全退化的种类。以上种类均应为真洞穴动物。

图16-5　奇首蚁甲　　　　　　　图16-6　锯尸小葬甲（摄于广西都安一溶洞）

7．田氏华龙虱（*Sinoporus tianmingyii*）（图16-7-a）

龙虱属鞘翅目龙虱科（Dytiscidae），是水生甲虫，营捕食性生活。洞穴种类不多，且多数为偶洞穴昆虫。在广西壮族自治区环江毛南族自治县一洞穴（图16-7-b）中发现的田氏华龙虱（*Sinoporus tianmingyii*），为真洞穴昆虫，其具有穴居龙虱类的特征：成虫色浅，相对柔软，无复眼和后翅。

a．田氏华龙虱；b．田氏华龙虱洞穴种类生境。

图16-7　田氏华龙虱及其生境

8．幽帘虫（*Chetoneura* sp.）

幽帘虫是双翅目扁角菌蚊科（Keroplatidae）昆虫的幼虫。它们与新西兰和澳大利亚的发光虫（图16-8）算是远亲，但是幽帘虫不会发光，所以没有受到足够的关注。幽帘虫通常生活在潮湿的洞顶或岩壁下，其捕食行为奇特而罕见，它分泌出一些长长的、挂着黏稠液滴的丝线，好似水晶珠帘，作为陷阱，其他小动物接触丝线时，幽帘虫可凭感觉前来捕杀。幽幽的洞道，丝丝的珠帘，杀手般存在的幼虫，给黑暗的洞穴增添了几分神秘的色彩。中国幽帘虫（图16-9）种类大多尚未被描述。神龙宫幽帘虫（*Chetoneura shennonggongensis*）被发现于江西省万年县一溶洞内。

图16-8　澳大利亚塔斯马尼亚的发光虫

（*Arachnocampa tasmaniensis*）

图16-9　国内的一种幽帘虫

9．洞穴灶马（*Gymnaeta* sp.）（图16-10）

洞穴灶马属直翅目驼螽科（Rhaphidophoridae），故亦称驼螽。目前，世界上记录的驼螽有800多种，中国已知的有140余种，其中20多种生活在洞穴中。灶马是洞穴中最常见的昆虫，食性杂，主要营腐食性生活，也偶见捕食别的小动物。

图16-10　一只复眼完全消失的灶马

第十七章　昆虫的其他行为

前面几个章节论述了一些常见而重要的昆虫行为，但昆虫种类繁多，行为千姿百态，需要广大的科研工作者、大自然爱好者去不断探索和研究。本章简单介绍其他一些独特的昆虫行为。

第一节　白天活动的蛾类

蛾类与蝶类同属鳞翅目，但蛾类成员的数量远比蝶类多，约是蝶类的9倍，我国记录的蛾类有近7 000种。蛾类通常色泽暗淡，但也有不少鲜艳美丽的个体；它们的触角通常呈羽毛状而非棒状，静止时，飞蛾通常将翅膀水平展开，蝶类和蛾类的区别及特征对比见表17-1。蛾多数在夜间活动，因为它们有良好的嗅觉和听觉，能适应夜游生活；蛾在夜间探索飞行道路时，是将月亮作为"灯塔"的，因为飞蛾的眼睛是由很多单眼组成的复眼，在飞行的时候，总是使月光从一个方向投射到眼里，绕过某个障碍物或是迷失方向的时候，只要转动身体，找到月光原来投射过来的角度，便能找到前进的方向。

表17-1　蝴蝶与蛾的区别

区别指标	蝶类	蛾类
触角形状	锤状、棍棒状	羽状、丝状、栉齿状
翅膀连锁	翅抱，无翅缰	翅缰连锁（frenulums）
休息时翅形态	大多四翅竖立于背部	四翅平展活呈屋脊状
活动时间	白天	大多在夜间
蛹	蛹多裸露	多数幼虫吐丝织网或者茧将蛹包裹其中

蛾类夜间活动是其进化的结果，夜间活动一是方便蛾类取食，二是避免天敌的袭击。尽管蛾类都具有趋光性，大多是夜行性动物，但也有一些在白天活动，如咖啡天蛾（广布种）、锚纹蛾（*Pterodecta felderi*）（分布于我国广东、台湾和东北、华北、华中、西南地区）、豹尺蛾（分布于我国广东、海南、云南，以及南亚、东南亚）、云南旭锦斑蛾（*Campylotes desgodinsi yunnanensis*）（分布于我国云南、四川、西藏，以及印度）、华庆锦斑蛾（*Erasmia pulchella chinensis*）（分布于我国云南、四川、广东、广西，以及缅

甸）、非洲多尾燕蛾（*Chrysiridia riphearia*）（分布于非洲马达加斯加等地）、红带透翅斑蛾（*Achelura sanguifasciata*）和剑尾燕蛾（*Urania leilus*）（分布于秘鲁）等（图17-1）。这些蛾类也取食花蜜，其中锚纹蛾被称为习性最特殊的昆虫，几乎与蝶类一样，白天活动取食花蜜，四翅竖立于背；剑尾燕蛾不仅白天活动，而且一边吸水一边扇动双翅，这种大型蛾子实属罕见。非洲多尾燕蛾五彩缤纷，令人喜爱，是世界上最美、最毒的蛾子。毒蛾身上华丽的色彩是为了警告天敌，身上致命的毒性使得天敌不敢碰它，这让毒蛾求得更大的生存概率。

a. 锚纹蛾；b. 豹尺蛾；c. 云南旭锦斑蛾；d. 华庆锦斑蛾；e. 非洲多尾燕蛾；f. 剑尾燕蛾。

图17-1　一些主要的日行性蛾类

第二节　昆虫的变色行为

昆虫有保护色是普遍现象。竹节虫体色与树干相似，能够很好地隐藏自己；螳螂体色和体形有利于其隐蔽；叶䗛（叶子虫）体色与叶片接近（图11-2），体形也与叶片基本相同，是竹节虫目的一科，部分种类会根据季节的变化改变体色。昆虫的变色行为与自身结构变化、虫期变化及环境变化等紧密相关。

一、蝴蝶变色

蝴蝶成虫利用色彩斑斓的翅膀花纹作为一种伪装以防止被天敌发现。如大凤蝶（*Papilio memnon*），其翅膀颜色本来有黄色和蓝色，但人眼看不到黄色。用显微镜观察发现大凤蝶翅膀上竟然布满下凹的"小坑"，这些小坑太小，小坑底部是黄色，而坑的斜面是蓝色。因此，当光线照射到坑底时被反射而呈黄色，而照射到坑斜面的光线也被反射，且反射光线又射入另一斜面再反射，此时由于坑太小，人眼无法将从坑底反射的黄色光与周围两次反射的蓝色光区分开来，从而感觉是蓝绿色的。

蝴蝶的卵从刚产出开始，颜色常发生改变（图17-2、图17-3），有些在短时间内就发生了颜色变化，从白色变成蓝色（图13-1）。

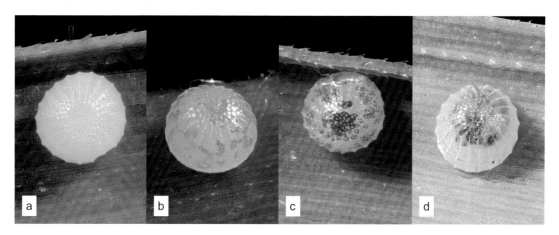

a. 第1天；b. 第2天；c. 第4天；d. 第5天。

图17-2　侏儒锷弄蝶（*Aeromachus pygmaeus*）卵的变色过程

二、蝗虫变色

幼年蝗虫体色为绿色，躲避在草丛中，因为无法飞行，遇到天敌时只能用后足逃脱；但是到成虫时，体色变成了近似地面的黄褐色，因为其交尾和产卵需要在植被稀疏的地面进行。研究表明：独居的蝗虫或小群体蝗虫，外形通常呈现绿色或棕绿色，行动缓慢，而群居的大群体蝗虫则呈现出明显的黑色或棕色和黄色，身体也变得更加强壮，性情凶猛具有攻击性。

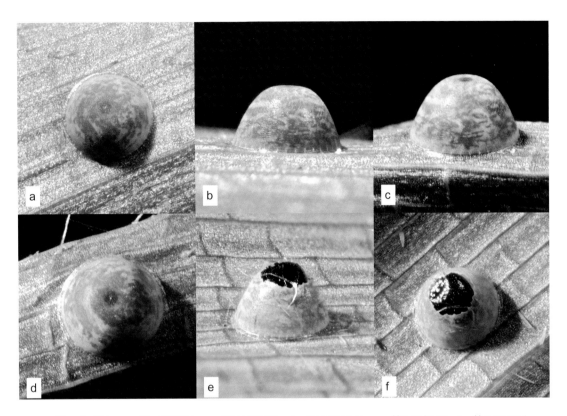

a. 第1天正面；b. 第1天侧面；c. 第4天侧面；d. 第4天正面；e. 第5天侧面；f. 第5天正面。

图17-3　雅弄蝶（*Iambrix salsala*）卵的变色过程

第三节　其他奇特行为和现象

一、昆虫吃塑料行为

塑料难降解是个世界难题，但也有些真菌和细菌能降解聚乙烯（Yamada-Onodera et al.，2001；Yoshida et al.，2016）；同时，众多学者发现有些昆虫有啮食聚乙烯塑料的现象。一只普通塑料袋只需要12 h就能被100只蜡虫（*Ericerus pela*）彻底"消灭"，因为蜡虫体内含有一种特殊的酶，这种酶可以很好地分解塑料袋。黄粉虫（*Tenebrio molitor*）、大蜡蛾（*Galleria mellonella*）等降解聚苯乙烯塑料的系统研究证实了啮食塑料的昆虫能通过肠道微生物有效地降解未经任何处理的聚乙烯和聚苯乙烯，并分离鉴定了降解塑料的细菌菌株（Yang et al.，2014，2015a，2015b；Bombelli et al.，2017）。昆虫吃塑料的行为，为全球塑料污染的治理提供了借鉴思路。

二、昆虫能在洞穴完全黑暗环境中飞行的现象

长期以来，蝙蝠被认为是唯一一种能在完全黑暗的环境中飞行的动物，而Andersen等（2016）在克罗地亚Lukina Jama-Trojama洞穴体系中约地下1 km处，发现了一种名为

*Troglocladius hajdi*的昆虫，它可能是世界上首个被发现的穴居（真洞穴）飞行昆虫，打破了人们长久以来的认知。其高度退化的眼睛及宽大的翅膀在所有穴居生物中显得十分特别（Andersen et al.，2016）（图17-4），这正表明该物种能够在洞穴完全黑暗的环境中缓慢飞行或低空盘旋。在飞行时，其细长的前脚向前伸展，起到"探路"的作用，同时巨大的平衡棒能使它们在飞行时保持平衡。

图17-4　能飞行的真洞穴昆虫 *Troglocladius hajdi*

三、雄性和雌性昆虫的生殖器官颠倒现象

性别特异性常吸引众多生物学家的关注。日本北海道大学的Yoshizawa Kazunori博士等在巴西东部一处极度干燥的洞穴里发现一个名为*Neotrogla*的新昆虫属，其包含的4种昆虫均有一个奇特的生理结构，即雄性昆虫和雌性昆虫的生殖器官颠倒（Yoshizawa et al.，2014，2018）。雌性长有类似阴茎的生殖器（长0.4～0.5 mm，相当于体长的1/7），名为gynosome，这种复杂的器官由肌肉、导管和脊椎等组成（Yoshizawa et al.，2014）（图17-5-b）；而雄性则长有非常狭小、类似阴道的器官phallosome。*Neotrogla*属昆虫是自然界第一个两性生殖器官颠倒的案例，这一发现展现出一种全新的生物进化结构，这种外生殖器的协同进化说明性别冲突（矛盾）或神秘的雄性选择驱动了雌性阴茎的多样性（Yoshizawa et al.，2018）。类似的生物进化罕见，这种发现几乎可以与昆虫翅膀的起源比肩而论。

*Neotrogla*属昆虫的交配行为也很独特，姿势上表现为窄斜"V"形，雌虫在上雄虫在下（Yoshizawa et al.，2014）（图17-5-a）。在交尾过程中，雌性将它们的gynosome插入雄性生殖器内，这种精密的器官会搜集雄性的精液胶囊，整个交配过程长达40～70 h。雌虫似阴茎的生殖器一旦进入雄性昆虫体内，雌性gynosome的细胞膜部分便会膨胀，无数个脊椎将两只昆虫联系在一起（Yoshizawa et al.，2014）（图17-5-c）。雌性会紧紧地抓住雄性；

试图人为地将两者分离时，即使雄性的腹部被撕裂，生殖器也保持交配状态。

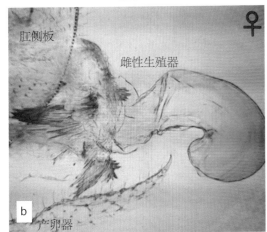

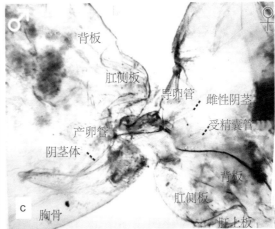

a. 交配姿势；b. 雌性交配器；c. 交配进行中。

图17-5 *Neotrogla*昆虫交配行为

四、昆虫利用天体信号导航行为

非洲粪金龟（*Scarabaeus zambesianus*）夜晚外出寻找新鲜的粪便时，常常利用天体信号进行导航（Dacke et al.，2003；文超 等，2019）。一旦找到粪便，就会迅速制造一个粪球并将其沿直线滚回巢穴（图17-6-a）；为了保持这一过程的直线转运，它会依靠月球形成的偏振光进行定向。如果将月光遮挡，非洲粪金龟就不能沿直线滚动粪球回巢（图17-6-b）；同样，将一个偏振滤光器放置在非洲粪金龟滚动粪球的路线上方后，甲虫也不能沿直线滚动粪球（运动方向向右改变70°），当甲虫运动到滤光器范围以外时，它又重新回到原来的行进方向（图17-6-c）；覆盖相同的滤光器时，观察的32头甲虫中向左偏移12头，向右偏移10头，剩余10头甲虫偏离在滤光器放置之前的路径6.7°±5.5°（Dacke et al.，2003；文超 等，2019）（图17-6-d）。其他昆虫同样具有利用天体信号定向的能力，如沙漠拟步甲（*Parastizopus armaticeps*）（Rasa，1990）、日本朱土蝽（*Parastrachia japonensis*）（Hironaka et al.，2008）和中美洲汗蜂（*Megalopta genalis*）（Greiner et al.，2007）等。

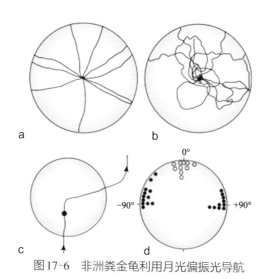

图17-6　非洲粪金龟利用月光偏振光导航

五、沫蝉分泌泡沫的行为

　　沫蝉为半翅目沫蝉科（Cercopidae）昆虫。夏季常见到青草茎上、灌木丛中，有一摊摊白色的唾沫状泡沫，这就是沫蝉的杰作。泡沫是从沫蝉腹部末端分泌出来的，它腹部的第七、第八节上，生长着分泌泡沫的腺体，腺体起初分泌出来的是稀黏的胶状液，这些黏液与身体两侧气门中排出的气体相结合，就会形成许多小气泡。

　　沫蝉有多种，如图7-20、图17-7所示。沫蝉分泌泡沫的行为是其长期进化形成的一种生存策略：沫蝉通常将卵产在植物茎秆里，刚孵化出来的小若虫没有翅，弹跳能力也有限，但它可以利用泡沫安逸地生活。在泡沫中，它把刺吸式口器刺入植物茎内，吸食植物汁液，还能躲避天敌的伤害；同时，在烈日下，泡沫还起着隔热作用，既使沫蝉的皮肤保持湿润，又降低了沫蝉的体温，使它能安全地度过炎热的夏季。若虫发育为成虫后，体内生理机能逐渐发生变化，分泌泡沫的能力也就渐渐衰退，最终消失。

a. 肿沫蝉（*Phymatostetha* sp.）；b. 沫蝉（*Mesoptyelus* sp.）。

图17-7　肿沫蝉和沫蝉成虫

参 考 文 献

包云轩，程极益，程遐年，等，2000．中国盛夏褐飞虱北迁过程的动态数值模拟［J］．昆虫学报，43（2）：176-183．

彩万志，庞雄飞，花保祯，等，2011．普通昆虫学［M］．2版．北京：中国农业大学出版社．

曹凯丽，汪姝玥，于冰洁，等，2020．中哈边境塔城区域迁飞性昆虫雷达观测研究初探［J］．植物保护，46（2）：30-37．

曹雅忠，李克斌，尹姣，2005．浅析我国地下害虫的发生与防治现状［C］//成卓敏．农业生物灾害预防与控制研究．北京：中国农业科学技术出版社：401-405．

陈冬宇，2021．螟克角胚跳小蜂生物学特性及繁殖行为研究［D］．南宁：广西大学．

陈建明，俞晓平，程家安，等，2002．定量研究刺吸式昆虫取食行为的有效方法——电子取食监测仪的原理和应用技术［J］．浙江农业学报，14（4）：237-243．

陈宁生，1979．夜蛾趋光行为的本质、规律和导航原理［J］．昆虫知识，16（5）：193-200．

陈瑞鹿，1990．雷达在粘虫迁飞研究中的应用［M］//林昌善．粘虫生理生态学．北京：北京大学出版社：293-321．

陈晓鸣，周成理，史军义，等，2008．中国观赏蝴蝶［M］．北京：中国林业出版社．

陈晓霞，闫海燕，魏玮，等，2009．光谱和光强度对龟纹瓢虫成虫趋光行为的影响［J］．生态学报，29（5）：2349-2355．

陈瑜，马春森，2010．气候变暖对昆虫影响研究进展［J］．生态学报，30（8）：2159-2172．

程佳，王浩杰，李国清，等，2009．人尿及汗液中几种化合物对黄脊竹蝗的引诱活性［J］．昆虫知识，46（6）：822，915-920．

程文杰，郑霞林，王攀，等，2011．昆虫趋光的性别差异及其影响因素［J］．应用生态学报，22（12）：3351-3357．

戴小华，尤民生，傅丽君，2002．氮、磷、钾对美洲斑潜蝇寄主选择性的影响［J］．昆虫学报，45（1）：145-147．

戴长庚，李鸿波，张昌容，等，2020．贵州水稻二化螟成虫羽化和交配节律研究［J］．杂交水稻，35（3）：79-82．

邓望喜，1981．褐飞虱及白背飞虱空中迁飞规律的研究［J］．植物保护学报，8（2）：73-82．

丁岩钦，1978．夜蛾趋光特性的研究：烟青虫成虫对双色光与光强度的反应［J］．昆虫学报，21（1）：1-6．

董大志，梁醒财，王云珍，等，2005．云南贡山黄胡蜂属一新种（膜翅目：胡蜂科）［J］．昆虫分类学报，27（1）：65-68．

董平轩，侯清柏，梁醒财，2009．萤火虫的发光行为及其功能起源［J］．四川动物，28（2）：309-312．

董少奇，田彩虹，郭线茹，等，2021．双委夜蛾成虫主要活动节律和卵孵化节律［J］．应用昆虫学报，58（2）：398-407．

董子舒，2021．眉斑并脊天牛的产卵选择行为机制研究［D］．南宁：广西大学．

董子舒，张玉静，段云博，等，2017a．植食性昆虫产卵寄主选择影响因素及机制的研究进展［J］．南方农业学报，48（5）：837-843．

董子舒，张玉静，赖开平，等，2017b．眉斑并脊天牛生物学特性研究[J]．环境昆虫学报，39（6）：
　　1313-1318．

杜尧，马春森，赵清华，等，2007．高温对昆虫影响的生理生化作用机理研究进展[J]．生态学报，27
　　（4）：1565-1572．

范凡，任红敏，吕利华，等，2012．光谱和光强度对西花蓟马雌虫趋光行为的影响[J]．生态学报，32
　　（6）：1790-1795．

范锦胜，郑旭，王天宇，等，2016．玉米象成虫在5种储粮中的产卵节律[J]．中国农学通报，32（31）：
　　128-130．

方强，黄双全，2012．传粉网络的研究进展：网络的结构和动态[J]．生物多样性，20（3）：300-307．

房丽君，关建玲，2010．蝴蝶对全球气候变化的响应及其研究进展[J]．环境昆虫学报，32（3）：311，399-
　　406．

冯娜，范凡，陶晡，等，2015．光谱对东亚小花蝽趋光行为的影响[J]．生态学报，35（14）：4810-4815．

付新华，王俊刚，OHBA N，等，2005．萤火虫（鞘翅目：萤科）两性交流中的闪光信号[J]．生态学报，
　　25（6）：1439-1444．

高辉，陈丽娟，贾小龙，等，2008．2008年1月我国大范围低温雨雪冰冻灾害分析 Ⅱ．成因分析[J]．
　　气象，34（4）：101-106．

高月波，陈晓，陈钟荣，等，2008．稻纵卷叶螟（*Cnaphalocrocis medinalis*）迁飞的多普勒昆虫雷达观测
　　及动态[J]．生态学报，28（11）：5238-5247．

高月波，翟保平，2010．飞行过程中棉铃虫对温度的主动选择[J]．昆虫学报，53（5）：540-548．

龚燕兵，黄双全，2007．传粉昆虫行为的研究方法探讨[J]．生物多样性，15（6）：576-583．

顾茂彬，陈仁利，2011．昆虫文化与鉴赏[M]．广州：广东科技出版社．

顾茂彬，陈锡昌，周光益，等，2018．南岭蝶类生态图鉴[M]．广州：广东科技出版社．

郭婷婷，门兴元，于毅，等，2016．温度对双委夜蛾实验种群生长发育及繁殖的影响[J]．昆虫学报，59
　　（8）：865-870．

韩桂彪，杜家纬，李捷，2000．枣粘虫交配行为生态学研究[J]．应用生态学报，11（1）：99-102．

何达崇，蒋国芳，颜增光，等，2000．金斑喙凤蝶成虫的交配和取食行为观察[J]．广西科学，7（1）：
　　78-79．

胡晶晶，2016．萎蔫黑杨挥发物对棉铃虫交配和产卵的影响[D]．郑州：河南农业大学．

黄保宏，罗定荣，刘师佳，等，2020．褐飞虱趋光性的最佳波长研究[J]．安徽科技学院学报，34（2）：
　　18-22．

黄维亚，周江，罗庆怀，等，2016．昆虫护幼行为的研究进展[J]．湖南农业科学，45（9）：107-110．

黄衍章，代安琪，刘玉莹，等，2018．麦蛾茧蜂种蜂婚配条件对交配行为及子代性别分化的影响[J]．华
　　中农业大学学报，37（1）：52-57．

黄咏槐，黄少彬，刘海军，等，2014．星天牛趋光性研究初报[J]．环境昆虫学报，36（2）：145-150．

纪田亮，2018．红棕象甲的交配行为研究[D]．福州：福建农林大学．

江广恒，谈涵秋，沈婉贞，等，1982．褐飞虱远距离向南迁飞的气象条件[J]．昆虫学报，25（2）：
　　147-155．

江幸福，张总泽，罗礼智，2010．草地螟成虫对不同光波和光强的趋光性[J]．植物保护，36（6）：
　　69-73．

靖湘峰，雷朝亮，2004．昆虫趋光性及其机理的研究进展[J]．昆虫知识，41（3）：198-203．

鞠倩，曲明静，陈金凤，等，2010．光谱和性别对几种金龟子趋光行为的影响[J]．昆虫知识，47（3）：

512-516.

卡德艳·卡德尔，彭彬，马志龙，等，2020. 苹小吉对不同单色光及波长的趋性研究 [J]. 林业科学研究，
　　33（1）：113-122.

LANGLEY L，2019. 动物们如何应对干旱和寒冷的极端环境？ [EB/OL].（2019-11-04）[2021-12-02].
　　https://new.qq.com/omn/20191104/20191104A0D9JT00.html.

李彬，张赛，王晨蕊，等，2020. 盲蝽交配行为研究进展 [J]. 中国生物防治学报，36（5）：637-645.

李超峰，刘家莉，曾鑫年，2019. 柑橘木虱趋光行为及复眼结构分析 [J]. 华南农业大学学报，40（2）：
　　53-59.

李刚，2009. 苹果绵蚜蚜小蜂重要生物学及发育始点和有效积温研究 [D]. 泰安：山东农业大学.

李景科，1992. 锥须步甲的分布密度与土壤含水量的关系 [J]. 生物防治通报，8（3）：140.

李孟楼，2005. 资源昆虫学 [M]. 北京：中国林业出版社.

李绍文，2001. 生态生物化学 [M]. 北京：北京大学出版社.

李铁生，1985. 中国经济昆虫志第三十册：膜翅目胡蜂总科 [M]. 北京：科学出版社.

李袭杰，胡妍月，马健，等，2017. 2015—2016年厄尔尼诺事件对我国稻飞虱发生的影响 [J]. 昆虫学
　　报，60（4）：450-463.

李欣，白素芬，2003. 寄主植物 - 植食性昆虫 - 天敌三重营养关系中化学生态学的研究进展 [J]. 河南农
　　业大学学报，37（3）：224-232.

李幸，陈珊，周琼，2021. 雪峰虫草寄主巨疖蝙蛾的生殖行为节律 [J]. 环境昆虫学报，43（5）：1273-
　　1279.

李耀发，高占林，党志红，等，2011. 绿盲蝽对不同波段光谱选择性的初步判定 [J]. 河北农业科学，15
　　（5）：57-60.

林宝义，冯家新，李大楠，1997. 桑蚕蛾交配和产卵中不同光质对产卵的影响 [J]. 蚕桑通报（1）：24-26.

刘辉，王世平，董树新，等，1991. 利用绿僵菌防治桃小食心虫 [C] //中国菌物学会虫生真菌专业委员
　　会《中国虫生真菌研究与应用》编委会. 中国虫生真菌研究与应用. 中国农业科技出版社：160-164.

刘金龙，荆小院，杨美红，等，2013. 六星黑点豹蠹蛾求偶行为与性信息素产生和释放的时辰节律 [J].
　　生态学报，33（4）：1126-1133.

刘俊，1997. 高压汞灯不同时间段对棉铃虫诱杀效果观察 [J]. 昆虫知识，34（6）：329-331.

刘若楠，颜忠诚，2009. 社会性昆虫的组织及通讯行为 [J]. 生物学通报，44（6）：3-7.

刘威，杨煜达，2021. 过去 600 年中国西南地区极端旱涝事件的重建与分析 [J]. 第四纪研究，41（2）：
　　368-378.

刘向东，张孝羲，赵娜珊，等，2000. 棉蚜对棉花生育期及温度条件的生态适应性 [J]. 南京农业大学学
　　报，23（4）：29-32.

刘小英，焦学磊，郭世荣，等，2009. 基于LED诱虫灯的果蝇趋光性试验 [J]. 农业机械学报，40（10）：
　　178-180，187.

陆宴辉，赵紫华，蔡晓明，等，2017. 我国农业害虫综合防治研究进展 [J]. 应用昆虫学报，54（3）：
　　349-363.

罗静，张志林，陈龙佳，等，2012. 中黑盲蝽羽化节律及交配行为初步研究 [J]. 应用昆虫学报，49（3）：
　　596-600.

吕飞，海小霞，范凡，等，2016. 黑绒鳃金龟甲成虫对不同单色光和光强的趋光行为 [J]. 植物保护学
　　报，43（4）：656- 661

吕文，胡莽，胡建军，等，2004. 三北防护林杨树天牛的危害与防治 [J]. 防护林科技，58（1）：39-

40，77.

马罡，马春森，2007. 三种麦蚜在温度梯度中活动行为的临界高温[J]. 生态学报，27（6）：2449-2459.

马涛，孙朝辉，李奕震，等，2014. 麻楝蛀斑螟成虫的羽化节律及生殖行为[J]. 福建农林大学学报（自然科学版），43（1）：6-10.

明庆磊，程超，2016. 昆虫同性性行为的研究进展[J]. 环境昆虫学报，38（5）：877-882.

莫建初，王成盼，尉吉乾，2019. 昆虫外周嗅觉系统研究进展[J]. 江西农业大学学报，41（1）：50-57.

宁眺，方宇凌，汤坚，等，2004. 松材线虫及其关键传媒墨天牛的研究进展[J]. 昆虫知识，41（2）：97-104.

庞竞公，何稳稳，曹玉，等，2018. 重要林木害虫春尺蠖研究进展[J]. 农业科学，8（5）：461-467.

彭艳琼，杨大荣，2016. 大榕树和榕小蜂的美丽约会[M]. 北京：电子工业出版社.

齐会会，张云慧，程登发，等，2010. 褐飞虱2009年秋季回迁的雷达监测及轨迹分析[J]. 昆虫学报，53（11）：1256-1264.

钦俊德，1962. 植食性昆虫的食性和营养[J]. 昆虫学报，11（2）：169-185.

钦俊德，1987. 昆虫与植物的关系：论昆虫与植物的相互作用及其演化[M]. 北京：科学出版社.

秦玉川，2009. 昆虫行为学导论[M]. 北京：科学出版社.

冉浩，2015. 夏日蚂蚁婚飞忙[J]. 生命世界（8）：64-69.

桑文，黄求应，王小平，等，2019. 中国昆虫趋光性及灯光诱虫技术的发展、成就与展望[J]. 应用昆虫学报，56（5）：907-916.

桑文，朱智慧，雷朝亮，2016. 昆虫趋光行为的光胁迫假说[J]. 应用昆虫学报，53（5）：915-920.

尚尔才，2007. 全球昆虫信息素防治面积越过64万公顷[J]. 农化新世纪（2）：35.

尚玉昌，李润生，尚军，2006. 动物行为：动物生存的奥秘[M]. 上海：少年儿童出版社.

沈国良，陈红，2007. 大叶黄杨长毛斑蛾生物学特性初步研究[J]. 安徽农学通报，13（13）：155-156.

施雨含，任宗昕，赵延会，等，2021. 气候变化对植物-传粉昆虫的分布区和物候及其互作关系的影响[J]. 生物多样性，29（4）：495-506.

舒金平，滕莹，刘剑，等，2013. 黄脊竹蝗对不同发酵天数人尿的行为反应[J]. 生态学杂志，32（4）：946-951.

舒金平，滕莹，张爱良，等，2012. 竹笋基夜蛾的求偶及交配行为[J]. 应用生态学报，23（12）：3421-3428.

司胜利，许少甫，杜家纬，2000. 烟夜蛾雄蛾性附腺因子对雌蛾性信息素合成的抑制作用[J]. 昆虫学报，43（2）：120-126.

唐晓琴，臧建成，卢杰，2017. 川滇高山栎朱颈褐锦斑蛾（鳞翅目：斑蛾科）生物学特性[J]. 林业科学，53（6）：175-180.

田茂寻，荣昌鹤，白冰，等，2018. 云南锦斑蛾Achelura yunnanensis生物学特性及发生规律的初步研究[J]. 植物保护，44（6）：191-194，213.

涂小云，曾令谦，董晓会，等，2013. 光周期对毛健夜蛾交配和产卵的影响[J]. 应用昆虫学报，50（5）：1238-1243.

王保新，杨桦，林森，等，2011. 交配次数对云斑天牛雌虫精子消耗量及产卵量的影响[J]. 环境昆虫学报，33（1）：36-40.

王淳秋，罗毅波，台永东，等，2008. 蚂蚁在高山鸟巢兰中的传粉作用[J]. 植物分类学报，46（6）：836-846.

王翠花，2013. 台风对褐飞虱迁飞的影响[D]. 南京：南京农业大学.

王丹，那宇鹏，江不文，等，2015. 双斑蟋求偶交配产卵的动物行为学研究[J]. 沈阳师范大学学报（自然科学版），33（4）：455-458.

王翻艳，2015. 大帛斑蝶成虫行为学观察及其求偶机制研究[D]. 北京：中国林业科学研究院.

王方海，刘永平，张琼秀，等，2004. 蝗虫多型现象的神经内分泌调控[J]. 昆虫学报，47（5）：652-658.

王飞凤，王也，陈雨晨，等，2020. 柑橘木虱成虫趋光行为反应[J]. 环境昆虫学报，42（1）：187-192.

王㲜晟，徐洪富，崔峰，2006. 高温处理对甜菜夜蛾雌虫成虫期生殖力及卵巢发育的影响[J]. 西南农业学报，19（5）：916-919.

王立超，陈凤毛，董晓燕，等，2021. 松墨天牛取食和产卵特性研究[J/OL]. 南京林业大学学报（自然科学版）. https://kns.cnki.net/kcms/detail/32.1161.s.20210729.1545.002.html.

王梅松，何学友，杨希，等，2000. 统帅青凤蝶生物学特性的初步研究[J]. 福建林业科技，27（2）：55-57.

王美芳，陈巨莲，原国辉，等，2009. 植物表面蜡质对植食性昆虫的影响研究进展[J]. 生态环境学报，18（3）：1155-1160.

王鹏，张龙，2021. 植食性昆虫的嗅觉选食过程及其机制研究进展[J]. 环境昆虫学报，43（3）：633-641.

王萍莉，李小万，高朋，等，2018. 白星花金龟的羽化及交配行为[J]. 植物保护，44（1）：174-178.

王世飞，荆小院，2016. 栎黄枯叶蛾成虫交配行为特征及性趋向[J]. 山西农业大学学报（自然科学版），36（8）：557-561，566.

王香萍，方宇凌，张钟宁，2005. 小菜蛾对合成植物挥发物的活性反应[J]. 昆虫学报，48（4）：503-508.

王旭，2021. 冰雪灾害对南岭森林的影响及其恢复重建研究[M]. 北京：中国林业出版社.

王旭，顾茂彬，2016. 南岭主要蝴蝶种类及其寄主[J]. 浙江林业科技，36（4）：37-45.

王旭，黄世能，周光益，等，2009. 冰雪灾害对杨东山十二度水自然保护区栲类林建群种的影响[J]. 林业科学，45（9）：41-47.

王旭，周光益，李兆佳，等，2021. 南岭中段弄蝶空间分布格局及多样性分析[J]. 生态环境学报，30（1）：117-124.

王争艳，李心田，鲁玉杰，等，2011. 昆虫寄主选择行为的进化机制[J]. 应用昆虫学报，48（1）：174-177.

王志英，岳书奎，张国财，1991. 几种森林昆虫耐寒性的研究[C]//中国生态学会，青年研究会，北京农业大学有害生物综合防治研究所. 青年生态学者论丛（二）昆虫生态学研究. 北京：中国科学技术出版社：410-413.

魏国树，张青文，周明牂，等，2002. 棉铃虫蛾复眼光反应特性[J]. 昆虫学报，45（3）：323-328.

魏鸿钧，黄文琴，1992. 中国地下害虫研究概述[J]. 昆虫知识，29（3）：168-170.

文超，马涛，王偲，等，2019. 昆虫复眼结构及视觉导航研究进展[J]. 应用昆虫学报，56（1）：28-36.

吴博，封洪强，赵奎军，等，2009. 视频轨迹分析技术在昆虫行为学研究中的应用[J]. 植物保护，35（2）：1-6.

吴海盼，刘俊延，王小云，等，2021. 朱红毛斑蛾繁殖行为的研究[J]. 林业科学研究，34（4）：149-155.

吴钜文，彩万志，侯陶谦，2003. 中国烟草昆虫种类及害虫综合治理[M]. 北京：中国农业科学技术出版社.

肖丽芳，LABANDEIRA C C，DILCHER D L，等，2021. 早白垩世昆虫取食花的遗迹多样性[C]//张颖，李想，孙跃武. 中国古生物学会古植物学分会、江苏省古生物学会2021年学术年会论文摘要集：63.

肖宁，王祥，林思诚，等，2021. 黄野螟天敌螳螂的筛选研究[J]. 安徽农业科学，49（12）：165-166，189.

谢国光，周光益，龚粤宁，等，2015. 南岭南北坡灰蝶的区系组成与生态分布[J]. 环境昆虫学报，37
　　（3）：507-516.

谢正华，徐环李，杨璞，2011. 传粉昆虫物种多样性监测、评估和保护概述[J]. 应用昆虫学报，48（3）：
　　746-752.

辛泽华，1996. 蜻蜓的交配[J]. 生物学教学（9）：40.

徐练，文礼章，易倩，等，2016. 不同光波、光源距离及环境温度对异色瓢虫成虫趋光行为的影响[J].
　　中国农学通报，32（10）：106-113.

徐文彦，谭椰，商晗武，等，2015. 昆虫体水分调控机制的研究进展[J]. 科技通报，31（11）：89-96，158.

许冬，丛胜波，李文静，等，2020. 红铃虫日龄及交配经历对雌蛾求偶行为与寿命的影响[J]. 应用昆虫
　　学报，57（6）：1394-1401.

闫海霞，魏国树，吴卫国，等，2007. 中华通草蛉复眼光感受性[J]. 昆虫学报，50（11）：1099-1104.

闫海燕，魏国树，闫海霞，等，2006. 龟纹瓢虫成虫的复眼形态及其显微结构[J]. 昆虫知识（3）：344-
　　348.

颜忠诚，ZHONG H，2004. 水生昆虫[J]. 生物学通报，39（1）：15-18.

杨宝君，汪来发，赵文霞，等，2002. 松材线虫病的潜伏侵染及松墨天牛传播新途径[J]. 林业科学研
　　究，15（3）：251-255.

杨帆，翟保平，2016. 温度对稻纵卷叶螟再迁飞能力的影响[J]. 生态学报，36（7）：1881-1889.

杨桂华，王蕴生，1995. 亚洲玉米螟雌雄蛾对不同光波的趋性[J]. 玉米科学，（S1）：70-71.

杨洪璋，文礼章，易倩，等，2014. 光波和光强对几种重要农业害虫趋光性的影响[J]. 中国农学通报，
　　30（25）：279-285.

杨建业，吴沧桑，余宝珠，2016. 香港蝴蝶鉴定实用指南[M]. 香港：香港鳞翅目学会.

杨小凡，范凡，安立娜，等，2017. 不同光照环境下梨小食心虫的产卵节律[J]. 植物保护学报，44（5）：
　　873-874.

姚凤銮，尤民生，2012. 全球气候变暖对"植物-害虫-天敌"互作系统的影响[J]. 应用昆虫学报，49（3）：
　　563-572.

姚渭，薛美洲，杜燕萍，2005. 八种储粮害虫趋光性的测定[J]. 粮食储藏，34（2）：3-5，19.

叶碧欢，张亚波，滕莹，等，2014. 笋秀夜蛾的求偶及交配行为[J]. 生态学杂志，33（8）：2136-2141.

叶淑香，阎丙申，1997. 昆虫生理与害虫防制[J]. 医学动物防制，13（6）：382-384.

殷利鑫，王伟，2021. 三叶斑潜蝇的求偶交配及其影响因子研究[J]. 现代农业科技（2）：65-69，74.

于沫涵，程媛媛，刘亚军，2020. 萤火虫生物发光中加氧反应机理的理论研究[J]. 化学学报，78（9）：
　　989-993.

余震加，2008. 厦门岛蝴蝶种类调查与大帛斑蝶生物学特性研究[D]. 福州：福建农林大学.

袁德成，买国庆，薛大勇，等，1998. 中华虎凤蝶栖息地、生物学和保护现状[J]. 生物多样性，6（2）：
　　105-115.

袁楷，陈祯，杨婷婷，等，2020. 光谱和光强度对柑橘木虱成虫趋光行为的影响[J]. 云南农业大学学报
　　（自然科学），35（5）：750-755.

泽桑梓，王海帆，季梅，等，2017. 薇甘菊颈盲蝽基础生物学特性[J]. 江苏农业科学，45（12）：
　　64-69.

曾菊平，周善义，罗保庭，等，2008. 广西大瑶山濒危物种金斑喙凤蝶（广西亚种）的形态学、生物学特
　　征[J]. 昆虫知识，45（3）：457-464.

查玉平，张子一，陈京元，等，2019. 华山松大小蠹对LED灯的趋光行为[J]. 应用昆虫学报，56（6）：

1396-1401.

翟保平，1992．也谈褐飞虱的再迁飞问题［J］．病虫测报，12（3）：36-40．

翟保平，张孝羲，1993．迁飞过程中昆虫的行为［J］．应用生态学报，4（4）：440-446．

张德利，游华建，鲁增辉，等，2021．贡嘎钩蝠蛾交配及生殖力的研究［J］．环境昆虫学报，43（2）：430-435．

张国辉，仵均祥，2012．梨小食心虫成虫行为节律研究［J］．西北农林科技大学学报（自然科学版），40（12）：131-135．

张红玉，欧晓红，2006．以昆虫为指示物种监测和评价森林生态系统健康初探［J］．世界林业研究，19（4）：22-25．

张宏达，2003．南岭山地的种子植物区系研究［M］//庞雄飞．广东南岭国家级自然保护区生物多样性研究．广州：广东科技出版社：204-212．

张杰，刘振兴，雷朝亮，等，2021．波长、密度和光强对黏虫趋光行为的影响［J］．植物保护学报，48（4）：855-861．

张坤胜，杨伟，卓志航，等，2012．蜀柏毒蛾生殖行为及性信息素产生与释放节律［J］．昆虫学报，55（1）：46-54．

张立微，张红玉，2015．传粉昆虫生态作用研究进展［J］．江苏农业科学，43（7）：9-13．

张罗燕，汪分，万小双，等，2021．草地贪夜蛾生殖行为及其昼夜节律研究［J/OL］．环境昆虫学报．https://kns.cnki.net/kcms/detail/44.1640.Q.20211014.1311.002.html.

张清泉，张雪丽，陆温，2012．成虫日龄与交配状态对棉褐环野螟繁殖力的影响［J］．植物保护，38（2）：71-74，113．

张威，张守科，舒金平，等，2017．环境温湿度对黄脊竹蝗趋尿行为的影响［J］．浙江农林大学学报，34（4）：704-710．

张威，张守科，舒金平，等，2018．昆虫趋泥行为的研究进展［J］．林业科学研究，31（1）：150-157．

张伟，2019．传粉者和食花者在西南鸢尾花部特征演化中的作用［D］．武汉：武汉大学．

张卫芳，2010．基于图像处理的储粮害虫检测方法研究［D］．西安：陕西师范大学．

张霞，2009．粒肩天牛危害对杨树内含物的影响［D］．福州：福建农林大学．

张翔，2015．水椰八角铁甲多次交配行为及其繁殖受益［D］．福州：福建农林大学．

张孝羲，1980．昆虫迁飞的类型及生理、生态机制［J］．昆虫知识，17（5）：236-239．

张旭臣，时勇，范立淳，等，2021．大连市松材线虫病疫区天牛种类调查［J］．中国森林病虫，40（3）：36-39．

张宜绪，2000．农户贮粮害虫防治技术［J］．福建农业（9）：16．

张永慧，郝德君，王焱，等，2006．松墨天牛成虫交配与产卵行为的观察［J］．昆虫知识，43（1）：47-49．

张玉静，2021．绿翅绢野螟的繁殖及其对寄主的行为反应研究［D］．南宁：广西大学．

赵俊玲，邵英，刘芳，等，2011．白背飞虱及其天敌黑肩绿盲蝽对5种不同发光二极管的趋光反应［J］．江苏农业科学，39（6）：226-227，232．

赵志鹏，高太平，刘振华，等，2020．白蚁的社会［J］．森林与人类（10）：79-85．

钟春兰，刘子航，朱地福，等，2021．光因子对蛾类昆虫交配率和产卵量的影响［J］．生物灾害科学，44（3）：332-336．

周成理，史军义，易传辉，等，2005．枯叶蛱蝶*Kallima inachus*的生物学研究［J］．四川动物，24（4）：445-450．

周光益，顾茂彬，龚粤宁，等，2016. 南岭国家级自然保护区蝴蝶多样性与区系研究［J］. 环境昆虫学报，38（5）：971-978.

周贵尧，周灵燕，邵钧炯，等，2020. 极端干旱对陆地生态系统的影响：进展与展望［J］. 植物生态学报，44（5）：515-525.

周康念，2013. 马尾松毛虫繁殖生物学的研究［D］. 南昌：江西农业大学.

周琼，梁广文，2003. 植物挥发性次生物质对昆虫行为的调控及其机制［J］. 湘潭师范学院学报（自然科学版），25（4）：55-60.

周荣，曾玲，陆永跃，等，2004. 椰心叶甲取食行为及取食为害量研究［J］. 华南农业大学学报，25（4）：50-52.

周燕，张浩文，吴孔明，2020. 农业害虫跨越渤海的迁飞规律与控制策略［J］. 应用昆虫学报，57（2）：233-243.

朱锦磊，朱伟，刘怀阿，等，2014. 灰飞虱对5种波长LED的趋光性比较及蓝光对灰飞虱繁殖力的影响［J］. 江苏农业学报，30（3）：508-513.

邹国岳，莫羡，赵丹阳，等，2017. 社会性昆虫行为的生理机制：神经传导、激素控制及遗传基础［J］. 林业与环境科学，33（2）：101-106.

左城，林健聪，张继锋，等，2020. 木毒蛾羽化和生殖行为节律观察［J］. 延边大学农学学报，42（4）：37-43.

ACOSTA-MARTINEZ V，MOORE-KUCERA J，COTTON J，et al，2014. Soil enzyme activities during the 2011 Texas record drought/heat wave and implications to biogeochemical cycling and organic matter dynamic［J］. Applied soil ecology，75：43-51.

ADLY M M A A，IRENE K M，GÜLER D U，2020. Insect viruses as biocontrol agents: challenges and opportunities［M］//NABIL E W，MAHMOUD S，MOHAMED A. Cottage industry of biocontrol agents and their applications. Switzerland：Springer：277-295.

ALAUX C，MAISONNASSE A，LE CONTE Y，2010. Pheromones in a superorganism：from gene to social regulation［J］. Vitamins & hormones，83：401-423.

ALCOCK J，GWYNNE D，1987. The mating system of Vanessa kershawi: males defend landmark territories as mate encounter sites［J］. Journal of research on the lepidoptera，26（1）：116-124.

ALTERMATT F，BAUMEYER A，EBERT D，2009. Experimental evidence for male biased flight-to-light behavior in two moth species［J］. Entomologia experimentalis et applicata，130（3）：259-265.

ALTHOFF D M，SEGRAVES K A，SPARKS J P，2004. Characterizing the interaction between the bogus yucca moth and yuccas: do bogus yucca moths impact yucca reproductive success［J］. Oecologia-springer verlag heidelberg，140（2）：321-327.

AMDAM G V，CSONDES A，FONDRK M K，et al，2006. Complex social behaviour derived from maternal reproductive traits［J］. Nature，439（7072）：76-78.

ANDERSEN T，BARANOV V，HAGENLUND L K，et al，2016. Blind flight? A new troglobiotic Orthoclad (Diptera，Chironomidae) from the Lukina Jama-Trojama Cave in Croatia［J］. PloS one，11（4）：e0152884.

ANHOLT B R，MARDEN J H，JENKINS D M，1991. Patterns of mass gain and sexual dimorphism in adult dragonflies (Insecta: Odonata)［J］. Canadian journal of zoology，69（5）：1156-1163.

ANSTEY M L，ROGERS S M，OTT S R，et al，2009. Serotonin mediates behavioral gregarization underlying swarm formation in desert locusts［J］. Science，323（5914）：627-630.

AONUMA H，WATANABE T，2012. Octopaminergic system in the brain controls aggressive motivation in the ant，*Formica japonica*［J］. Acta biologica hungarica，63（S2）：63-68.

ARNQVIST G，NILSSON T，2000. The evolution of polyandry: multiple mating and female fitness in insects ［J］. Animal behaviour，60（2）：145-164.

ARROYO M T K，ROBLES V，TAMBURRINO Í，et al，2020. Extreme drought affects visitation and seed set in a plant species in the central chilean andes heavily dependent on hummingbird pollination ［J］. Plants，9（11）：1553-1581.

ASHTON L A，GRIFFITHS H M，PARR C L，et al，2019. Termites mitigate the effects of drought in tropical rainforest ［J］. Science，363（6423）：174-177.

AVILA F W，SIROT L K，LAFLAMME B A，et al，2011. Insect seminal fluid proteins: identification and function ［J］. Annual review of entomology，56：21-40.

BADEJO O，SKALDINA O，GILEV A，et al，2020. Benefits of insect colours: a review from social insect studies ［J］. Oecologia，194（1）：27-40.

BALE J S，1996. Insect cold hardiness: a matter of life and death ［J］. European journal of entomology，93：369-382.

BÄNZIGER H，BOONGIRD S，SUKUMALANAND P，et al，2009. Bees (Hymenoptera: Apidae) that drink human tears ［J］. Journal of the kansas entomological society，82（2）：135-150.

BARI G M M，AHMAD M，RAHMAN M R，2018. Determination of feeding performance of mustard aphid，*Lipaphis erysimi*（Kalt.）on different mustard varieties at water stress condition ［J］. Fundamental and applied agriculture，3（2）：467-473.

BARRON A B，2001. The life and death of Hopkins' host-selection principle ［J］. Journal of insect behavior，14（6）：725-737.

BATTISTI A，STASTNY M，BUFFO E，et al.，2006. A rapid altitudinal range expansion in the pine processionary moth produced by the 2003 climatic anomaly ［J］. Global Change Biology，12：662-671.

BECK J，MUÈHLENBERG E，FIEDLER K，1999. Mud-puddling behavior in tropical butterflies: in search of proteins or minerals? ［J］. Oecologia，119（1）：140-148.

BEMAYS E A，1994. Host plant selection by phytophagous insects ［M］. New York：Chapman &Hall.

BENELLI G，CANALE A，BONSIGNORI G，et al，2012. Male wing vibration in the mating behavior of the olive fruit fly *Bactrocera oleae* (Rossi) (Diptera：Tephritidae) ［J］. Journal of insect behavior，25（6）：590-603.

BENELLI G，DAANE K M，CANALE A，et al，2014. Sexual communication and related behaviours in Tephritidae: current knowledge and potential applications for Integrated Pest Management ［J］. Journal of pest science，87（3）：385-405.

BENNETT V J，SMITH W P，BETTS M G，2012. Evidence for mate guarding behavior in the Taylor's checkerspot butterfly ［J］. Journal of insect behavior，25（2）：183-196.

BENOIT J B，2010. Water management by dormant insects: comparisons between dehydration resistance during summer aestivation and winter diapause ［J］. Aestivation，49：209-229.

BIDLINGMAYER W L，1994. How mosquitoes see traps: role of visual responses ［J］. Journal of the American mosquito control association-mosquito news，10（2）：272-279.

BLOCH G，BORST D W，HUANG Z Y，et al，2000. Juvenile hormone titers，juvenile hormone biosynthesis，ovarian development and social environment in *Bombus terrestris* ［J］. Journal of insect physiology，46（1）：47-57.

BOGGS C L，1986. Reproductive strategies of female butterflies: variation in and constraints on fecundity［J］. Ecological entomology，11（1）：7-15.

BOGGS C L，DAU B，2004. Resource specialization in puddling Lepidoptera［J］. Environmental entomology，33（4）：1020-1024.

BOGGS C L，GILBERT L E，1979. Male contribution to egg production in butterflies: evidence for transfer of nutrients at mating［J］. Science，206（4414）：83-84.

BOMBELLI P，HOWE C J，BERTOCCHINI F，2017. Polyethylene bio-degradation by caterpillars of the wax moth *Galleria mellonella*［J］. Current biology，27（8）：292-293.

BONASIO R，ZHANG G，YE C，et al，2010. Genomic comparison of the ants *Camponotus floridanus* and *Harpegnathos saltator*［J］. Science，329（5995）：1068-1071.

BRAGARD C，CACIAGLI P，LEMAIRE O，et al，2013. Status and prospects of plant virus control through interference with vector transmission［J］. Annual review of phytopathology，51：177-201.

BRANCHING B R，ROSENBERG J C，FONTAINE D M，et al，2011. Bioluminescence is produced from a trapped firefly luciferase conformation predicted by the domain alternation mechanism［J］. Journal of the American chemical society，133（29）：11088-11091.

BRENT C S，SCHEL C，VARGO E L，2007. Endocrine effects of socialstimuli on maturing Queens of the dampwood termite *Zootermopsis argusticollis*［J］. Physiological entomology，32（1）：26-33.

BRENT C，PEETERS C，DIETMANN V，et al，2006. Hormonal correlates of reproductive status in the queenless ponerine ant, *Streblognathus peetersi*［J］. Journal of comparative physiology A，192（3）：315-320.

BRETMAN A，FRICKE C，CHAPMAN T，2009. Plastic responses of male *Drosophila melanogaster* to the level of sperm competition increase male reproductive fitness［J］. Proceedings of the royal society B: biological sciences，276（1662）：1705-1711.

BRITO N F，MOREIRA M F，MELO A C A，2016. A look inside odorant-binding proteins in insect chemoreception［J］. Journal of insect physiology，95：51-65.

BROCKMANN A，ROBINSON G E，2007. Central projections of sensory systems involved in honey bee dance language communication［J］. Brain, behavior and evolution，70（2）：125-136.

BROWN W D，ALCOCK J，1990. Hilltopping by the red admiral butterfly: mate searching alongside congeners［J］. Journal of research on the lepidoptera，29（1）：1-10.

BÜRGI L P，MILLS N J，2012. Ecologically relevant measures of the physiological tolerance of light brown apple moth, *Epiphyas postvittana*, to high temperature extremes［J］. Journal of insect physiology，58（9）：1184-1191.

BUTTIKER W，1997. Field observations on ophthalmotropic Lepidoptera in southwestern Brazil (Paraná)［J］. Revue suisse de zoologie，104（4）：853-868.

CABRERA-ASENCIO I，MELÉNDEZ-ACKERMAN E J，2021. Community and species-level changes of insect species visiting Mangifera indica flowers following hurricane María: "The Devil Is in the Details"［J］. Frontiers in ecology and evolution，9：556821.

CAI C，ESCALONA H E，LI L，et al，2018. Beetle pollination of cycads in the Mesozoic［J］. Current biology，28（17）：2806-2812.

CALLAHAN P S，1965. Intermediate and far infrared sensing of nocturnal insects. Part Ⅰ. Evidences for a far infrared (FIR) electromagnetic theory of cummunication and sensing in moths and its relationship to the limiting biosphere of the corn earworm [J]. Annals of the entomological society of America，58（5）：727-745.

CARNICER J，STEFANESCU C，VIVES-INGLA M，et al，2019. Phenotypic biomarkers of climatic impacts on declining insect populations: a key role for decadal drought, thermal buffering and amplification effects and host plant dynamics [J]. Journal of animal ecology，88（3）：376-391.

CERDA X，RETANA J，MANZANEDA A，1998. The role of competition by dominants and temperature in the foraging of subordinate species in *Mediterranean* ant communities [J]. Oecologia，117：404-412.

CHAPMAN T，LIDDLE L F，KALB J M，et al，1995. Cost of mating in *Drosophila melanogaster* females is mediated by male accessory gland products [J]. Nature，373（6511）：241-244.

CHEN R L，BAO X Z，BRAKE V A，et al，1989. Radar observations of the spring migration into northeastern China of the oriental armyworm moth, *Mythimna separate*, and other insects [J]. Ecological entomology，14（2）：149-162.

CHEN X，ADAMS B J，PLATT W J，et al，2020. Effects of a tropical cyclone on salt marsh insect communities and post-cyclone reassembly processes [J]. Ecography，43（6）：834-847.

CHEN Z，KUANG R P，ZHOU J X，et al，2012. Phototactic behaviour in *Aphidius gifuensis* (Hymenoptera: Braconidae) [J]. Biocontrol science and technology，22（3）：271-279.

CHITTKA A，WURM Y，CHITTKA L，2012. Epigenetics: the making of ant castes [J]. Current biology，22（19）：835-838.

CHIU M C，KUO J J，KUO M H，2015. Life stage-dependent effects of experimental heat waves on an insect herbivore [J]. Ecological entomology，40（2）：175-181.

CHOWN S L，HOFFMANN A A，KRISTENSEN T N，et al，2010. Adapting to climate change: a perspective from evolutionary physiology [J]. Climate research，43：3-15.

CHRIS A，VAN SWAAY M，NOWICKI P，et al，2008. Butterfly monitoring in Europe: methods, applications and perspectives [J]. Biodiversity & conservation，17（14）：3455-3469.

CIERESZKO A，DABROWSKI K，PIROS B，et al，2001. Characterization of zebra musse (*Dreissena polymorpha*) sperm motility: duration of movement, effects of cations, pH and gossypol [J]. Hydrobiologia，452（1）：225-232.

CLYNE P J，WARR C G，CARLSON J R，2000. Candidate taste receptors in *Drosophila* [J]. Science，287（5459）：1830-1834.

COHEN E，2012. Roles of aquaporins in osmoregulation, desiccation and cold hardiness in insects [J]. Entomology ornithology & herpetology current research，1：2161-0983.

COLARES F，SILVA-TORRES C S A，TORRES J B，et al，2013. Influence of cabbage resistance and colour upon the diamondback moth and its parasitoid *Omyzus sokolowskii* [J]. Entomologia experimentalis et applicata，148（1）：84-93.

COSTANZO K，MONTEIRO A，2007. The use of chemical and visual cues in female choice in the butterfly *Bicyclus anynana* [J]. Proceedings of the royal society B: biological sciences，274（1611）：845-851.

CRUDGINGTON H S，SIVA-JOTHY M T，2000. Genital damage, kicking and early death [J]. Nature，407（6806）：855-856.

DACKE M，NILSSON DE，SCHOLTZ CH，et al，2003. Animal behavior: insect orientation to polarized moonlight [J]. Nature，424（6944）：33.

DAR A A，JAMAL K，2021. Moths as ecological indicators: a review ［J］. Munis entomol and zoology，16
（2）：830–836.

DAVID J R，ARARIPE L O，CHAKIR M，et al，2005. Male sterility at extreme temperatures: a significant
but neglected phenomenon for understanding *Drosophila* climatic adaptations ［J］. Journal of evolutionary
biology，18（4）：838–846.

DE MORAES C M，LEWIS W J，PARE P W，et al，1998. Herbivore-infested plants selectively attract
parasitoids ［J］. Nature，393（6685）：570–573.

DELNEVO N，VAN ETTEN E J，CLEMENTE N，et al，2020. Pollen adaptation to ant pollination: a case
study from the Proteaceae ［J］.Annals of botany，126（3）：377–386.

DIETZGEN R G，MANN K S，JOHNSON K N，2016. Plant virus-insect vector interactions: current and
potential future research directions ［J］. Viruses，8（11）：303.

DINESH A S，VENKATESHA M G，2013. Analysis of the territorial, courtship and coupling behavior of
the hemipterophagous butterfly, *Spalgis epius* (Westwood) (Lepidoptera: Lycaenidae) ［J］. Journal of insect
behavior，26（2）：149–164.

DITRICK L E，JONES R L，CHIANG H C，1983. An oviposition deterrent for the European corn borer,
Ostrinia nubilalis (Lepidoptera：Pyralidae), extracted from larval frass ［J］. Journal of insect physiology，
29（1）：119–121.

DOLEZAL A G，BRENT C S，HÖLLDOBLER B，et al，2012. Worker division of labor and endocrine
physiology are associated in the harvester ant, *Pogonomyrmex californicus* ［J］. Journal of experimental
biology，215（3）：454–460.

DONG S，YE G，GUO J，et al，2009. Roles of ecdysteroid and juvenile hormone in vitellogenesis in an
endoparasitic wasp, *Pteromalus puparum* (Hymenoptera：Pteromalidae) ［J］. General and comparative
endocrinology，160（1）：102–108.

DOWNES J A，1973. Lepidoptera feeding at puddle-margins, dung, and carrion ［J］. Journal of the
lepidopterists' society，27：89–99.

DRAKE V A，1983. Collective orientation by nocturnally migrating Australian plague locusts, *Chortoicetes
terminifera* (Walker) (Orthoptera: Acrididae) : a radar study［J］. Bulletin of entomological research，73（4）：
679–692.

DURST P B，JOHNSON D V，LESLIE R N，et al，2010. Forest insects as food: humans bite back ［M］.
Bangkok：Food and Agriculture Organization of the United Nations Regional Office for Asia and the Pacific.
（non-publication literature）.

EASTERLING D R，MEEHL G A，PARMESAN C，et al.，2000. Climate extremes: observations,
modeling, and impacts ［J］. Science，289（5487）：2068–2074.

ELDUMIATI I I，LEVENGOOD W C，1971. Submillimetre wave sensing of nocturnal moths ［J］. Nature，
233（5317）：283–284.

ESCH H，BURNS J，1996. Distance estimation by foraging honeybees ［J］. The journal of experimental
biology，199（1）：155–162.

FAEGRI K，VAN DER PIJL L，1979. The principles of pollination ecology ［M］. 3rd ed. Oxford：
Pergamon Press.

FEDORKA K M，ZUK M，MOUSSEAU T A，2004. Immune suppression and the cost of reproduction in the
ground cricket, *Allonemobius socius* ［J］. Evolution，58（11）：2478–2485.

FILAZZOLA A，MATTER S F，MACIVOR J S，2021．The direct and indirect effects of extreme climate events on insects［J］．Science of the total environment，769：145161．

FITZPATRICK M J，BEN-SHAHAR Y，SMID H M，et al，2005．Candidate genes for behavioural ecology［J］．Trends in ecology & evolution，20（2）：96-104．

FORISTER M L，MCCALL A C，SANDERS N J，et al，2010．Compounded effects of climate change and habitat alteration shift patterns of butterfly diversity［J］．Proceedings of the national academy of sciences，107（5）：2088-2092．

FOSTER S P，1993．Neural inactivation of sex pheromone production in mated lightbrown apple moths，*Epiphyas postvittana* (Walker)［J］．Journal of insect physiology，39（3）：267-273．

FRANCO K，JAUSET A，CASTAÑÉ C，2011．Monogamy and polygamy in two species of mirid bugs: a functional-based approach［J］．Journal of insect physiology，57（2）：307-315．

FRANKS N R，WILBY A，SILVERMAN B W，et al，1992．Self-organizing nest construction in ants sophisticated building by blind bulldozing［J］．Animal behavior，44（22）：357-375．

FREY D，ROMAN R，MESSETT L，2002．Dew-drinking by male monarch butterflies，*Danaus plexippus* (L.)［J］．Journal of the lepidopterists' society，56：90-97．

GARBACZEWSKA M，BILLETER J C，LEVINE J D，2013．*Drosophila melanogaster* males increase the number of sperm in their ejaculate when perceiving rival males［J］．Journal of insect physiology，59（3）：306-310．

GARRIS H W，SNYDER J A，2010．Sex-specific attraction of moth species to ultraviolet light traps［J］．Southeastern naturalist，9（3）：427-434．

GAVRILETS S，2000．Rapid evolution of reproductive barriers driven by sexual conflict［J］．Nature，403（6772）：886-889．

GEISTER T L，LORENZ M W，HOFFMANN K H，et al，2008．Adult nutrition and butterfly fitness: effects of diet quality on reproductive output, egg composition, and egg hatching success［J］．Frontiers in zoology，5（1）：1-13．

GERVASI D D L，SCHIESTL F P，2017．Real-time divergent evolution in plants driven by pollinators［J］．Nature communications，8（1）：1-8．

GRAVEL A，DOYEN A，2020．The use of edible insect proteins in food: challenges and issues related to their functional properties［J］．Innovative food science & emerging technologies，59：1-11．

GREENBANK D O，SCHAEFER G W，RAINEY R C，1980．Spruce budworm (Lepidoptera: Tortricidae) moth flight and dispersal: new understanding from canopy observations, radar, and aircraft［J］．The memoirs of the entomological society of Canada，112（S110）：1-49．

GREENSPAN R J，FERVEUR J F，2000．Courtship in *Drosophila*［J］．Annual review of genetics，34（1）：205-232．

GREINER B，CRONIN T，RIBI W，et al，2007．Anatomical and physiological evidence for polarisation vision in the nocturnal bee *Megalopta genalis*［J］．Journal of comparative physiology A，193（6）：591-600．

GROOT A T，VAN DER WAL E，SCHUURMAN A，et al，1998．Copulation behaviour of *Lygocoris pabulinus* under laboratory conditions［J］．Entomologia experimentalis et applicata，88（3）：219-228．

HALL J P W，WILLMOTT K R，2000．Patterns of feeding behaviour in adult male riodinid butterflies and their relationship to morphology and ecology［J］．Biological journal of the linnean society，69（1）：1-23．

HANSON S M，CRAIG J G B，1995．Relationship between cold hardiness and supercooling point in *Aedes albopictus* eggs [J]. Journal of the American mosquito control association, 11（1）: 35-38.

HAO Z, WU M, ZHENG J, et al, 2020. Patterns in data of extreme droughts/floods and harvest grades derived from historical documents in eastern China during 801-1910 [J]. Climate of the past, 16（1）: 101-116.

HARBORNE J B, 1988. Introduction to ecological biochemistry [M]. London: Harcourt Brace Jovanovich.

HARRIS M O, FOSTER S P, 1991. Wind tunnel studies of sex pheromone-mediated behavior of the Hessian fly (Diptera: Cecidomyiidae) [J]. Journal of chemical ecology, 17（12）: 2421-2435.

HATCHER M J, TOFTS C, FRANKS N R, 1991. Mutual exclusion as a mechanismfor information exchange within ant nests [J]. Science of nature, 79（1）: 32-34.

HAYASHI F, 1998. Multiple mating and lifetime reproductive output in female dobsonflies that receive nuptial gifts [J]. Ecological research, 13（3）: 283-289.

HEGLAND S J, NIELSEN A, LÁZARO A, et al, 2009. How does climate warming affect plant-pollinator interactions? [J]. Ecology letters, 12（2）: 184-195.

HENDRICHS J, KATSOYANNOS B I, PAPAJ D R, et al, 1991. Sex differences in movement between natural feeding and mating sites and tradeoffs between food consumption, mating success and predator evasion in *Mediterranean fruit flies* (Diptera: Tephritidae) [J]. Oecologia, 86（2）: 223-231.

HENDRICHS J, LAUZON C R, COOLEY S S, et al, 1993. Contribution of natural food sources to adult longevity and fecundity of *Rhagoletis pomonella* (Diptera: Tephritidae) [J]. Annals of the entomological society of America, 86（3）: 250-264.

HILKER M, FATOUROS N E, 2015. Plant responses to insect egg deposition [J]. Annual review of entomology, 60: 493-515.

HILKER M, MEINERS T, 2002. Chemoecology of insect eggs and egg deposition [M]. Oxford: Blackwell.

HILL M P, CHOWN S L, HOFFMANN A A, 2013. A predicted niche shift corresponds with increased thermal resistance in an invasive mite, *Halotydeus destructor* [J]. Global ecology and biogeography, 22（8）: 942-951.

HILLIER N K, VICKERS N J, 2004. The role of heliothine hairpencil compounds in female Heliothis virescens (Lepidoptera: Noctuidae) behavior and mate acceptance [J]. Chemical Senses, 29（6）: 499-511.

HIRONAKA M, INADOMI K, NOMAKUCHI S, et al, 2008. Canopy compass in nocturnal homing of the subsocial shield bug, *Parastrachia japonensis* (Heteroptera: Parastrachiidae) [J]. Naturwissenschaften, 95（4）: 343-346.

HORI M, 2007. Onion aphid (*Neotoxoptera formosana*) attractants, in the headspace of Allium fistulosum and A. tuberosum leaves [J]. Journal of applied entomology, 131（1）: 8-12.

HORTON D E, JOHNSON N C, SINGH D, et al, 2015. Contribution of changes in atmospheric circulation patterns to extreme temperature trends [J]. Nature, 522: 465-469.

HOSKEN D J, BLANCKENHORN W U, 1999. Female multiple mating, inbreeding avoidance, and fitness: it is not only the magnitude of costs and benefits that counts [J]. Behavioral ecology, 10（4）: 462-464.

HOSOKAWA T, FUKATSU T, 2020. Relevance of microbial symbiosis to insect behavior [J]. Current opinion in insect science, 39: 91-100.

HOU M L, SHENG C F, 2000. Calling behaviour of adult female *Helicoverpa armigera* (Hübner) (Lep.

Noctuidae) of overwintering generation and effects of mating ［J］. Journal of applied entomology，124（2）：71-75.

HSIENFEN T，YANG R，CHAN L，et al，2007. The function of multiple mating in oviposition and egg maturation in the seed beetle *Callosobruchus maculatus* ［J］. Physiological entomology，32（2）：150-156.

HUANG D Y，BECHLY G，NEL P，et al，2016. New fossil insect order Permopsocida elucidates major radiation and evolution of suction feeding in hemimetabolous insects (Hexapoda: Acercaria) ［J］. Scientific reports，6（1）：1-9.

INDEPENDENT POLICE COMPLAINTS COMMISSION（IPCC），2013. Climate change 2013: the physical science basis ［M］. Washington DC：US Global Change Research Program.

INDEPENDENT POLICE COMPLAINTS COMMISSION（IPCC），2021. Climate change 2021: the physical science basis ［M］. Cambridge：Cambridge University Press.

INTERNATIONAL FEDERATION OF RED CROSS（IFRC），RED CRESCENT SOCIETIES（RCS），2010. World disaster report-focus on urban risk ［M］. Switzerland：Geneva.

JAIME L，BATLLORI E，MARGALEF-MARRASE J，et al，2019. Scots pine (*Pinus sylvestris* L.) mortality is explained by the climatic suitability of both host tree and bark *beetle populations* ［J］. Forest ecology and management，448：119-129.

JEFFS C T，LEATHER S R，2014. Effects of extreme, fluctuating temperature events on life history traits of the grain aphid, Sitobion avenae ［J］. Entomologia experimentalis et applicata，150（3）：240-249.

JENNIONS M D，PETRIE M，1997. Variation in mate choice and mating preferences: a review of causes and consequences ［J］. Biological reviews，72（2）：283-327.

JOHN S，1984. The evolution of insect mating systems ［J］. The quarterly review of biology，59（3）：362-363.

JOHNSON M T J，CAMPBELL S A，BARRETT S C H，2015. Evolutionary interactions between plant reproduction and defense against herbivores ［J］. Annual review of ecology, evolution, and systematics，46：191-213.

JOHNSON S D，PETER C I，AGREN J，2004. The effects of nectar addition on pollen removal and geitonogamy in the non-rewarding orchid *Anacamptis morio*［J］. Proceedings of the royal society，271(1541)：803-809.

JONES T M，QUINNELL R J，BALMFORD A，1998. Fisherian flies: benefits of female choice in a lekking sandfly ［J］. Proceedings of the royal society B：biological sciences，265（1406）：1651-1657.

JOVEM-AZEVÊDO D，BEZERRA-NETO J F，AZEVÊDO E L，et al，2019. Dipteran assemblages as functional indicators of extreme droughts ［J］. Journal of arid environments，164：12-22.

KAATZ H，EICHMÜLLER S，KREISSL S，1994. Stimulatory effect of octopamine on juvenile hormone biosynthesis in honey bees (*Apis mellifera*): physiological and immunocytochemical evidence ［J］. Journal of insect physiology，40（10）：865-872.

KAISER R，1993. Plant scents: Scent pollination principles ［J］. The scent of orchids（28）：407-454.

KALE P R，PAWAR V S，SHENDGE S N，2021. Recent advances in stored grain pest management: a review ［J］. The pharma innovation journal，SP-10（8）：667-673.

KARL I，STOKS R，DE BLOCK M，et al，2011. Temperature extremes and butterfly fitness: conflicting evidence from life history and immune function ［J］. Global change biology，17（2）：676-687.

KARLSON P，BUTENANDT A，1959. Pheromones (ectohormones) in insects ［J］. Annual review of entomology，4（1）：39-58.

KASPARI M，YANOVIAK S P，DUDLEY R，2008. On the biogeography of salt limitation: a study of ant communities [J]. Proceedings of the national academy of sciences，105（46）：17848-17851.

KEARNEY M，SHINE R，PORTER W P，2009. The potential for behavioral thermoregulation to buffer "cold-blooded" animals against climate warming [J]. Proceedings of the national academy of sciences，106（10）：3835-3840.

KEARNS C A，INOUYE D W，WASER N M，1998. Endangered mutualisms: the conservation of plant-pollinator interactions [J]. Annual review of ecology and systematics，29（1）：83-112.

KELLER L，ROSS K G，1998. Selfish genes: a green beard in the red fire ant [J]. Nature，394（6693）：573-575.

KERR J T，PINDAR A，GALPERN P，et al，2015. Climate change impacts on bumblebees converge across continents [J]. Science，349（6244）：177-180.

KIM W J，JAN L Y，JAN Y N，2012. Contribution of visual and circadian neural circuits to memory for prolonged mating induced by rivals [J]. Nature neuroscience，15（6）：876-883.

KINDVALL O，1995. The impact of extreme weather on habitat preference and survival in a metapopulation of the bush cricket *Metrioptera bicolor* in Sweden [J]. Biological conservation，73（1）：51-58.

KING B H，FISCHER C R，2010. Male mating history: effects on female sexual responsiveness and reproductive success in the parasitoid wasp *Spalangia endius* [J]. Behavioral ecology and sociobiology，64（4）：607-615.

KIRKTON S D，SCHULTZ T D，2001. Age-specific behavior and habitat selection of adult male damselflies, *Calopteryx maculate* (Odonata: Calopterygidae) [J]. Journal of insect behavior，14（4）：545-556.

KNUDSEN J T，TOLLSTEN L，BENGSTROM G，1993. Floral scents-a checklist of volatile compounds isolated by head-space techniques [J]. Phytochemistry，33：253-280.

KOGANEZAWA M，KIMURA K，YAMAMOTO D，2016. The neural circuitry that functions as a switch for courtship versus aggression in *Drosophila* males [J]. Current biology，26（11）：1395-1403.

KOSCHIER E H，SEDY K A，NOVAK J. 2002，Influence of plant volatiles on feeding damage caused by the onion thrips Thrips tabaci [J]. Crop protection，21（5）：419-425.

KRAUSS J，STEFFAN-DEWENTER I，TSCHARNTKE T，2003. How does landscape context contribute to effects of habitat fragmentation on diversity and population density of butterflies? [J]. Journal of biogeography，30（6）：889-900.

KUMAR S，SIMONSON S E，STOHLGREN T J，2009. Effects of spatial heterogeneity on butterfly species richness in Rocky Mountain National Park, CO, USA [J]. Biodiversity and conservation，18（3）：739-763.

KVELLO P，ALMAAS T J，MUSTAPARTA H，2006. A confined taste area in a lepidopteran brain [J]. Arthropod structure & development，35（1）：35-45.

LANDRY C L，2013. Changes in pollinator assemblages following hurricanes affect the mating system of *Laguncularia racemosa* (Combretaceae) in Florida, USA [J]. Journal of tropical ecology，29（3）：209-216.

LANFRANCHI G B，2005. Minilivestock consumption in the Ancient Near East: the case of locusts [M] // PAOLETTI M G. Ecological implications of minilivestock: potential of insects, rodents, frogs and snails. Enfield：Science Publisher: 163-174.

LEAL W S，2013. Odorant reception in insects: roles of receptors, binding proteins, and degrading enzymes[J]. Annual review of entomology，58：373-391.

LEWIS Z，WEDELL N，2007. Effect of adult feeding on male mating behaviour in the butterfly, *Bicyclus anynana* (Lepidoptera: Nymphalidae)［J］. Journal of insect behavior，20（2）：201-213.

LI S H，BROWN J L，2002. Reduction of maternal care: a new benefit of multiple mating?［J］. Behavioral ecology，13（1）：87-93.

LIBBRECHT R，OXLEY P R，KELLER L，et al，2016. Robust DNA methylation in the clonal raider ant brain［J］. Current biology，26（3）：391-395.

LIGHT S F，WEESNER F M，1955. The production and replacement of soldiers in ineipient eolonies of *Reticulitermes hesperus*［J］. Insectes sociaux，2：347-354.

LIN X，LABANDEIRA C C，SHIH C，et al，2019. Life habits and evolutionary biology of new two-winged long-proboscid scorpionflies from mid-Cretaceous Myanmar amber［J］. Nature communications，10（1）：1-14.

LLOYD D G，1979. Parental strategies of angiosperms［J］. New Zealand journal of botany，17（4）：595-606.

LLOYD J E，1971. Bioluminescent communication in insects［J］. Annual review of entomology，16（1）：97-122.

LLOYD J E，1980. Male Photuris fireflies mimic sexual signals of their females' prey［J］. Science，210（4470）：669-671.

LUCAS C，NICOLAS M，KELLER L，2015. Expression of foraging and Gp-9 are associated with social organization in the fire ant *Solenopsis invicta*［J］. Insect molecular biology，24（1）：93-104.

MA C S，MA G，PINCEBOURDE S，2021. Survive a warming climate: insect responses to extreme high temperatures［J］. Annual review of entomology，66：163-184.

MA G，MA C S，2012a. Effect of acclimation on heat-escape temperatures of two aphid species: implications for estimating behavioral response of insects to climate warming［J］. Journal of insect physiology，58（3）：303-309.

MA G，MA C S，2012b. Climate warming may increase aphids' dropping probabilities in response to high temperatures［J］. Journal of insect physiology，58（11）：1456-1462.

MA G，RUDOLF V H W，MA C，2015. Extreme temperature events alter demographic rates, relative fitness, and community structure［J］. Global change biology，21（5）：1794-1808.

MATTHEW G，ALEXANDER B，ATHULA A，et al，2001. Attractive and defensive functions of the ultraviolet pigments of a flower (*Hypericum calycinum*)［J］. Proceedings of the national academy of sciences，98（24）：13745-13750.

MCLAUGHLIN J F，HELLMANN J J，BOGGS C L，et al，2002. Climate change hastens population extinctions［J］. Proceedings of the national academy of sciences，99（9）：6070-6074.

MEEHL G A，TEBALDI C，2004. More intense, more frequent, and longer lasting heat waves in the 21st century［J］. Science，305（5686）：994-997.

MENÉNDEZ R，GONZÁLEZ-MEGÍAS A，COLLINGHAM Y，et al，2007. Direct and indirect effects of climate and habitat factors on butterfly diversity［J］. Ecology，88（3）：605-611.

MEVI-SCHÜTZ J，ERHARDT A，2003. Larval nutrition affects female nectar amino acid preference in the map butterfly (*Araschnia levana*)［J］. Ecology，84（10）：2788-2794.

MEVI-SCHÜTZ J，ERHARDT A，2005. Amino acids in nectar enhance butterfly fecundity: a long-awaited link［J］. The American naturalist，165（4）：411-419.

MICHENER C D，1965. A classification of the bees of the Australian and Soth Pacific regoins［J］. Blletn of the ameriest masnram of nateral history，130：1–362.

MILLAR J G，MIDLAND S L，2007. Synthesis of the sex pheromone of the obscure mealybug, the first example of a new class of monoterpenoids［J］. Tetrahedron letters，48（36）：6377–6379.

MINCKLEY R L，ROULSTON T H，WILLIAMS N M，2013. Resource assurance predicts specialist and generalist bee activity in drought［J］. Proceedings of the royal Society B: biological sciences，280（1759）：1–7.

MITCHELL K A，HOFFMANN A A，2010. Thermal ramping rate influences evolutionary potential and species differences for upper thermal limits in *Drosophila*［J］. Functional ecology，24（3）：694–700.

MIURA T，KARNIKOUEHI A，SAWATA M，et al，1999. Soldiercaste-specific gene espression in the mandibular glands of *Hodotermopsis japonica* (Isoptera: termopsidae)［J］，Proceedings of the national academy of sciences，96（24）：13874–13879.

MIYAMOTO T，SLONE J，SONG X，et al，2012. A fructose receptor functions as a nutrient sensor in the *Drosophila* brain［J］. Cell，151（5）：1113–1125.

MIYATAKE T，SHIMIZU T，1999. Genetic correlations between life-history and behavioral traits can cause reproductive isolation［J］. Evolution，53（1）：201–208.

MIZUNAMI M，YAMAGATA N，NISHINO H，2010. Alarm pheromone processing in the ant brain: an evolutionary perspective［J］. Frontiers in behavioral neuroscience，4（28）：1–9.

MOLLEMAN F，2010. Puddling: from natural history to understanding how it affects fitness［J］. Entomologia experimentalis et applicata，134（2）：107–113.

MOLLEMAN F，GRUNSVEN R H A，LIEFTING M，et al，2005. Is male puddling behaviour of tropical butterflies targeted at sodium for nuptial gifts or activity?［J］. Biological journal of the linnean society，86（3）：345–361.

MOLLEMAN F，MIDGLEY J J，2009. δ 15N analyses of butterfly wings and bodies suggest minimal nitrogen absorption in carrion and dung puddling butterflies (Lepidoptera: Nymphalidae)［J］. Journal of research on the lepidoptera，41：14–16.

MOLLEMAN F，ZWAAN B J，BRAKEFIELD P M，2004. The effect of male sodium diet and mating history on female reproduction in the puddling squinting bush brown *Bicyclus anynana* (Lepidoptera)［J］. Behavioral ecology and sociobiology，56（4）：404–411.

MONTOYA J M，PIMM S L，SOLÉR V，2006. Ecological networks and their fragility［J］. Nature，442（7100）：259–264.

MONTOYA J M，SOLÉR V，2002. Small world patterns in food webs［J］. Journal of theoretical biology，214（3）：405–412.

MORIMOTO N，IMURA O，KIURA T，1998. Potential effects of global warming on the occurrence of Japanese pest insects［J］. Applied Entomology and Zoology，33（1）：147–155.

MOSKOWITZ D，MOSKOWITZ J，MOSKOWITZ S，et al，2001. Notes on a large dragonfly and butterfly migration in New Jersey［J］. Northeastern naturalist，8（4）：483–490.

MUSOLIN D L，2007. Insects in a warmer world: ecological, physiological and life-history responses of true bugs (Heteroptera) to climate change［J］. Global change biology，13（8）：1565–1585.

NOVAIS S，MACEDO-REIS L E，CRISTOBAL-PERÉZ E J，et al，2018. Positive effects of the catastrophic *Hurricane Patricia* on insect communities［J］. Scientific reports，8（1）：1–9.

O'BRIEN D M，FOGEL M L，BOGGS C L，2002. Renewable and nonrenewable resources: amino acid turnover and allocation to reproduction in Lepidoptera［J］. Proceedings of the national academy of sciences，99（7）：4413-4418.

OHBA N，1983. Studies on the communication system of Japanese fireflies［J］. Science report of the Yokosuka City Museum，30：1-62.

OLLERTON J，WINFREE R，TARRANT S，2011. How many flowering plants are pollinated by animals?［J］. Oikos，120（3）：321-326.

OTIS G W，LOCKE B，MCKENZIE N G，et al，2006. Local enhancement in mud-puddling swallowtail butterflies (Battus philenor and *Papilio glaucus*)［J］. Journal of insect behavior，19（6）：685-698.

PALMA A D，DENNIS，R L H，BRERETON T，et al，2017. Large reorganizations in butterfly communities during an extreme weather event［J］. Ecography，40（5）：577-585.

PAMESAN C，RYRHOLM N，STEFANESCU C，et al，1999. Polew and shifts in geographical ranges of butterfly species associated with regional warming［J］. Nature，399：579-583.

PAPAJ D R，MALLORY H S，HEINZ C A，2007. Extreme weather change and the dynamics of oviposition behavior in the pipevine swallowtail，*Battus philenor*［J］. Oecologia，152（2）：365-375.

PARIS T M，CROXTON S D，STANSLY P A，et al，2015. Temporal response and attraction of *Diaphorina citri* to visual stimuli［J］. Entomologia experimentalis et applicata，155（2）：137-147.

PARKER G A，PIZZARI T，2010. Sperm competition and ejaculate economics［J］. Biological reviews，85（4）：897-934.

PARMESAN C，RYRHOLM N，STEFANESCU C，et al，1999. Poleward shifts in geographical ranges of butterfly species associated with regional warming［J］. Nature，399（6736）：579-583.

PEDGLEY D E，REYNOLDS D R，RILEY J R，et al，1982. Flying insects reveal small-scale wind systems［J］. Weather，37（10）：295-306.

PERRICHOT V，WANG B，ENGEL M S，2016. Extreme morphogenesis and ecological specialization among Cretaceous basal ants［J］. Current biology，26（11）：1468-1472.

PETERSON M L，ANGERT A L，KAY K M，2020. Experimental migration upward in elevation is associated with strong selection on life history traits［J］，Ecology and evolution，10（2）：612-625.

PEYRONNET O，VACHON V，SCHWARTZ J L，et al，2000. Ion channel activity from the midgut brush-border membrane of gypsy moth (*Lymantria dispar*) larvae［J］. Journal of experimental biology，203（12）：1835-1844.

PIOVIA-SCOTT J，2011. The effect of disturbance on an ant-plant mutualism［J］. Oecologia，166（2）：411-420.

PIVNICK K A，JARVIS B J，SLATER G P，1994. Identification of olfactory cues used in host-plant finding by diamondback moth，*Plutella xylostella* (Lepidoptera: Plutellidae)［J］. Journal of chemical ecology，20(7)：1407-1427.

PIVNICK K A，MCNEIL J N，1987. Puddling in butterflies: sodium affects reproductive success in *Thymelicus lineola*［J］. Physiological entomology，12（4）：461-472.

PORAMARCOM R，BOAKE C R B，1991. Behavioural influences on male mating success in the Oriental fruit fly，*Dacus dorsalis* Hendel［J］. Animal behaviour，42（3）：453-460.

RADŽIUT S，BŪDA V，2013. Host feeding experience affects host plant odour preference of the polyphagous leafminer *Liriomyza bryoniae*［J］. Entomologia experimentalis et applicata，146（2）：286-292.

RAGLAND S S，SOHAL R S，1973. Mating behavior, physical activity and aging in the housefly, Musca domestica [J]. Experimental gerontology, 8 (3): 135-145.

RAMANATHA R V, HODGKIN T, 2002. Genetic diversity and conservation and utilization of plant genetic resources [J]. Plant cell, tissue and organ culture, 68 (1): 1-19.

RAMIREZ V M, AYALA R, GONZALEZ H D, 2016. Temporal variation in native bee diversity in the tropical sub-deciduous forest of the Yucatan Peninsula, Mexico [J]. Tropical conservation science, 9 (2): 718-734.

RAMOS S E, SCHIESTL F P, 2019. Rapid plant evolution driven by the interaction of pollination and herbivory [J]. Science, 364 (6436): 193-196.

RAMOS-ELORDUY J, 2005. Insects: a hopeful food source [M] // PAOLETTI M G. Ecological implications of minilivestock. Enfield: Science Pub: 263-291.

RASA O A E, 1990. Evidence for subsociality and division of labor in a desert tenebrionid beetle *Parastizopus armaticeps* peringuey [J]. Naturwissenschaften, 77 (12): 591-592.

REICHSTEIN M, BAHN M, CIAIS P, et al, 2013. Climate extremes and the carbon cycle [J]. Nature, 500 (7462): 287-295.

RENWICK J A A, CHEW F S, 1994. Oviposition behavior in Lepidoptera [J]. Annual review of entomology, 39 (1): 377-400.

RENWICK J A A, RADKE C D, 1980. An oviposition deterrent associated with frass from feeding larvae of the cabbage looper, *Trichoplusia ni* (Lepidoptera: Noctuidae) [J]. Environmental entomology, 9 (3): 318-320.

REYNOLDS D R, RILEY J R, 1988. A migration of grasshoppers, particularly *Diabolocatantops axillaris* (Thunberg) (Orthoptera: Acrididae), in the West African Sahel[J]. Bulletin of entomological research, 78(2): 251-271.

RICHARDS A J, 2001. Does low biodiversity resulting from modern agricultural practice affect crop pollination and yield? [J]. Annals of botany, 88 (2): 165-172.

RIEGLER M, 2018. Insect threats to food security [J]. Science, 361 (6405): 846-846.

RILEY J R, 1975. Collective orientation in night-flying insects [J]. Nature, 253 (5487): 113-114.

RILEY J R, CHENG X N, ZHANG X X, et al, 1991. The long-distance migration of *Nilaparvata lugens* (Stål) (Delphacidae) in China: radar observations of mass return flight in the autumn [J]. Ecological entomology, 16 (4): 471-489.

RILEY J R, GREGGERS U, SMITH A D, et al, 2003. The automatic pilot of honeybees [J]. Proceedings of the royal society B: biological sciences, 270 (1532): 2421-2424.

ROBINSON G E, HEUSER L M, LECONTE Y, et al, 1999. Neurochemicals aid bee nestmate recognition[J]. Nature, 399 (6736): 534-535.

RODRÍGUEZ-SEVILLA R L, 1999. Male and female mating behavior in two *Ozophora bugs* (Heteroptera: Lygaeidae). Comportamiento copulatorio del macho y de la hembra en dos *chinches Ozophora* (Heteroptera: Lygaeidae) [J]. Journal of the kansas entomological society, 72 (2): 137-148.

ROOT R B, KAREIVA P M, 1984. The search for resources by cabbage butterflies (*Pieris rapae*): ecological consequences and adaptive significance of Markovian movements in a patchy environment [J]. Ecology, 65 (1): 147-165.

ROUBIK D W, 1982. Seasonality in colony food storage, brood production and adult survivorship: studies of *Melipona* in tropical forest (Hymenoptera: Apidae) [J]. Journal of the Kansas entomological society, 55 (4):

789–800.

RUTOWSKI R L，NEWTON M，SCHAEFFER J，1983. Interspecific variation in the size of the nutrient investment made by male butterflies during copulation ［J］. Evolution，37（4）：708–713.

SALGADO A L，DILEO M F，SAASTAMOINEN M，2020. Narrow oviposition preference of an insect herbivore risks survival under conditions of severe drought ［J］. Functional ecology，34（7）：1358–1369.

SASAKI K，AKASAKA S，MEZAWA R，et al，2012. Regulation of the brain dopaminergic system by juvenile hormone in honey bee males (*Apis mellifera* L.) ［J］. Insect molecular biology，21（5）：502–509.

SASAKI K，NAGAO T，2001. Distribution and levels of dopamine and its metabolites in brains of reproductive workers in honeybees ［J］. Journal of insect physiology，47（10）：1205–1216.

SCHAL C，BELL W J，1985. Calling behavior in female cockroaches (Dictyoptera: Blattaria) ［J］. Journal of the Kansas entomological society，58（2）：261–268.

SCHARF ME，WU-SCHARF D，ZHOU X，et a1，2005. Gene expression profiles among immature and adult reproductive castes of the termite *Reticulitermes flavipes* ［J］. Insect molecular biology，14（1）：31–44.

SCHIERMEIER Q，2006. Climate change: a sea change ［J］. Nature，439（7074）：256–270.

SCHMID RB，SNYDER D，COHNSTAEDT L，et al，2017. Hessian fly (Diptera: Cecidomyiidae) attraction to different wavelengths and intensities of light–emitting diodes in the laboratory ［J］. Enviromental entomology，46（4）：895– 900.

SCHOONHOVEN L M，VAN LOON B，VAN LOON J J A，et al，2005. Insect-plant biology ［M］. Oxford: Oxford University Press on Demand.

SCHOWALTER T D，GANIO L M，1999. Invertebrate communities in a tropical rain forest canopy in Puerto Rico following Hurricane Hugo ［J］. Ecological entomology，24（2）：191–201.

SCOTT J A，1972. Mating of butterflies ［J］. Journal of research on the lepidoptera，11（2）：99–127.

SCRIBER J M，2002. A female *Papilio Canadensis* (Lepidoptera: Papilionidae) puddles with males ［J］. The American midland naturalist，147（1）：175–178.

SCULLEY C E，BOGGS C L，1996. Mating systems and sexual division of foraging effort affect puddling behaviour by butterflies ［J］. Ecological entomology，21（2）：193–197.

SEATON S，MATUSICK G，RUTHROF K X，et al，2015. Outbreak of *Phoracantha semipunctata* in response to severe drought in a *Mediterranean Eucalyptus* forest ［J］. Forests，6（11）：3868–3881.

SÉBASTIEN P，2012. Evolution of plant-pollinator relationships ［M］. Cambridge：Cambridge University Press.

SENEVIRATNE S I，DONAT M G，MUELLER B，et al，2014. No pause in the increase of hot temperature extremes ［J］. Nature climate change，4（3）：161–163.

SHELLY T E，2001. Feeding on methyl eugenol and Fagraea berteriana flowers increases long-range female attraction by males of the oriental fruit fly (Diptera: Tephritidae) ［J］. Florida entomologist，84（4）：634–640.

SHELLY T E，KANESHIRO K Y，1991. Lek behavior of the oriental fruit fly, *Dacus dorsalis*, in Hawaii (Diptera: Tephritidae) ［J］. Journal of insect behavior，4（2）：235–241.

SHEN K，WANG H J，SHAO L，et al，2009. Mud-puddling in the yellow-spined bamboo locust, *Ceracris kiangsu* (Oedipodidae: Orthoptera): does it detect and prefer salts or nitrogenous compounds from human urine? ［J］. Journal of insect physiology，55（1）：78–84.

SIDHU C S，WILSON R E E，2016. Honey bees avoiding ant harassment at flowers using scent cues ［J］.

Environmental entomology，45（2）：420-426.

SIMBERLOFF D，2000. Global climate change and introduced species in United States forests ［J］. Science of the total environment，262（3）：253-261.

SIMS S R，1979. Aspects of mating frequency and reproductive maturity in *Papilio zelicaon* ［J］. American Midland naturalist，102（1）：36-50.

SIVINSKI J，1981. The nature and possible functions of luminescence in *Coleoptera larvae* ［J］. The coleopterists bulletin，35：167-179.

SJURSEN H，SØMME L，2000. Seasonal changes in tolerance to cold and desiccation in *Phauloppia* sp. (Acari，Oribatida) from Finse, Norway ［J］. Journal of insect physiology，46（10）：1387-1396.

SKRZECZ I，LUSARSKI S，TKACZYK M，2020. Integration of science and practice for *Dendrolimus pini* (L.) management-a review with special reference to Central Europe ［J］. Forest ecology and management，455：1-9.

SMEDLEY S R，EISNER T，1995. Sodium uptake by puddling in a moth ［J］. Science，270（5243）：1816-1818.

SMEDLEY S R，EISNER T，1996. Sodium: a male moth's gift to its offspring ［J］. Proceedings of the national academy of sciences，93（2）：809-813.

SOBEL J M，CHEN G F，WATT L R，et al，2010. The biology of speciation ［J］. Evolution: international journal of organic evolution，64（2）：295-315.

STONE R，2008. Ecologists report huge storm losses in China's forests ［J］. Science，19：1318-1319.

SU N Y，GUIDRY E，MULLINS A J，et al，2016. Reinvasion dynamics of *Subterranean Termites* (Isoptera: Rhinotermitidae) following the elimination of all detectable colonies in a large area ［J］. Journal of economic entomology，109（2）：809-814.

ŠUSTEK Z，VIDO J，2013. Vegetation state and extreme drought as factors determining differentiation and succession of Carabidae communities in forests damaged by a windstorm in the High Tatra Mts ［J］. Biologia，68（6）：1198-1210.

TEIXEIRA S P，BORBA E L，SEMIR J，2004. Lip anatomy and its implications for the pollination mechanisms of *Bulbophyllum* species (Orchidaceae) ［J］. Annals of botany，93（5）：499-505.

TELANG A，BOOTON V，CHAPMAN R F，et al，2001. How female caterpillars accumulate their nutrient reserves ［J］. Journal of insect physiology，47（9）：1055-1064.

THOMAS C D，CAMERON A，GREEN R E，et al，2004. Extinction risk from climate change ［J］. Nature，427（8）：145-148.

THOMAS D B，NASCIMBENE P C，DOVE C J，et al，2014. Seeking carotenoid pigments in amber-preserved fossil feathers ［J］. Scientific reports，4（1）：1-6.

TOBBACK J，VERLINDEN H，VUERINCKX K，et al，2013. Developmental-and food-dependent foraging transcript levels in the desert locust ［J］. Insect science，20（6）：679-688.

TOZIER C，2005. Behavoral activity of *Anisomorpha buprestoides* possibly associated with hurricane Charley (Phasmatodea: Phasmatidae) ［J］. Florida entomologist，88（1）：106.

VAHED K，2007. All that glisters is not gold: sensory bias, sexual conflict and nuptial feeding in insects and spiders ［J］. Ethology，113（2）：105-127.

VALE P F，SIVA-JOTHY J，MORRILL A，et al，2018. The influence of parasites on insect behavior ［M］// CÓRDOBA-AGUILAR A，SANTOYO I G，GONZALEZ-TOKMAN D. Insect behavior: from mechanisms to ecological and evolutionary consequences. Oxford：Oxford University Press：274-292.

VALLES S M，PORTER S D，2003. Identification of polygyne and monogyne fire ant colonies（*Solenopsis invicta*）by multiplex PCR of Gp-9 alleles［J］. Insectes sociaux，50（2）：199-200.

VAN HUIS A，2020. Insect pests as food and feed［J］. Journal of insects as food and feed，6（4）：327-331.

VANDER M R K，PRESTON C A，HEFETZ A，2008. Queen regulates biogenic amine level and nestmate recognition in workers of the fire ant, *Solenopsis invicta*［J］. Die Naturwissenschaften，95（12）：1155-1158.

VÁZQUEZ D P，BLÜTHGEN N，CAGNOLO L，et al，2009. Uniting pattern and process in plant-animal mutualistic networks: a review［J］. Annals of botany，103（9）：1445-1457.

VENCL F V，BLASKO B J，CARLSON A D，1994. Flash behavior of female *Photuris versicolor* fireflies （Coleoptera: Lampyridae）in simulated courtship and predatory dialogues［J］. Journal of insect behavior，7（6）：843-858.

VERKERK R H J，WRIGHT D J，1996. Multitrophic interactions and management of the diamondback moth: a review［J］. Bulletin of entomological research，86（3）：205-216.

WAKAKUWA M，STEWART F，MATSUMOTO Y，et al，2014. Physiological basis of phototaxis to near-infrared light in *Nephotettix cincticeps*［J］. Journal of comparative physiology，200（6）：527-536.

WANG B，DONG W，LI H，et al，2022. Molecular basis of (E)-β-farnesene-mediated aphid location in the predator *Eupeodes corollae*［J］. Current Biology，32（5）：951-962.

WANG Q，DAVIS L K，2006. Females remate for sperm replenishment in a seed bug: evidence from offspring viability［J］. Journal of insect behavior，19（3）：337-346.

WANG X，LIU H，GU M B，et al，2016. Greater impacts from an extreme cold spell on tropical than temperate butterflies in southern China［J］. Ecosphere，7（5）：1-10.

WATANABE M E，1994. Pollination worries rise as honey bees decline［J］. Science，265（5176）：1170.

WATANABE M，KAMIKUBO M，2005. Effects of saline intake on spermatophore and sperm ejaculation in the male swallowtail butterfly *Papilio xuthus*（Lepidoptera: Papilionidae）［J］. Entomological science，8（2）：161-166.

WEHNER R，MICHEL B，ANTONSEN P，1996. Visual navigation in insects: coupling of egocentric and geocentric information［J］. The journal of experimental biology，199（1）：129-140.

WHEELER A G，2001. Biology of the plant bugs（Hemiptera: Miridae）: pests, predators, opportunists［M］. Ithaca：Cornell University Press.

WIEBES J T，1979. Co-evolution of figs and their insect pollinators［J］. Annual review of ecology and systematics，10（1）：1-12.

WIGBY S，SIROT L K，LINKLATER J R，et al，2009. Seminal fluid protein allocation and male reproductive success［J］. Current biology，19（9）：751-757.

WILLIAMS D W，LIEBHOLD A M，2002. Climate change and the outbreak ranges of two North American bark beetles［J］. Agricultural and forest entomology，4（2）：87-99.

WILLMER P G，NUTTMAN C V，RAINE N E，et al，2009. Floral volatiles controlling ant behaviour［J］. Functional ecology，23：888-900.

WILSON E O，BOSSERT W H，1963. Chemical communication among animals［J］. Recent Progress in hormone research，19：673-716.

WRIGHT G A，SKINNER B D，SMITH B H，2002. Ability of honeybee, *Apis mellifera*, to detect and discriminate odors of varieties of canola (*Brassica rapa* and *Brassica napus*) and snapdragon flowers (*Antirrhinum majus*) [J]. Journal of chemical ecology，28（4）：721-740.

YAMADA-ONODERA K，MUKUMOTO H，KATSUYAYA Y，et al，2001. Degradation of polyethylene by a fungus, *Penicillium simplicissimum* YK [J]. Polymer degradation and stability，72（2）：323-327.

YAMAGUCHI S，DESPLAN C，HEISENBERG M，2010. Contribution of photoreceptor subtypes to spectral wavelength preference in *Drosophila*[J]. Proceedings of the national academy of sciences，107（12）：5634-5639.

YANG J，YANG Y，WU W M，et al，2014. Evidence of polyethylene biodegradation by bacterial strains from the guts of plastic-eating waxworms [J]. Environmental science & technology，48（23）：13776-13784.

YANG M，WANG Y，LIU Q，et al，2019. A β-carotene-binding protein carrying a red pigment regulates body-color transition between green and black in locusts [J]. Elife，8：e41362.

YANG X F，LI M Y，FAN F，et al，2020. Brightness mediates oviposition in crepuscular moth, *Grapholita molesta* [J]. Journal of pest science，93（4）：1311-1319.

YANG Y，YANG J，WU W M，et al，2015a. Biodegradation and mineralization of polystyrene by plastic-eating mealworms: Part 1. Chemical and physical characterization and isotopic tests [J]. Environmental science & technology，49（20）：12080-12086.

YANG Y，YANG J，WU W M，et al，2015b. Biodegradation and mineralization of polystyrene by plastic-eating mealworms: Part 2. Role of gut microorganisms [J]. Environmental science & technology，49（20）：12087-12093.

YOSHIDA S，HIRAGA K，TAKEHANA T，et al，2016. A bacterium that degrades and assimilates poly (ethylene terephthalate) [J]. Science，351（6278）：1196-1199.

YOSHIZAWA K，FERREIRA R L，KAMIMURA Y，et al，2014. Female penis, male vagina, and their correlated evolution in a cave insect [J]. Current biology，24（9）：1006-1010.

YOSHIZAWA K，FERREIRA R L，YAO I，et al，2018. Independent origins of female penis and its coevolution with male vagina in cave insects (Psocodea: Prionoglarididae) [J]. Biology letters，14（11）：1-4.

YU H P，SHAO L，XIAO K，et al，2010. Hygropreference behaviour and humidity detection in the yellow-spined bamboo locust, *Ceracris kiangsu* [J]. Physiological entomology，35（4）：379-384.

ZASPEL J M，HOY M A，2008. Microbial diversity associated with the fruit-piercing and blood-feeding moth *Calyptra thalictri* (Lepidoptera: Noctuidae) [J]. Annals of the entomological society of America，101（6）：1050-1055.

ZHANG J，SHEN Y，2019a. Spatio-temporal variations in extreme drought in China during 1961–2015 [J]. Journal of geographical sciences，29（1）：67-83.

ZHANG Q，ZHANG J，2019b. Contribution to the knowledge of male and female eremochaetid flies in the late Cretaceous amber of Burma (Diptera, Brachycera, Eremochaetidae) [J]. Deutsche entomologische zeitschrift，66（1）：75-83.

ZHANG S，SHEN S，PENG J，et al，2020. Chromosome-level genome assembly of an important pine defoliator, *Dendrolimus punctatus* (Lepidoptera: Lasiocampidae) [J]. Molecular ecology resources，20（4）：1023-1037.

ZHAO Z，EGGLETON P，YIN X，et al，2019. The oldest known mastotermitids (Blattodea: Termitoidae) and phylogeny of basal termites [J]. Systematic entomology，44（3）：612-623.

ZHENG D，NEL A，JARZEMBOWSKI E A，et al，2017. Extreme adaptations for probable visual courtship behaviour in a Cretaceous dancing damselfly［J］．Scientific reports，7（1）：1-8.

ZHOU B，GU L，DING Y，et al，2011．The great 2008 Chinese ice storm: its socioeconomic-ecological impact and sustainability lessons learned［J］．Bulletin of the American meteorological society，92（1）：47-60.

ZHU L，HOFFMANN A A，Li S M，et al，2021．Extreme climate shifts pest dominance hierarchy through thermal evolution and transgenerational plasticity［J］．Functional ecology，35（7）：1524-1537.

ZWIEBEL L J，TAKKEN W，2004．Olfactory regulation of mosquito-host interactions［J］．Insect biochemistry and molecular biology，34（7）：645-652.

附录 本书涉及的主要专业词中英对照

半变态 hemimetamorphosis

半社会性 semisocial

保护色 protective coloration

报警信息素 alarm pheromone

暴露生殖器 exposed genital

避免结冰 freeze-avoidance

变色 discoloration

变态 metamorphosis

变温动物 poikilothermal（cold-blooded）animal

表型可塑性 phenotypic plasticity

捕食性昆虫 predaceous insect；predatory insect

策略性行为 strategic behavior

产卵 oviposition；egg-deposition

超个体 superorganism

超强台风 super typhoon

成层 stratification

成虫 adult insect

翅脉 wing veins

冲突行为 conflict behavior

储备行为 reserve behavior

触发效应 releaser effect

触角交流 antennal communication

触角叶 antennal lobe

传粉 pollination

雌雄嵌合现象 gynandromorphism

雌雄同体 androgynus；gynandromorph；hermaphroditicus

刺激物 stimulus

刺吸式口器 piercing-sucking mouthparts

存活值 survival value

打斗 fighting

单食性昆虫 monophagous insect

蝶吻 butterfly kiss

定时聚集 timed aggregation

定位 navigation

定向导航 orientation

DNA 甲基化 DNA methylation

洞穴昆虫学 cave entomology

独居 solitary

多次交配 multiple mating

多代 multigeneration

多化性 multivoltine

多胚生殖 polyembryony

多食性昆虫 polyphagous insect

多样性 diversity

发香鳞 androconial scales

繁殖 reproduction

反射弧 reflex arc

反应链 reaction chain

方式 mode

防卫或防御 defense

仿生学 bionics

访花 visiting flower

飞行 flying

粪食性 coprophagy

跗节 tarsus

孵化 hatch；incubate

腐食性 saprophagous

复变态 hypermetamorphosis

复眼 compound eyes

盖行为 masking behavior；cover-ups behavior

高飞 upsoaration

高飞性昆虫 upsoaration insect

攻击 attack

攻击行为 aggressive behavior

共生 mutualism

共生关系 symbiosis；symbioses（复数）

孤雌生殖或单性生殖 parthenogenesis

孤雌胎生蚜 virginogenia；virginogeniae（复数）

管家基因 housekeeping genes

光波行为响应曲线 spectral behavior response curve

光感受器 photoreceptor

光环境 luminous environment；light environment

光学拟态 light mimicry

光周期 photoperiodism

广义适合度 inclusive fitness

过渐变态 hyperpaurometamorphosis

过冷却点 super-cooling point

过冷现象 supercooled phenomena

寒冷敏感 chill susceptible

汉密尔顿法则 Hamilton's Rule

行为功能 behavior function

行为拟态 behaviour mimicry

行为生态学 behavioral ecology

虹吸式口器 siphoning mouthparts

互利共生 mutualistic symbiosis

化学感器 chemoreceptor

化学拟态 chemical mimicry

化学信号 chemical signa

喙管 proboscis

婚飞 nuptial flight

婚食现象 courtship feeding；nuptial feeding

婚姻馈赠 nuptial gift giving

机制 mechanism

激发效应 primer effect

极端干旱 extreme drought

极端高温 extreme high temperature

极端气候 extreme weather

计划性行为 planning behavior

寄生 parasitism

寄生性昆虫 parasitic insect

寄主昆虫 host insect

假死 feigned death

兼性滞育 facultative diapause

渐变态 paurometabola

交配 mating

交配后保护行为 post-copulatory guarding behavior

交配竞争 mating competition

交配姿势 mating pose

嚼吸式口器 chewing-lapping mouthparts

节律 rhythm

结构性鳞片 structural scales

进化或演化 evolution

进化稳定对策 evolutionarily stable strategies

浸泡式吸水 immersive water-sucking

经济性行为 economic behaviour

精囊 spermary

警戒色 aposematism

纠缠 persistence for tracking

咀嚼式口器 biting mouthparts；mandibulate；mouthparts

飓风 hurricane

聚集信息素 aggregation pheromone

可塑性 plasticity

恐吓或威吓 threating

跨代驯化 transgenerational acclimation

昆虫行为 insect behavior

昆虫行为学 insect ethology

昆虫化石 entomolite

昆虫区系 insect fauna

扩散的协同进化 diffuse coevolution

利他行为 altruistic behavior

临界最高温度 critical thermal maximum

临时性群集 temporary aggregation

卵 eggs

马氏管 Malpighian Tubules

蜜囊 honey bag；honey sac

耐结冰 freeze-tolerance

耐受寒冷 chill-tolerance

拟态 imitation；mimicry

拟蛹 subnymph

爬行 crawling

喷射式排尿 urine ejecting；urine spraying

频率 frequency

品级（等级）分化 caste differentiation

气味感受神经元 olfactory receptor neurons

气味结合蛋白 odorant binding proteins

迁飞 migration

强热带风暴 severe tropical storm

强台风 severe typhoon

侵略性拟态 aggressive mimicry

亲缘选择 kin selection

情斗或抗争 struggling

求偶 courtship

求偶场或竞偶场 lek

求偶炫耀 courtship display

求助行为 help-seeking behavior

趋光性 phototaxis

趋热性 thermotaxis

趋湿行为 hygropreference behavior

趋性 taxis

群居 gregariousness

群聚性 aggregation

群体防御 group defense

群体情绪 group emotion

热带低压 tropical depression

热带风暴 tropical storm

热带气旋 tropical cyclone

热跌落温度 drop-off temperature

热锻炼 heat hardening

热昏迷温度 heat coma temperature

热击 heat shock

热耐受安全范围 thermal safety margin

热逃逸温度 heat-escape temperature

肉食性昆虫 carnivorous insect

若虫 nymph

三色规则 trichrome rule

色素鳞片 pigmentary scales

社会性昆虫 social insect

神经调节 neuroregulation

神经纤维球 glomeruli

生活史 life history

生境或栖息地 habitat

生态系统 ecosystem

生物多样性 biodiversity

生物防治 biological control

生物体自发荧光 bioluminescence

生物钟 biological clock

生殖器 genitals；sex organ

声学拟态 sound mimicry

尸食性昆虫 necrophagous insect

尸葬信息素 funeral pheromone

食物链 food chain

食性 feeding habit

世代 generation

世代重叠 overlapping of generations

适合度 fitness

舐吸式口器 sponging mouthparts

释放型信息素 releaser pheromone

水分胁迫 water stress

送礼 present

台风 typhoon

逃遁 escaping

同位素示踪法 isotope tracing method

投射神经元 projection neuron

退化 degeneration；degradation；retrogression

外激素 ectohormone

外周嗅觉系统 peripheral olfactory system

完全变态 complete metamorphosis

味觉感受机制 gustation mechanism

无变态或表变态 ametabola

无翅昆虫 wingless insect

无性生殖 asexual reproduction

舞蹈 dancing

物候 phenology

吸水 water uptake；water sucking

习性 habits

下唇须 labial palp

先导型信息素 primer pheromone

现象 phenomena

香鳞袋 scented pouch

协同进化 coevolution

信息交流 information communication

信息素 pheromone

形态学 morphology

形状拟态 shape mimicry

性别二态现象 sex dimorphism

性角色颠倒 reversed sex-role

性信息素 sex pheromone

休眠 dormancy

嗅觉感受机制 olfactory receptive mechanism

嗅球 olfactory bulb

嗅腺 olfactory gland

驯化 acclimation；acclimatization

蕈状体 mushroom body

亚社会 subsocial

颜色拟态 color mimicry
夜出性（夜行性）昆虫 nocturnal insect
一雌多雄制 famale dominance polygyny
一对一协同进化 pairwise coevolution
一雄多雌制 male dominance polygyny
遗传多样性 genetic diversity
遗传基因 genetic gene
遗传力 heritability
蚁路 ants paths
异花授粉 cross-pollination
隐蔽或隐藏 hiding
营养补充 nutritional supplement
营养级联 trophic cascade
永久性聚集 permanent aggregation
蛹 pupa；chrysalis
优先行为 preferential behavior
有翅昆虫 pterygote insect
有效积温 effective accumulated temperature
有性生殖 sexual reproduction；amphigony
幼虫 larva
幼虫信息素 brood pheromone
幼体生殖 paedogenesis
诱骗行为 cheat behavior
育幼 rearing larva
杂食性昆虫 omnivorous insect

增节变态 anamorphosis
占域 territoriality
侦测 detecting
真社会性 eusocial
振翅 flutter
植食性昆虫 phytophagous（plant-feeding，herbivorous）insect
植物诱导型抗虫防御 inducible plant defense
植物组成型抗虫防御 plant constitutive defense
指示生物 indicator organism
滞育 diapause
稚虫 naiad
中间高度膨胀假说 mid-altitude bulge hypothesis
种群扩散 population dispersion
昼出性（日行性）昆虫 diurnal insect
专性传粉 obligate pollination
专性滞育 obligatory diapause
追逐 chasing
准社会性 quasisocial
自花授粉 self-pollination
自然选择 natural selection
自私基因 selfish gene
踪迹信息素 trail pheromone
最优化理论 optimization theory

后　记

　　《昆虫行为：观察与研究》凝聚了50多位学者多年的野外观测成果，还有若干参考文献作者们的辛勤劳动，但昆虫世界的奥秘博大精深，本书内容在昆虫行为知识中仍然是沧海一粟，昆虫及昆虫行为与人类生产、生活息息相关（第二章），许多昆虫行为也逐渐被人类利用或具有广泛应用的前景。昆虫行为的观察与研究还需广大的学者和昆虫爱好者去努力探索。

一、分类学研究的应用

　　利用昆虫的鸣声进行昆虫分类属于行为分类学的范畴。由于比较研究做得不够，行为特征在昆虫分类上的应用至今尚不广泛，仍存在很大潜力。

二、害虫检测与防治应用

　　许多害虫可在寄主内部营隐蔽生活，取食或构筑巢穴，如鲜果、粮食和其他贮藏农产品中的蛀食害虫，木材、水坝和住宅建筑中的天牛、白蚁等。人们因难以觉察这类害虫的活动踪迹而忽视其潜在危害，而为了确定这些害虫的种类、为害部位和程度，往往需要剖检寄主，造成经济损失。利用害虫声探测技术，可为隐蔽性害虫的快速探测、定位或长期监测提供新方法。昆虫对颜色的趋向行为（趋色性）是许多昆虫所固有的基本行为，农业上，昆虫趋色性常用来诱集昆虫，或用于害虫预报，或作为害虫防治措施。

三、仿生学应用

　　仿生学是一门既古老又年轻的学科，是要在工程上实现并有效地应用生物功能的一门学科。古代军事战争中，人类就利用蜂的群体情绪导致行为一致现象进行御敌。第二次世界大战期间，德军包围了苏联的列宁格勒，马上就要用武力粉碎掉这座城市的军事基地和其他重要的军事设施，昆虫学家施万维奇巧妙地利用了蝴蝶伪装的原理，参照蝴蝶翅膀上花纹的色彩和构图，将黄、红、绿3种颜色涂在军事基地上，将它装扮成了一件大大的"花衣裳"，使军事基地的可视辨程度降到最低，从而避免了德军的轰炸，为列宁格勒赢取最后胜利奠定了坚实的基础。在污染治理方面，塑料袋无法降解是个世界难题，虽然科学家们无法查明蜡虫的进食种类，但蜡虫吃塑料的行为，为全球塑料污染的治理提供了新思路。

　　在当今工业化时代，科学技术迅猛发展，昆虫行为及其机理的仿生应用成为工业化社会的重要研究领域。

（1）蜻蜓飞行与直升机

蜻蜓可通过翅膀振动产生不同于周围大气的局部不稳定气流，并利用气流产生的涡流来使自己上升。蜻蜓能在很小的推力下翱翔，不但可向前飞行，还能向后和向左右两侧飞行，其向前飞行速度可达72 km/h。此外，蜻蜓的飞行行为简单，仅靠两对翅膀不停地拍打即可。科学家据此结构基础成功研制了直升机。

（2）隐翅虫"隐翅"与折叠太阳能电池板

2014年11月3日，日本研究人员宣布首次弄清了隐翅虫"隐翅"的机制，有望在此基础上开发出新型人造卫星上的折叠太阳能电池板及雨伞。研究人员发现，折叠后翅时，隐翅虫先将两个后翅合拢到一起，然后用细长的腹部上下移动，如同把被子叠成三折那样把翅膀折叠起来。而左右后翅的折叠方法不完全相同，也不是同时折叠的，有时是先左后右，有时是先右后左，相当复杂和独特。这一机制可以帮助人类改善现有的设计，如设计新型折叠雨伞和人造卫星上的折叠太阳能电池板等。

（3）蝴蝶鳞片的开闭和卫星控温系统

遨游太空的人造卫星，在受到阳光强烈辐射时，卫星温度会高达2 000 ℃；而在阴影区域时，卫星温度会下降至-200 ℃左右，这很容易损坏卫星上的精密仪器仪表，这个问题曾一度使航天科学家伤透了脑筋。后来，人们从蝴蝶身上受到启迪。原来，蝴蝶身体表面生长着一层细小的鳞片，这些鳞片有调节体温的作用。每当气温上升、阳光直射时，鳞片自动张开，以减小阳光的辐射角度，从而减少对阳光热能的吸收；当外界气温下降时，鳞片自动闭合，紧贴体表，让阳光直射鳞片，从而把体温控制在正常范围之内。科学家经过研究，为人造地球卫星设计了一种犹如蝴蝶鳞片般的控温系统。

四、灾害的预测预报应用

昆虫是对环境变化反应最敏感的动物之一，昆虫行为与环境之间的相互关系非常紧密，任何一种大的环境变化或灾害（如地震等）来临前总是有一些迹象或特征体现，而昆虫等动物的某些器官感觉特别灵敏，它们能比人类提前知道一些灾害事件的发生，并在行为上表现出一些异常现象。因此，在全球变化的环境中，如何利用对昆虫行为的长期监测结果来对一些重大灾害和气候变化进行预测预报就成为一个值得研究的领域。这可能也是分布在全国各地的各类生态定位站需要关注和研究的新领域。

五、其他

昆虫还有许多强大的功能，如跳蚤可以跳到比它身长高几十倍处、蚂蚁可以拖动比它体重大十几倍的食物等，昆虫的这些行为是人类难以做到的。另外，昆虫千千万，其行为各异，还有许多昆虫的行为不为人们所知或未被深入了解，因此，昆虫行为研究依然任重道远，昆虫仿生学研究前景广阔，未来必将出现不同用途的、高效率的昆虫仿生机器。书中为了内容表述的完整性与系统性，部分图片引自参考文献，未能联系到原作者，在此一并感谢，如需授权及支付相关费用，请联系出版社或本书编著者。

预祝我国昆虫行为学、行为生态学等研究蓬勃发展，助力于中华民族的伟大复兴。

a. 2010年开展冰灾后的蝴蝶调查：顾茂彬（右3）、周光益（右2）、王旭（左3）和吴仲民（左2）；
b. 2015年在莽山国家森林公园开展昆虫调查：顾茂彬（左3）、周光益（左2）和陈一全（右2）；
c. 2019年在南岭国家级自然保护区开展昆虫调查：从左到右依次为杨建业、顾茂彬、吴沧桑、周光益。

部分野外工作照

编著者
2022年3月于广州